园林植物杀菌剂应用技术

马安民　崔　维　主编

河南科学技术出版社

·郑州·

图书在版编目（CIP）数据

园林植物杀菌剂应用技术/马安民，崔维主编．—郑州：河南科学技术出版社，2016.10

ISBN 978-7-5349-8405-1

Ⅰ.①园…　Ⅱ.①马… ②崔…　Ⅲ.①园林植物-杀菌剂-农药施用　Ⅳ.①S436.8

中国版本图书馆 CIP 数据核字（2016）第 232639 号

出版发行：河南科学技术出版社
地址：郑州市经五路 66 号　　邮编：450002
电话：（0371）65737028　65788613
网址：www.hnstp.cn
策划编辑：陈淑芹　李义坤
责任编辑：张　鹏
责任校对：董静云
封面设计：张　伟
版式设计：栾亚平
责任印制：张艳芳
印　　刷：河南文华印务有限公司
经　　销：全国新华书店
幅面尺寸：140 mm × 202 mm　　印张：14.625　　字数：380 千字
版　　次：2016 年 10 月第 1 版　　2016 年 10 月第 1 次印刷
定　　价：32.00 元

本书编写人员名单

主　　编	马安民	崔　维		
副 主 编	史先元	张红涛	茹文东	王　婕
	薛晓栋	刘九川	徐传洲	
编　　者	陈治华	杨　波	韩延峰	贺英华
	许冬丽	赵新雅	王俊娜	张　靓
	邓菊朋	李大江	付建业	刘凤鱼
	杨丽霞	张新峰	范宏江	高　阳
	张　华	郭建勋	彭朝辉	

前言

随着园林事业的蓬勃发展，园林植物的频繁引种，园林植物病害日趋严重，防治难度逐渐增大，迫切需要科学的指导和技术支持。为了给广大园林、苗圃、花卉工作者及园林设计者在园林植物病害方面提供参考，特编写《园林植物杀菌剂应用技术》一书，望本书能更好地为园林病害防治服务。

目前许多农药在园林植物上的应用仍处于试验阶段，多数农药均有可能被应用。特别是由于观赏植物不是供人们食用的，在许多食用植物上不能应用的农药，还可在观赏园林植物上使用。尽管如此，本书在杀菌剂的种类和使用方面介绍的都是对人、动物、鱼等生命危害较小的药物，一般仅限中低毒类易被降解类药物。本书描述的杀菌剂单剂共263种，复配杀菌剂420多种，另外对杀菌剂原理的基本理论进行了简明扼要的介绍。本书包含了众多农药杀菌剂新品种、新技术，针对每种药物，突出了关键用药技术，体现了可操作性。

本书结合常见病害防治，对园林农药杀菌剂进行了深入浅出、科学准确的介绍。其中第一部分概论分三章，分别就园林植物杀菌剂的概念与作用机制、使用技术以及混用做了介绍。第二部分各论分二十三章，分别介绍了每种杀菌剂的通用名称、化学名称、毒性、作用方式、产品剂型、实用技术，但由于每种杀菌剂剂型较多，个别剂型在园林植物上的应用受到不同程度的限制，因此只对常用剂型及主要防治病害进行了举例说明。本书在附录中列四个附件，以供查对参考。

病害防治是一门实验科学，应以科学为指导，以实践来检验农药使用的技术指标和与之相应的使用效果，本书资料多来自生产一线，一些技术十分有用，可供科研人员和园林技术人员使用。但限于编者水平有限，书中可能存在错误之处，望广大读者提出宝贵意见。

编者

2015 年 12 月

目　录

第一部分　概　论

第二部分　各　论

第一部分　概　论

第一章　杀菌剂的概念、作用原理及抗药性

一、杀菌剂的概念及分类

（一）概念

用于防治各种病原微生物引起的植物病害的一类农药，一般指杀真菌剂。但国际上，通常是作为防治各类病原微生物的药剂总称，又分为杀真菌剂、杀细菌剂、杀病毒剂、杀藻剂等。凡对病原物有杀死作用或抑制生长作用，又不妨碍植物正常生长的药剂，统称为杀菌剂。主要种类包括：三唑类、酰胺类、嘧啶胺类、甲氧基丙烯酸酯类等。具体杀菌剂可根据原料来源及化学组成、作用方式、作用机制等进行分类。

（二）分类

1. 按杀菌剂的主要成分来源分类

（1）矿物源杀菌剂：包括无机杀菌剂及含金属离子的络合物类杀菌剂，如硫黄粉、石硫合剂、硫酸铜、氯化汞、石灰波尔多液、氢氧化铜、氧化亚铜等。金属离子杀灭、抑制病原体的活性按下列顺序递减：Ag>Hg>Cu>Cd>Cr>Ni>Pb>Co>Au>Zn>Fe>Mn>Mo>Sn。

（2）生物源杀菌剂：包括植物源类、微生物源类及抗生素

类，如苦参碱、大蒜素、哈茨木霉、放射性土壤杆菌、荧光极毛杆菌、枯草芽孢杆菌、井冈霉素、多抗霉素、春雷霉素、农用链霉素、抗霉菌素120等。

（3）有机合成杀菌剂：该类杀菌剂分为有机硫杀菌剂，如代森铵、敌锈钠、福美锌、代森锌、代森锰锌、福美双等；有机磷酸酯类，如稻瘟净、甲基立枯灵、三唑磷胺等；有机磷杀菌剂，如乙膦铝；有机砷类杀菌剂，如甲基砷酸钙、退菌特、稻脚青等；有机锡类杀菌剂，如薯瘟锡、毒菌锡、三苯基氯化锡等；苯及取代苯类杀菌剂，如甲基托布津、百菌清、五氯硝基苯等；唑类及杂环类杀菌剂，如粉锈宁、多菌灵、噁霉灵、噻菌灵等；复配杀菌剂，如灭病威、双效灵、炭疽福美等。

2. 按杀菌剂的作用方式分类

（1）保护剂：在病原微生物入侵植物体前，用药剂处理植物或周围环境，达到抑制病原孢子萌发或杀死萌发的病原孢子，以保护植物免受其害，这种作用称为保护作用，具有这种作用的杀菌剂为保护剂。保护性杀菌剂主要有以下几类：硫及无机硫杀菌剂，如硫黄悬浮剂、固体石硫合剂等；有机硫杀菌剂，如福美双、代森锌、代森铵等；铜制剂，如波尔多液、硫酸铜、铜氨合剂等；酞酰亚铵类，如克菌丹、敌菌丹和灭菌丹等；取代苯类，如百菌清、五氯硝基苯等；二甲酰亚胺类，如乙烯菌核利、扑海因等；抗生素类，如井冈霉素、灭瘟素、多氧霉素等；其他类，如叶枯灵、叶枯净、福尔马林液等。

（2）治疗剂：病原微生物侵入植物后处于潜伏期。药物从植物表皮渗入组织内，经输导、扩散，产生代谢物来杀死或抑制病原活性，使病株恢复正常生长。具有这种作用的杀菌剂为治疗剂。治疗剂具有内吸传导性及渗透性，药剂在植物体内与病菌接触，达到抑制或杀灭病原菌的效果，如多菌灵、甲基托布津、三环唑、三唑酮、井冈霉素、春雷霉素等。

（3）铲除剂：指植物感病后施药，药液与病原接触并杀死病菌，使其失去侵染性。具有能直接杀死已侵入植物的病原物作用的药剂为铲除剂，如福美砷、五氯酚钠、高浓度石硫合剂、过氧乙酸等。

3. 按杀菌剂的传导性分类

（1）内吸性杀菌剂：能被植物器官吸收进入植物体内，经体液输导、扩散或产生代谢物，以保护作物不受病原物的侵染或对已感病的植物进行治疗的一类杀菌剂，此类杀菌剂本身或其代谢物可抑制已侵染的病原菌生长发育和保护植物免受病原菌重复侵染，在植物发病后施药有治疗作用。

（2）非内吸性杀菌剂：指不能被植物内吸并传导的杀菌剂。目前，大多数品种都是非内吸性的杀菌剂，此类药剂不易使病原物产生抗药性，比较经济，但大多数只具有保护作用，不能防治深入植物体内的病害。如硫酸锌、硫酸铜、石硫合剂等。

4. 根据杀菌剂的使用方式分类

（1）种、苗用保护性药剂：包括药液浸种、药液闷种、药剂拌种（干拌、湿拌）、种衣剂、药液浸蘸秧苗等。常用的药剂有拌种双、福美双等。种苗包括种子、块根、块茎、鳞茎、插条、秧苗、苗木及其他用于繁殖的器官。

（2）处理土壤用药剂：属整体或局部保护，如直接在苗床土壤中施药，品种有五氯硝基苯、氯化苦等。处理土壤可采用以下方法：浇灌法（用水溶性药液，按每平方米5kg左右的量浇灌）；犁底或犁沟施药；翻混法（将药剂施于土壤表面，然后翻犁土壤，使药剂翻入土表下面）；注射法（用土壤注射器，按一定药量和孔距施入土壤中）等。

（3）叶面喷撒用药剂：叶面喷撒有多种剂型，如粉剂、微粉剂、可湿性粉剂、乳油、悬浮剂、水剂、烟雾剂等。

二、杀菌剂的剂型

杀菌剂与其他农药一样，为充分发挥药效，就要让有效成分均匀地分散在配制的应用药液中，以便使其能均衡地洒施到植物表面，这就要加工成适宜的剂型。剂型的种类很多，少数剂型可直接使用，如颗粒剂、种衣剂等，大多数还要经过对水配制到一定浓度才能应用，如乳油、可湿性粉剂等。

（一）乳油

乳油是指将油溶性的有效成分原药，用有机溶剂溶解加乳化剂配制而成的药剂。外观是透明、澄清的液体，颜色多为浅棕色至褐色，是一种单相液体。乳油中不能分层，也不能有沉积或悬浮物，若有此现象，表明该产品质量不高或有其他问题。如20%三唑酮乳油、40%福星乳油等，杀菌剂的乳油品种数量不多。

（二）可湿性粉剂

可湿性粉剂是杀菌剂的主要剂型。由有效成分原药与填料加入湿润剂、分散剂等助剂，研磨成细粉而成。可湿性粉剂外观松散（不能成团、成块），多为白色至灰白色的细粉，也有浅黄等其他颜色。如70%甲基硫菌灵、80%代森锌等都是可湿性粉剂。

（三）悬浮剂

悬浮剂是由有效的固体原药与湿润剂、分散剂、防冻剂及水制成的。一般是用湿磨的方法将原料磨成小于5μm的微粒，制成品是一种黏稠的可以倾倒的物体。如20%三唑酮与硫黄混剂，28%多菌灵与井冈霉素混剂等，都是悬浮剂。有的单剂也制成悬浮剂，如硫黄等。

（四）粉剂

粉剂是由有效成分原药加填充剂（黏土等），混合粉碎成为白色至灰白色或其他颜色的粉状物。粉粒比可湿性粉剂大许多，

直径 10μm 以下的约占一半，另一半为 10~12μm。粉剂的使用方法简便易行，但对杀菌剂要求覆盖均匀，附着叶面牢固，普通粉剂不太适用，故专用品种较少。40%五氯硝基苯粉剂等主要应用在药剂处理土壤而不是喷粉。

（五）可溶性粉剂

可溶性粉剂的原药是水溶性的，加入水溶性填料与其他助剂制成的粉剂（也有制成片状的产品），对水即成为水溶液。

（六）水剂

水剂的有效成分是能溶于水的原药（在水中是稳定的），因此可加工成水剂。为了使水剂喷洒在植物表面有一定的展着性，常加入湿润剂（为助剂）。使用时按需用的浓度对水后即可施用。如井冈霉素、代森铵等。

（七）水分散剂

水分散剂是由原药（固体）与湿润剂、增稠剂、分散剂等助剂加填料混合加工制成粒状。此类粒剂投入水中能很快崩解，并成为悬浮状，有悬浮剂及可湿性粉剂的双重特点。一般有效成分含量较高。如 56%氧化亚铜、69%安克·锰锌。

（八）烟剂

烟剂由原药（有效成分）与助燃剂（木炭粉、锯末等）、氧化剂（硝酸钾等）、阻燃剂等制成。有粉状或片状，用火点燃后发烟但不燃烧成明火。燃放形成的烟粒微小，分散到空气中，最后均匀地沉积到植物上，很适于大棚或温室使用。优点是不用施药机具、扩散均匀。

（九）颗粒剂

颗粒剂由原药与沙子等载体加助剂制成的颗粒，颗粒大小要均匀，一般直径为 250~600μm。有效成分含量较低，适于直接撒施。如 3%克百威、10%灭线磷等。

（十）种衣剂

种衣剂是由原药加分散剂、增稠剂、防冻剂、防腐剂、黏合剂、警戒色等制成的悬浮剂。使用时用种子包衣机械将药剂包在种子外面，黏结成膜状保护层。种子包衣后，表面光洁，不易脱落，但播种后不妨碍种子吸水及发芽。此时的种子外围已形成了药剂保护区，能对种子上带的病菌及土壤中的病菌、地下虫等起到有效防治。

（十一）干拌种剂

干拌种剂是专用于拌种的粉剂，不能对水喷施。种子用药粉拌匀即可播种，如2%立克秀湿拌种剂。

（十二）湿拌种剂

湿拌种剂是专用于拌种。这类剂型使用时种子先喷少量水，湿润后再拌药，晾干后播种，如2%立克秀湿拌种剂。

（十三）涂抹剂

涂抹剂是原药被吸附于多孔性材料中或与石蜡、肥皂等热熔性物加热熔合一体后，冷却成型的制剂。也有的将液体药剂吸附于特制的涂抹器上。应用时，涂抹器直接向植物或树木进行涂抹，如10%福·多涂抹剂、23.5%腐殖酸·胂涂抹剂等。

三、杀菌剂的作用方式与作用机制

（一）杀菌剂的作用方式

杀菌剂作用方式包括化学保护、化学治疗和化学免疫。

化学保护是在植物未患病之前喷洒杀菌剂预防植物病害的发生。一般有两种：一是在病原菌的来源处施药清除侵染源，病原菌的来源主要有病菌越冬的场所、中间寄主和土壤等；二是在田间生长着的未发病而可能被病原菌侵染的作物体上喷洒杀菌剂，防止病原菌侵染。

化学治疗是在植物发病或感病后施用杀菌剂，直接抑制或杀死侵染植物的病原菌，从而达到减轻或消除植物发病的目的。化学治疗分为三种类型：一是表面化学治疗。有些病菌，如白粉病菌主要附着在植物体表面，使用渗透性不太强的杀菌剂石硫合剂或硫黄粉就可以把病菌杀死，非内吸性杀菌剂可以防治此类病害。二是内部化学治疗，把内吸性杀菌剂引入作物体内治疗已经侵入植物体内部的病菌，如甲基托布津、多菌灵等有内部化学治疗作用。三是外部化学治疗，防治果树或森林病害时常常采用的“外科疗法”，就是外部化学治疗。即把树干或枝条外部被病菌侵染发病后的病斑刮去，伤口再用杀菌剂消毒，涂以保护剂或防水剂，防止侵染的进一步扩大。如用砷渗剂、DT 剂、福美砷等涂抹药剂防治腐烂病等。

化学免疫是利用化学物质（化学免疫剂）使被保护作物获得对病原菌的抵御能力，如乙膦铝、硫酸链霉素和噻瘟唑等化合物。乙膦铝使用后能激发植物坏死斑反应，即使侵染点植株组织中酚类物质大量积累，而使植物提高抗病能力。

（二）杀菌剂的作用机制

1. 杀菌剂对菌体细胞结构的破坏

（1）杀菌剂对真菌细胞壁形成的影响：真菌细胞壁的主要成分是几丁质、纤维素，此外还有色素、多糖、少量果胶、蛋白质和微量的碳水化合物、脂肪、矿物质，不同种类的真菌细胞壁的组分不同。几丁质是由 N-乙酰氨基葡萄糖通过 β-1，4 糖苷键结合而成的一种含氮的多聚糖。影响几丁质合成的杀菌剂主要有多氧霉素 D、稻瘟净、异稻瘟净、苯来特、甲基托布津等；其他影响脂肪酸、甘油酯合成的有稻瘟灵、青霉素等，如多抗霉素和华光霉是作用于真菌细胞壁的抗生素，使细胞壁变薄或失去完整性，造成细胞膜暴露，最后由于渗透压差导致原生质渗漏，两者结构上属于核苷肽类，是几丁质合成底物 UDP-N-G1CNAC 的结

构类似物，因而是几丁质合成酶的竞争性抑制剂。青霉素则是阻碍了细胞壁上胞壁质（黏肽）的氨基酸结合，使细胞壁的结构受到破坏，表现为原生质体裸露，继而瓦解。影响卵菌纤维素的合成的丙酰胺类药剂，影响菌体附着孢黑色素的形成的三环唑类药剂，抑制几丁质合成酶的活性的吗啉类。

（2）杀菌剂对细菌细胞壁形成的影响：细菌细胞壁中都含有胞壁黏肽，即肽多糖，胞壁质是由多聚糖和多肽交叉连接而成的一种复杂化合物。除此，还有多糖和胞壁酸，使用药剂后，细菌细胞壁会表现出原生质裸露，继而瓦解的中毒症状。青霉素的结构与胞壁质的末端 D-丙氨酰-D-丙氨酸的结构相似，竞争性地与转肽酶结合生成青霉素转肽酶复合物，因而抑制了转肽酶与肽多糖键的结合，阻碍胞壁质黏肽形成，因而影响细菌细胞壁的合成。

2. 抑制菌体细胞膜的形成

（1）破坏细胞膜结构：①细胞膜上亚单位连接点的疏水键和金属桥被杀菌剂击断，使膜出现裂缝。②杀菌剂多果定结构中的饱和烃基侧链可溶解细胞膜上的脂质部分，使膜出现孔隙。③N-二甲基二硫代氨基甲酸钠类杀菌剂可与膜中的一些金属桥形成络合物，使正常的金属桥受破坏，膜失去正常生理功能，导致细胞死亡。④五氯硝基苯可与病菌细胞的线粒体膜上的酪氨酸结合使线粒体的膜结构遭到破坏，主要是外膜膨胀、内膜溶化、核周腔加大。

（2）对细胞膜上酶的影响：①一些有机磷化合物和含铜、汞金属的杀菌剂能与菌体内许多物质起反应，甚至直接沉淀蛋白质。主要作用点是细胞膜上与三磷腺苷水解酶有关的—SH 基，从而改变膜的透性。②异稻瘟净可影响甲基转移酶的活性，抑制卵磷脂（缩醛磷脂酰胆碱）的生物合成，即卵磷脂合成过程中的转甲基反应。③抑制细胞膜上甾醇合成：如吗啉类、三唑类、哌嗪类、咪唑类、嘧啶类、氮唑类等。菌体内主要是麦角甾醇，其合成是由多功能氧化酶催化进行，杀菌剂抑制麦角甾醇的生物合成的作用点主要是甾醇 C_{14} 上的甲基，杀菌剂使麦角甾醇上的 C_{14} 脱甲基难于进行，造成 C_{14}（α）-甲基甾醇积累。甾醇抑制剂可使真菌出现细胞形态变形，菌丝生长异常，菌丝末端膨胀，分枝过多等症状。

3. 杀菌剂对菌体内能量代谢的影响

（1）杀菌剂对糖酵解、有氧氧化和磷酸戊糖三条途径的影响：①影响酶活性：Cu、Hg 制剂主要是破坏细胞膜，造成 K^+ 向细胞膜外渗；硫黄对己糖激酶有抑制作用，从而降低了磷酸果糖激酶、丙酮酸激酶的活性，使糖酵解不能正常进行。②影响丙酮酸的脱羧作用，如克菌丹对酶系中的焦磷酸硫胺素（TPP）起作用后，丙酮酸不能形成乙酰 CoA。

（2）杀菌剂对脂肪酸氧化的影响：脂肪酸在生物体内的降解氧化分为：需氧氧化（α-氧化）和不需氧氧化（β-氧化）两种。菌体内脂肪酸 β-氧化过程需辅酶 A 参与。多碳的长链脂肪酸在辅酶 A 的帮助下，通过 β 碳原子的氧化而使其断裂，同时形成乙酰辅酶 A。杀菌剂抑制辅酶 A 的活性使脂肪酸的 β-氧化不能进行。作用于辅酶 A 的杀菌剂主要有克菌丹、三氯萘醌、代森类，都是脂肪酸 β-氧化的抑制剂。

（3）对三羧酸循环的影响：①在菌体内，丙酮酸经丙酮酸脱羧酶的作用，并以 TPP 为辅酶而形成乙醛，乙醛再进一步与辅酶 A 结合形成乙酰辅酶 A。乙酸可代替乙醛再与辅酶 A 结合，同样也产生乙酰辅酶 A，然后进入三羧酸循环。②多种杀菌剂可作用于三羧酸循环某环节的酶，影响酶活性。

（4）对呼吸链电子传递的影响：呼吸链是菌体内能量生成的重要部分，呼吸链可分为复合物Ⅰ、Ⅱ、Ⅲ、Ⅳ四个部分，每个复合体都有杀菌剂或其他化合物的作用点，与呼吸链有关的酶类有：

辅酶Ⅰ（NADH）、黄素腺嘌呤二核苷酸（FAD）、黄素单核苷酸（FMN）、辅酶Q和多种细胞色素以及细胞色素氧化酶。事实上，杀菌剂对呼吸链的影响主要是对这些酶或辅酶活性的抑制。

（5）对氧化磷酸化的影响：①对氧化磷酸化有特异的干扰作用，一种是抑制氧化磷酸化的抑制剂，另一种是把氧化和磷酸化分开的解耦联剂。氧化磷酸化的抑制剂，如醋酸苯锡和氢氧化苯锡均是通过抑制ATP合成酶的活性来影响磷酸化的。解耦联剂是亲脂性和弱酸性化合物，主要作用于呼吸酶所附着的线粒体内膜，消除了膜内外两侧原来形成的H^+浓度差和电位差，造成ATP的生成受阻：Cu^{2+}、砷、汞化合物和某些抗生素是直接影响ATP酶的活性，主要作用在细胞体内含—SH酶上；DNP（2，4-二硝基苯酚）是典型的解耦联剂，能够溶解膜上的脂质部分，改变线粒体内膜内外两侧的H^+浓度差和电位差，使氧化磷酸化解耦联；真菌的菌丝对解耦联剂特别敏感；离子载体类，只有在K^+、Na^+存在时才能起作用，尤其是K^+，如缬霉素的结构是大分子环状酸，其作用机制是把K^+包围在分子中间，由于其带正电荷，所以被内膜内侧的阴离子吸引转移到内膜内侧去，这样就消除了内膜内外两侧的电位差，使氧化磷酸化解耦联。②特异性抑制的影响：一是破坏线粒体膜透性，使膜内外两侧的H^+浓度差和电位差无法形成，从而破坏了氧化磷酸化反应的进行，破坏膜透性和线粒体膜结构的药剂都有此作用，如多果定；二是对ATP酶活性的影响，ATP酶含有—SH，因而许多能与—SH反应的杀菌剂都会影响氧化磷化，如Cu制剂、Hg制剂、克菌丹、灭菌丹等。

4. 杀菌剂对菌体代谢物质的生物合成及其功能的影响

（1）杀菌剂与菌体内核酸碱基化学结构相似，因而替代了核苷酸的碱基，如苯莱特、多菌灵、噻苯达唑，这三种药剂的结构与嘌呤结构相似，因而干扰了磷酸腺苷或磷酸鸟苷的合成作用。

（2）杀菌剂与形成碱基的组分结构相似，因而竞争性抑制干扰了核酸合成过程中的某一个反应，使核酸不能合成，造成了假的反馈性抑制作用。

（3）杀菌剂对核酸合成的间接影响：在嘌呤合成中，FH4（四氢叶酸）是一辅酶，使用磺酰胺类化合物如敌锈钠与叶酸分子结构中的氨基苯甲酸部分相似，因而与对氨基甲酸争夺酶系统，阻碍了菌体正常的叶酸合成。甲菌啶、乙菌啶在结构上与吡哆醛磷酸相似，冒充了吡哆醛，使参与四氢叶酸代谢作用，酶的活性受到抑制，从而干扰了叶酸传递过程中 C-1 转移反应。

（4）杀菌剂可影响核酸的聚合：放线菌素 D、丝裂霉素都影响菌体内 DNA 的生物活性，放线菌素 D 与 DNA 的鸟嘌呤结合成复合物，它是在双螺旋碱基对之间紧邻鸟嘌呤-胞嘧啶碱基对处，嵌入氨基吩恶嗪核，放线菌素 D-DNA 复合物对依赖 DNA 的 RNA 聚合酶起抑制作用。灰黄霉素除影响真菌细胞壁微纤维结构的作用外也可以与真菌的 RNA 结合，形成稳定的复合物而影响核酸的合成。甲霜灵的作用主要是干扰 r-RNA 的合成，最敏感的作用点是尿苷掺入 RNA 受阻，r-RNA 聚合受阻会造成三磷酸核苷的大量积累。

5. 杀菌剂对蛋白质合成和功能的影响

（1）杀菌剂如放线菌酮可与核糖体结合，影响 tRNA、mRNA 与核糖体的结合，使 tRNA、mRNA 失去活性。氯硝胺、春雷霉素与菌体核糖体中的小亚基结合，放线菌酮、稻瘟散与大亚基结合，破坏菌体原有核糖体结构，从而阻碍了氨酰-tRNA 与核糖体的结合，使肽链不能伸长。甲菌定和乙菌定能干扰叶酸代谢和转氨基作用，使蛋白质合成受阻。氨基酸类杀菌剂可取代活化的氨基酸形成掺假的 tRNA。链霉素可把 tRNA 固定在起始位点上，而不能达到终止位点；稻瘟散和放线菌酮可影响转肽。使用链霉素、茴香霉素、放线菌酮可影响肽链继续加长，形成异样 pr 失去原有 pr 的功能，主要是抗生素与菌体中的 DNA 分子中的鸟嘌

呤脱氧核苷，以氢键相连形成特殊的复合物。抗生素对转录的影响是由于药剂和 DNA 结合造成立体障碍，干扰 RNA 聚合酶沿 DNA 模板移动，影响 RNA 链延长，最后导致核糖体无法分为单核糖体，而失去再次合成蛋白质的可能性。苯并咪唑类药剂可与细胞分裂时组成纺锤体的管蛋白相结合，使纺锤体失去拉动染色体的功能而影响细胞的正常分裂。一些抗生素对细胞骨架功能或结构的干扰都会导致细胞的解体。

（2）杀菌剂对蛋白质合成的间接影响：①此影响核酸合成的杀菌剂都可影响蛋白质的合成；②某些与氨基酸相类似的化合物也会影响蛋白质的合成，如青霉素；③蛋白质合成过程中某些酶的活性受抑制可影响蛋白质合成，如异硫氰酯类化合物就是与有关的—SH 辅基反应而抑制其酶活性的；④影响能量生成的杀菌剂也间接影响蛋白质的合成，如内吸剂萎锈灵。

四、杀菌剂的毒力、毒性、药效

在使用杀菌剂时，必然要遇到杀菌剂的毒力、毒性、药效问题。三者的含义不同，但又是经常容易被混淆的问题。

（一）杀菌剂毒力

杀菌剂毒力是指药剂本身对不同菌种生物直接作用的性质和程度。一般多在室内用精密的测试方法，选择有代表性的菌种进行测定，只能作为防治上的参考，不能直接应用到田间。

若比较多种药剂的毒力大小，可以其中一种药剂作为标准，设定其相对毒力指数为 100，来计算其他药剂的相对毒力指数。即相对毒力指数=（标注药剂的等效剂量/其他药剂的等效剂量）×100（注意作为标准药剂，要求具有一定的化学纯度，性质比较稳定）。

菌剂对人、畜、禽及其他有益生物（如鱼类、蜂蜜、家蚕、

天敌昆虫、鸟类、蚯蚓、土壤微生物、水蚤、藻类等）产生的毒害作用，也常称为杀菌剂的毒性。包括急性毒性、亚急性毒性、亚慢性毒性、慢性毒性、联合毒性、迟发性神经毒性。杀菌剂的毒性程度通常是以毒力或药效作为指标的。

（二）杀菌剂毒性

毒性是指杀菌剂对人、畜等的毒害程度。我国现行对农药毒性测定是用纯药原药或制剂在大白鼠、小白鼠、兔、狗等试验动物身上测定，分急性毒性和慢性毒性两种。

1. 急性毒性 指药剂经皮肤或经口、经呼吸道一次性进入动物体内较大剂量，在短时间内引起急性中毒。

农药毒性分级标准是以农药对大白鼠“致死量”表示，目前国内外通常用“致死中量”或叫半数致死量（LD_{50}）表示。致死中量是指毒死半数受试动物剂量的对数平均数，即1kg体重的动物所需药物的毫克数，记作“mg/kg”。LD_{50}愈小，药物毒性愈大。根据我国《农药安全使用规定》，依致死中量分高毒、中等毒、低毒三种。高毒农药的使用范围有一定限制，国家有规定，使用时要遵守。

2. 慢性毒性 指供试动物在长期反复多次小剂量口服或接触一种农药后，经过一段时间累积到一定量所表现出的毒性。

无论急性或慢性中毒药剂均需要注意其是否有三致（致畸、致癌、致突变）作用。

凡有三致作用的，均不能做农药使用。另外有些农药对水生动物和鱼类、蜜蜂以及有益的动物有毒或二次中毒问题，使用时也要特别注意，或者忌用。

（三）杀菌剂药效

杀菌剂药效是在实际使用后对病害产生的实际防治效果，受药剂质量、施药方法、防治对象、天气条件以及病原菌对杀菌剂的抗性等影响。这种效果则表现为保护作用、治疗作用和铲除作

用（划分这几种效果是根据植物受害部位来确定）。

杀菌剂的药效以不同危害种类及为害性性质而定。一般以施药前后的发病和发病的严重程度计算防治效果。由于用杀菌剂防治病害很难目测病原物是否死亡。因此对于苗期病害，常根据防治前后发病变化来计算防治效果，对于叶部病害可以相对防治效果来表示：

发病率(或普遍率,%)= {[病株(或苗、叶、干、果)数]/检查总数(或苗、叶、干、果)}×100

对于叶斑病等植物局部病害，不同植株病害轻重不同，应根据不同的病害划分成不同的病级进行检查，计算施药区与对照区的病情指数。

病情指数(%)= [∑(病级叶数 * 该病级值)/(检查总叶数 * 最高级值)]×100

计算出病情指数后，进一步就可算出防治效果。

相对防治效果(%)= [(对照病情指数-处理区病情指数)]/对照区病情指数×100

对于发病轻、发病慢、病程长的，可以用相对防治效果来表示药效。

对于发病急、扩散快、病程短的，或需考察内吸治疗效果的，则以实际防治效果来表示药效。

实际防治效果(%)= [1-(处理区病情指数增长值/对照区病情指数增长值)]×100

式中病情指数增长值=施药后病情指数-施药前病情指数

药效高，一般是指在正常的条件下，杀菌剂每亩喷洒有效成分 100g，其防治效果大于 70%（亦说 80%）。如氟硅唑防治梨黑星病，亩用有效成分不超过 100g，属高效农药。

具体在评价药效时应注意以下几点：①供试作物（主栽品种）；②供试药剂（以常规药剂为对照）；③浓度的设置（试验

药剂设置3个浓度，对照药剂设置推荐浓度)；④小区排列方法：可采用简单对比法、随机区组排列法等；⑤施药方法（喷雾、灌根、烟熏、种子包衣)，施药时间，间隔期等；⑥病情调查（调查次数，5点取样，病级划分，病情指数，发病率等)；⑦防效计算（以病情指数或病果率划分)；⑧结果评价：是否有效，防效与对照药剂是否显著性差异，对靶标植物是否安全；⑨确定施药技术（浓度、施药间隔期和施药次数)；⑩注意记录降雨、浇水、温度变化情况及时间等。

近年来，高效农药应用发展较快，用量极少，使用时一定要用量取药剂和水所需用的计量器具，以及配制药液所必需的专用器皿等。决不能凭经验不用计量器具，以免造成误差。如果使用的浓度大易造成药害；浓度小则效果差，达不到防治目的。

杀菌剂是有毒物质，使用时要注意原药的中毒危险性，注意其经口毒性、皮肤接触毒性、呼吸道吸入毒性，也要注意农药稀释以后的中毒危险性。使用时要做好安全防护，按照农药安全使用条例规定，使用时应身着防护服，戴防护手套、风镜、防护口罩、防护帽，穿防护长筒靴等。并准备好洗涤剂和洗涤用水，以防万一农药沾染，可就地清洗。防护用具不要用棉纺织品，因其对药剂的隔离作用不强，对药剂的吸收和吸附作用反而更强。防护用具使用后用水或碱性水浸泡洗涤后再加以漂洗、晾干备用。洗涮施药工具及防护用品时，要注意远离生活区和水源区，倾倒洗涮污水时也要注意上述问题。

第二章　杀菌剂的安全使用

一、杀菌剂使用技术

（一）杀菌剂的使用方法

杀菌剂的品种繁多，加工剂型也多种多样，同时防治对象的危害部位、危害方式、环境条件等也各不相同，因此，杀菌剂的使用方法也随之而多种多样。

1. 喷雾　喷雾是借助于喷雾器械将药液均匀地喷布于防治对象及被保护的寄主植物上，是目前生产上应用最广泛的一种方法。适合于喷雾的剂型有乳油、可湿性粉剂、可溶性粉剂、胶悬剂等。在进行喷雾时，雾滴大小会影响防治效果，一般地面喷雾直径最好在50～80μm，喷雾时要求均匀周到，使目标物上均匀地有一层雾滴，并且不形成水滴从叶片上滴下为宜。喷雾时最好不要选择中午，以免发生药害和人体中毒。

2. 喷粉　喷粉是利用喷粉器械产生的风力，将粉剂均匀地喷布在目标植物上的施药方法。此法最适于干旱缺水地区使用。适于喷粉的剂型为粉剂。此法的缺点是用药量大，粉剂黏附性差，效果不如同药剂的乳油和可湿性粉剂好，而且易被风吹失和雨水冲刷，污染环境。因此，喷粉时，宜在早晚叶面有露水或雨后叶面潮湿且无风条件下进行，使粉剂易于在叶面沉积附着，提高防治效果。

3. 放烟法 放烟法是园林病虫防治的一项重要措施。该法用药少，方便，效果好。适宜缺水、郁闭、密闭林区和果园。要求气温逆增，风速在0.3~1m/s。

4. 土壤处理 土壤处理是将药粉用细土、细沙、炉灰等混合均匀，撒施于地面，然后进行耧耙翻耕等，主要用于防治地下害虫或某一时期在地面活动的昆虫。

5. 拌种、浸种、闷种 拌种是指在播种前用一定量的药粉或药液与种子搅拌均匀，用以防治种子传染的病害和地下害虫。拌种用的药量，一般为种子重量的0.2%~0.5%。浸种（或浸苗）是指将种子或幼苗浸泡在一定浓度的药液里，用以消灭种子幼苗所带的病菌或虫体。闷种是把种子摊在地上，把稀释好的药液均匀地喷洒在种子上，并搅拌均匀，然后堆起熏闷并用麻袋等物覆盖，经一昼夜后，晾干即可。

6. 熏蒸 熏蒸是一种利用有毒气体来杀死病菌的方法。一般应在密闭条件下进行。主要用于防治温室大棚、仓库、蛀干害虫和种苗上的病虫。如用磷化锌毒签熏杀天牛幼虫、用溴甲烷熏蒸棚内土壤等。

7. 涂抹 涂抹是指利用内吸性杀菌剂直接涂抹在植物被害部位，或将植物被害部位进行刮治后再涂抹，达到直接杀死病原菌或通过内吸传导接触病原菌而将其杀死。

（二）杀菌剂的规格与浓度

1. 杀菌剂的规格 指在商品杀菌剂中，每件（瓶、包）中所含制剂的量，如农利来72%霜脲锰锌可湿性粉剂的包装规格为80g/包。

2. 杀菌剂的使用浓度 杀菌剂经稀释后，药液或药粉中有效成分的含量。如将65%代森锌可湿性粉剂加水650倍稀释后，药液中有效成分的含量约为0.1%。

（三）杀菌剂的稀释与计算方法

1. 杀菌剂的稀释方法 杀菌剂正确、合理、科学的稀释方法是节约资金，防止浪费，保证药效的一个重要条件。

(1) 粉剂农药的稀释方法：一般粉剂农药在使用时不需稀释，但当植株高大、生长茂密时，为了使有限的药剂均匀喷洒在作物表面，可加入一定量的填充料，将所需的粉剂农药混入搅拌，这样反复添加，不断拌匀，直至所需的填充料全部加完。在稀释过程中一定要注意做好安全防护措施，以免发生中毒事故。

(2) 可湿性粉剂的稀释方法：通常采取两步配制法，即先用少量水配制成较浓稠的“母液”，进行充分搅拌，然后再倒入药水桶中进行最后稀释。因为可湿性粉剂如果质量不好，粉粒往往团聚在一起形成较大的团粒，如直接倒入药水桶中配制，则粗粒团尚未充分分散便立即沉入水底，这时再进行搅拌就比较困难。这两步配制法需要注意的问题是，所用的水量要等于所需用水的总量，否则，将会影响预期配制的药液浓度。

(3) 液体农药的稀释方法：要根据药液稀释量的多少及药剂活性的大小而定。防治用液量少的可直接进行稀释，即在准备好的配药容器内盛好所需用的清水，然后将定量药剂慢慢倒入水中，用小木棍轻轻地搅拌均匀，便可供喷雾使用。如果在大面积防治中需配制较多的药液量时，这就需要采用两步配制法。其具体做法是：先用少量的水，将农药稀释成“母液”，再将配制好的“母液”按稀释比例倒入准备好的清水中，直至搅拌均匀为止。

(4) 颗粒剂农药的稀释方法：颗粒剂农药其有效成分较低，大多在5%以上，所以，颗粒剂可借助于填充料稀释后再使用。可采用干燥均匀的小土粒或同性化学肥料作填充料，使用时只要将颗粒与填充料充分拌匀即可。但在选用化学肥料作为填充料时一定要注意农药和化肥的酸碱性，避免混合后引起农药分解失效。

2. 农药稀释的计算方法 不同规格含量的商品杀菌剂，配制成各种含有效成分的药液的加水稀释量不相同。要把高浓度杀菌剂用水或土稀释配成适合需要使用的浓度或用药量，应通过稀释换算的方法，方能达到准确使用浓度的要求，一般其稀释配制的计算方法，常按下列公式：

(1) 稀释药液的重量=商品农药的重量×商品农药的浓度/稀释药液的浓度

例1：今有某专业户，需配用浓度为0.012 5%的氟硅唑稀释液500kg防治花卉白粉病，这样需要购买多少40%氟硅唑乳油？①稀释后药液的重量=500kg，②商品农药的浓度=40%，③稀释后药液的浓度=0.012 5%，④求需要购商品农药的重量=XT，代入公式，即为需要购商品农药的重量=稀释后药液的重量×稀释后药液的浓度/商品农药的浓度=500×0.012 5%/40%=0.156kg=156g，应购买40%氟硅唑乳油156g。

例2：今用250g40%氟硅唑乳油500kg的稀释液，则稀释液的浓度是多少？

稀释后药液的浓度=商品农药重量×商品农药浓度/稀释药液的重量

即 500=0.25×0.4/稀释后药液的重量

则 稀释后药液的浓度=0.25×0.4/500=0.02 (%)

(2) 稀释应对水的重量=（商品农药的重量×商品农药的浓度-配制后药剂的浓度）/配制后药剂的浓度

例3：今有40%氟硅唑乳油250g，要求稀释成0.01%浓度的稀释液，则应对多少水？应对水的重量=商品农药重量×商品农药浓度/配制后药液浓度=0.25×0.4/0.01%=1 000kg，实际应加水量为1 000kg。

(3) 稀释倍数=稀释加水量/商品农药用量

例4：用40%氟硅唑乳油100g，加水稀释8 000倍，防治瓜

类白粉病，应加水量是多少？

稀释倍数=稀释需加水量/商品农药用量，则稀释需加水量=8 000×0.1=800kg。

（4）稀释倍数=商品农药有效成分含量（%）/稀释后药液的浓度

（四）合理使用杀菌剂

近年来，高效农药发展很快，种类众多，每年都有大量的杀菌剂新品种上市。用户在购买和使用农药的过程中，由于缺乏必要的杀菌剂使用知识，往往跟着农药生产厂家和销售商的广告宣传走，轻者用药不当，浪费钱财；重者损害庄稼，使其减产或绝收。所以，在杀菌剂的使用过程中，应注意以下几个问题。

1. 明确防治对象，对症下药　要弄清在农作物上所发生的是什么病害，以及发生的严重程度和决定用药的适宜时期。应考虑到有时耕作措施或生物防治方法更为有效。如必须使用杀菌剂时，再根据作物及防治对象来确定所需购买的农药。

2. 针对病害特点，适时用药　施药时期就根据病害发生特点及作物生长进度和杀菌剂品种而定。各地要按照病虫测报站的预报具体安排施药时期，若农作物病害的发生量达到防治指标，应立即施药防治。

3. 根据农药种类和规格，准确施药　各类杀菌剂使用时，均需按照商品介绍说明书推荐用量使用，严格掌握施药量，不能任意增减，否则必将造成植物药害或影响防治效果。操作时，不仅药量、水量称准，还应将施用面积量准，才能真正做到准确适量施药，取得较好的防治效果。

4. 熟知农药的性质，科学混配　当前国内外对农药的混用和混剂都非常重视，合理科学地混用农药可以提高防治效果，延缓有害生物产生的抗药性，降低成本，提高药效。

5. 轮换使用杀菌剂，延缓抗药性　在一个地区连续使用同一种杀菌剂，往往药效会明显减退。特别是一些内吸性杀菌剂，连续使用数年，防治效果大幅度降低。预防抗药性主要是轮换农药、混合用药、间断用药及科学的施药技术。

（1）轮换用药：一般接触性杀菌剂如代森类、无机硫制剂类、铜制剂类都不大容易引起抗药性，是较好的可轮换用药。需要注意的是一般内吸菌剂如苯并咪唑杀菌剂（多菌灵、托布津等）及抗生素类杀菌剂等，比较容易引起抗药性。

（2）混合用药：如瑞毒霉与代森锰锌混用。混配的农药同样也不能长期单一使用，也须轮换用药，否则也会引起抗药性产生。

（3）间断用药：已产生抗性的药剂，在一段时间内停止使用，抗药性现象可能逐渐减退，甚至消灭。

6. 采取恰当的施药技术，确保防效 对不同有害生物应用科学恰当的施药技术，使药剂在田间的有效剂量和沉积分布均匀，这也是很重要的一项措施。

二、杀菌剂使用存在的问题

（一）使用杀菌剂存在的主要问题及误区

1. 使用杀菌剂存在的问题

（1）药害问题：由于菌体和寄主植物具有同样的代谢过程和酶系统，植物细胞壁与菌体细胞壁很相似，因此使用杀菌剂更易产生药害。其主要以铜素、硫素杀菌剂及一些活性较高的三唑类如三唑酮、烯唑醇拌种易出现药害。代森铵和硫黄、福美双剂量过高或遇高温也会引起黑点或枯斑等症状的药害。

（2）防效差或无效：多是因使用一些防治对象不符或含量不足的杀菌剂引起。如对卵菌病害无效的苯并咪唑类杀菌剂多菌灵磺酸盐、丙硫多菌灵等用于防治霜霉病；对霜霉病菌只有很低

活性的福美双单剂或与无效的多菌灵等复配剂用于防治早疫病。此外，防治病毒病的药剂及一些诱导寄主产生抗病性的药剂，其效果往往受植物生长状况和环境的影响，而常常表现无效或效果极低。

（3）出现次要或偶发性病害：随着苯并咪唑类杀菌剂的长期使用，由交链孢引起的病害加重。设施栽培土壤中的微生物群落改变可能是根结线虫为害加重的原因之一。

（4）抗药性：滥用杀菌剂导致病菌产生抗药性，引起病害流行。单一作用机制的专化性杀菌剂连续使用引起抗药性病害流行。如霜霉病菌对甲霜灵，炭疽病菌、灰霉病菌对苯并咪唑类、二甲酰亚胺类、苯胺嘧啶类杀菌剂，白粉病菌对苯并咪唑类、EBI 类杀菌剂、甲氧基丙烯酸酯类杀菌剂，赤霉病对苯并咪唑类（多菌灵）等很容易产生抗药性。为延缓抗药性的产生，可采取将内吸剂与保护剂复配的方法，如出现的双脲氰与代森锰锌复配、多硫合剂等。建议可利用乙膦铝、三环唑等可提高寄主抗病性的药剂增强植物的抗病性。

（5）一些病害防治可供选用的药剂较少：防治细菌性病害、病毒病和线虫病的药剂比较缺乏，如线虫病。目前杀线虫剂大部分为化学药剂，由于多数杀线虫剂毒性较高，使用剂量较大、防治成本较高。技术人员或使用者化学基础较差，不能灵活运用。如对嘧霉胺能与某些酸或碱形成盐而改变其原有的理化性质，但其生物活性不变；由嘧霉胺分子可接受质子的基团（NH）、可与某些酸反应成盐后而改善其易挥发的特点。因此，可知对嘧霉胺盐具有抑菌和杀菌作用、对作物灰霉病具有活性高的特性等无法理解。

（6）杀菌剂残留超标：因刻意提高用药量、使用次数，不注意施药安全间隔期，造成杀菌剂残留超标。

2. 使用杀菌剂存在的误区

（1）一味求新：没有一种杀菌剂是能完全防治所有病原菌引起的病害的。在生产中，不少人就误认为老药不如新药。不看其防治对象，是否具备内吸性，一味使用新药，结果产生抗性。另外要从有效成分上进行识别，不要被包装和名字所迷惑。如老药百菌清是非内吸性杀菌剂，对多种真菌性病害都有很好的防治结果；福美双可灌根或喷雾防治多种土传和叶部病害，可广泛地应用于土壤消毒和叶片保护。

（2）存在用药单一：要采用合理的混用农药，达到扩大防治范畴、兼治、高效并减轻抗性及药害等。如王铜能够和多种杀菌剂、杀虫剂混合使用，以30%悬浮剂600倍液与70%甲基硫菌灵800倍液混合喷洒，可防治多种作物的褐斑病、细菌性叶枯病、炭疽病、细菌性角斑病等病害。

（3）不可乱用代森锰锌及唑类药剂：一些作物对锰较敏感，喷施后锰元素在叶部造成积累。凡是含代森锰锌的都有这方面的副作用。使用含唑类农药的浓度不可过高，若浓度过高，就会使植物顶部叶片变厚、节间变短，比如在瓜类上使用就比较明显。

（4）混用叶面肥：因为叶面肥的成分比较复杂，多数是大、中、微量元素的混合物，少数还混有激素和助剂，含有的金属离子以钾、锌、锰、铜等居多。与杀菌剂混用后易产生化学反应，轻者导致药剂失效，重者造成作物生长点萎缩，或近似激素过量症状，偶然还会引起作物中毒。喷药混加叶面肥更是有弊无利。

（5）防治根部病害不可在叶面喷药，对于疫霉根腐病的最好防治方法，就是用60%氟吗·锰锌（灰克）可湿性粉剂700倍液或30%噁霉灵水剂800倍液，3%噁霉·甲霜（广枯灵）水剂600倍液灌溉防治。另外在防治根部病害时不可乱用活根剂。

(二) 常见杀菌剂的药害及其控制

1. 药害分类及症状

(1) 杀菌剂药害分类：①按药害发生时间，可分为直接药害、间接药害；②按药害发生的症状，可分为可见药害、隐性药害。如三唑类改变不饱和脂肪酸和游离氨基酸的含量、蛋白质减少等。嘧菌酯可增加赤霉病菌毒素的产生；重金属杀菌剂也常影响作物光合作用和生殖生长，使结实率下降等。

(2) 常见药害症状：使发育周期改变（出苗、分蘖、开花、结果、成熟期推迟，生长缓慢），缺苗（包衣、拌种、浸种降低发芽率，或发芽后不能出土），变色（失绿，花叶、黄花、叶缘叶尖变色，或根、果变色），形态异常（改变果形、植株矮缩、不抽穗、花果畸形），坏死（枯斑、枯萎）等。

(3) 常见的杀菌剂药害：①三唑类杀菌剂在营养生长期使用浓度过大时，会使植株生长缓慢，同时在大青枣花果期使用会产生畸形果。②波尔多液、石硫合剂在很多作物的生长期使用会产生药害。③白菜对铜制剂敏感，所以铜制剂不宜在白菜上使用。④无机铜制剂在果树花期、幼果期禁止使用，高温、高湿下慎用。同时不能乱混配使用。⑤高含量百菌清成分杀菌剂不宜在柿树、梨树上使用，易产生药害。⑥高含硫黄复配制剂对黄瓜、大豆、马铃薯、桃、梨、葡萄敏感，在气温高时使用要降低浓度或不用。⑦砷制剂在柿子生长期及瓜类上使用会产生药害，而且持续时间较长，要在这些作物上避免使用。

2. 多位点杀菌剂的药害　多位点杀菌剂一般选择性较差，作用靶点在靶标和非靶标生物中没有差异或差异较小，如果加工中加入渗透剂或颗粒过细，通过不同途径进入植物体，即可造成药害。

(1) 铜素杀菌剂：如果波尔多液等难溶性铜盐中含有多余的 Ca^{+} 或 Cu^{2+}，以及在高温、高湿和前后使用酸、碱性化合物

时，会加速铜离子的释放，容易造成药害。已知对 Ca^{2+} 敏感的有茄科、葫芦科、葡萄等作物；对 Cu^{2+} 特别敏感的有李、桃、鸭梨、白菜、小麦等；对 Cu^{2+} 比较敏感的有苹果、中国梨、柿、大豆、芜箐等作物。铜制剂药害症状常见叶片褪绿、幼芽和叶缘叶尖青枯、叶斑及类似病毒病的花叶症状等，果实上形成小黑点锈斑。这种药害与高温、高湿有关。

（2）硫素杀菌剂：S 在一般情况下安全，但在 17℃以下效果较差，30℃以上高温使用常造成对植物的药害。S 可以取代元素 O 在氧化还原反应中形成有毒的 H_2S 而不是 H_2O，可引起叶片枯斑。石硫合剂可以被氧化或在弱酸下水解释放 S 和 H_2S。石硫合剂的防病效果好于硫的其他制剂，但极易发生药害。园林植物中的桃、李、梅、梨、葡萄、观赏瓜类等最易产生药害，在高温季节应该尽量避免使用；果树在休眠期可以使用。

（3）有机硫杀菌剂：代森锰锌等安全性较高，但对孔雀草、茄类作物等忌锰作物易出现叶子发暗无光、中下部叶片变老发黄，有的是叶脉发黄，若连续使用多次还会造成严重落叶，对苹果幼果也会引起锈果等症状的药害，对美国红提也会造成严重的锈果症状。福美双作为种子处理剂一般比较安全，但在温室里用于黄瓜浓度稍高会引起枯斑。在苹果上剂量稍大，容易引起果锈。代森铵呈弱碱性，对植物很容易造成药害，主要表现灼伤症状，一般不用于果树。

二硫代氨基甲酸盐类杀菌剂（福美和代森类杀菌剂）不能与含铜等重金属化合物混用，也不能与石硫合剂混用或 15d 内前后使用。二硫代氨基甲酸盐类与铜制剂混用常表现有拮抗作用，这是氨磺酸根与铜离子 2∶1 螯合的结果。

双胍辛烷苯基磺酸盐对某些花卉（如玫瑰）有药害。氟硅酸在高温、高湿条件下对花生叶片有药害；与碱性化合物混用易分解失效。

（4）有机胂杀菌剂对植物生殖生长阶段有强烈的药害作用。有机胂杀菌剂进入土壤以后，容易被微生物降解成无机砷在土壤中残留，无机砷对植物的营养生长有强烈的抑制作用，其他重金属化合物也可能引起类似药害症状。

（5）取代苯类中的百菌清对梨和柿比较敏感。在浓度较高时也会引起桃、梅、苹果等药害。五氯硝基苯使用时与幼芽或瓜类叶片接触会有灼伤症状的药害。

3. 单位点专化性杀菌剂药害　单位点专化性杀菌剂可以是内吸性或非内吸性杀菌剂。包括有机磷类、苯并咪唑类、酰胺类、氨基甲酸酯类、吡咯类、噻唑类、噁唑类、甲氧吗啉类、苯酰胺类、抗生素类、二甲基甲酰胺类、苯胺嘧啶类、甲氧丙烯酸酯类、麦角甾醇生物合成抑制剂中的脱甲基抑制剂（DMI）类等。

（1）三唑类杀菌剂（EBI杀菌剂）：R-异构体有高的杀菌活性，S-异构体有强的植物生长调节作用（PGR）活性。对分生组织较敏感。麦角甾醇生物合成抑制剂的生长调节剂作用会掩盖它们的非专化性药害症状，如引起的叶片扭曲、坏死、枯萎或落叶。三唑类杀菌剂作为土壤和种子处理，使用不当会出现出苗率降低、幼苗僵化的药害症状，表现地上部分的伸长和小麦苗的叶、根和胚芽鞘的伸长受到抑制。

一般双子叶作物比单子叶作物对三唑类杀菌剂更加敏感。作为喷施处理会使瓜果果型变小，植株或枝条缩短，节间缩短，叶片变小、呈深绿，延缓叶绿体衰老，提高耐寒和抗旱能力，增加坐果率。烯唑醇等DMI类杀菌剂也是植物体内促进细胞伸长的赤霉素生物合成抑制剂，用于防治瓜类和辣椒苗期白粉病可造成严重的僵苗；氟硅唑防治梨黑星病易发生卷叶症状的药害等。

（2）甲氧丙烯酸酯类中的阿米西达在嘎啦品种的苹果上使用特别敏感，在幼果期使用会造成严重的锈果药害症状，高温下

喷施还会造成落叶。

(3) 拌种灵对单子叶作物容易药害，可降低出苗率，若遇不良环境，药害更重；包括三唑类、咪唑类和嘧啶类等 DMI 类杀菌剂活性高、残效期长，用作种子处理剂，对小麦种子包衣或拌种会因这类杀菌剂能够干扰植物体内的赤霉素（GA_3）和脱落酸（ABA）的平衡，在遇到寒流、干旱、水渍等不利于种子发芽或出苗的胁迫条件，会出现明显的药害。

（三）杀菌剂制剂的质量优劣辨别

任何农药产品上都必须贴有标签，标签上必须注明农药名称、企业名称、农药三证、农药的有效成分以及含量重量、产品性能、毒性、用途及使用技术、用法、生产日期、产品质量保证期和注意事项，农药分装的还应当注明分装单位。在选购农药时首先应看标签及其上的内容是否完整，上面字迹是否清晰，是否有中文通用名及其有效成分含量，是否过质保期。具体包括：

1. 产品名称 无论是国产农药还是进口农药，其产品名称除批准的中文商品名外，还必须有有效成分中文通用名称及含量和剂型。有的产品有意不说明有效成分名称、含量，甚至标有“精品”“纯品”等国家规定不能使用的字样。使用效果一样，而销售价格却大大高出同类其他产品，误导和欺骗消费者。对于不说明有效成分名称和有效成分含量的产品不要购买。

2. “三证”齐全 国产农药必须有农业农药检定所颁发的农药登记证号，化工部颁发的准产证（有的产品为农药生产批准证书）号，企业质检部门签发的合格证号（标准号）。进口农药只有农药登记证号。“三证”号不全的不能购买。这种农药一般为非正规生产厂产品，往往存在质量问题。

3. 农药类别 各类农药标签下方均要有一条与底边平行的、不褪色的标志表示不同农药。如杀菌剂——黑色、杀虫剂——红色、除草剂——绿色、杀鼠剂——蓝色、植物生长调节剂——深

黄色。

4. 净重或含量表示 通常以 kg、L、g、mL 表示。

5. 毒性与易燃 农药标签上以红字明显表明该产品的毒性及易燃标志。

6. 使用说明 如适用范围和防治对象，适用时期、用药量和方法以及限制使用范围等。

7. 有效期限 一般为两年，即从生产日期算起，所以必须注有生产日期及批号。

8. 注意事项 注明该产品中毒症状和急救措施，安全间隔期以及储存、运输的特殊要求。

9. 生产单位 要有生产企业名称、地址、电话、传真、邮编。你在识别农药标签时，以上各项中如缺少两项，甚至一项，则应询问经销商，或认真考虑。如三证号不全，没有注明生产日期或已过期的农药你就不能购买。在农药质量上乳油制剂已经混浊、沉淀，粉制剂受潮结块等，都不能购买。

表 1 杀菌剂合格产品与不合格产品区别

剂型	合格产品	不合格产品
乳油（EC）	均匀透明	凡混浊、分层或沉淀者不合格
微乳剂（ME）	均匀，透明或半透明	油水分层，混浊或沉淀者不合格
水乳剂（EW）	白色或浅色浓稠状乳液，不透明	液体分层，冻结者不合格
悬浮剂（SC）	白色或浅色可流动黏稠状，若出现沉淀经摇晃能再悬浮呈均匀的悬浮液	若出现沉淀，经摇晃悬浮不起者不合格
水剂	透明或半透明的均一液体，不含固体悬浮物	低温出现沉淀，且升温后不溶化者不合格
粉剂（DP）	微细粉末	不能含粗粒子及结团成块
可湿性粉剂（WP）	微细粉末	不能含粗粒子及结团成块

续表

剂型	合格产品	不合格产品
粒剂	颗粒大小均一，无粉末	粉末较多者不合格
种衣剂（PS）	依可湿性粉剂、粉剂或悬浮剂的外观质量标准	同可湿性粉剂、粉剂或悬浮剂
烟剂（FP）	含水量小于3%	手捏包装袋，不能有吸潮结成的颗粒或小硬块

劣质农药达不到标准农药药效的原因是：一是标签上所规定的有效成分含量不足（低于标签上注明的水平）或根本不含有标签上所规定的有效成分；二是有效成分（原药）质量差，甚至会含有影响药效或造成的物质；三是标签上所规定的有效成分与农药中实际含有的有效成分不符，即用低价农药冒充昂贵农药；四是过期失效的农药不但药效没有保证而且容易造成药害；五是制剂加工水平低，没有达到标签所注明的剂型要求，不但药效没有保证而且也易造成药害。

第三章　农药混用与混剂

一、农药的混用与混剂

农药混用是指两种或两种以上不同农药混配在一起施用。混用的目的可概括为提高药剂效能、提高劳动效率、提高经济效益，具体说来有九大作用：扩谱（扩大控制范围）、增效（增强防治效果）、降害（降低药剂毒害）、延期（延长施药时期）、节本（节省防治成本）、克抗（克服农药抗性）、减次（减少施药次数）、强适（强化适应性能）、挖潜（挖掘品种潜力）。但并非所有混用都兼具上述全部作用。

（一）农药混用

1. 农药混用的三种形式

（1）现混（田间现混，及时使用）：即通常所说的现混现用，可根据具体情况调整混用品种和剂量。要做到随混随用，配好的药不宜久存，以免减效。有些农药在登记时就推荐了现混配方。

（2）桶混（工厂桶混，按章使用）：有些农药之间现混现用不方便，厂家便将其制成桶混制剂（罐混制剂），分别包装，一并出售。

（3）预混（工厂预混，直接使用，即复配制剂）：系由工厂预先将两种或两种以上农药混合加工成定型产品，用户按照使用说明书直接投入使用。在各组分配比要求严格，现混现用难于准确掌握，或吨位较大，或经常采用混用的情况下，均可加工成混剂。若混用能提高化学稳定性或增加溶解度，应尽量制成混剂。

2. 农药混用应遵循的原则

（1）混合后能保持原有的理化性质，其药效、肥效、激素作用均不受影响。不出现乳化性能及悬浮率降低、分层、絮结、沉淀、有效成分结晶析出等现象。如粉剂不能与可湿性粉剂、可溶性粉剂混用。

（2）混合后不发生酸碱中和、沉淀、盐析、氧化还原等化学反应。如乳油和可湿性粉剂混用，要求不出现分层、浮油、沉淀等现象，如酸性农药不能与碱性农药混合，碱性肥料不能与酸性农药混合使用，有机磷类、氨基甲酸酯类等在碱性条件下易分解，大多数有机磷杀菌剂对酸性反应比较敏感等。

（3）混用后不对农作物产生毒害作用。

（4）用法尽可能一致，混合后各组分在药效时间、施用部位及使用对象都较一致，能充分发挥各自功效。

（5）混用前最好先在小范围内进行试验，在证明无不良影响时才能混用，如有些农药不能与含金属离子的药物混用，有机磷类、氨基甲酸酯类农药和敌稗混用易产生药害等。

农药混合使用是指在一定技术和经验指导下，将两种或两种以上的农药混合在一起随配随用的使用办法。杀菌剂之间能否混用，杀菌剂与其他药剂能否混用，取决于药剂作用机制、内吸传导性、防治对象的互补性，药剂混合后有无拮抗作用，药液理化性能是否稳定，对非靶标生物是否安全等。配制一种杀菌剂的药液后加入另一种杀菌剂或其他农药（杀虫剂、植物生长调节剂）或肥料，如果出现絮状沉淀或出现变色、分层、鼓气泡等现象，说明杀菌剂不能与这些农药或肥料混用。混用农药前，一定要仔细阅读产品使用说明书，弄清各种农药的性质、特点。要遵循先

试用的原则。杀菌剂不少为碱性农药，故不能与遇碱性物质易分解失效的杀虫剂混用，如波尔多液、石硫合剂等呈碱性，不能和敌敌畏等混合使用。还有一些杀菌剂如多菌灵、白僵菌等不能与波尔多液、石硫合剂、托布津等杀菌剂混用，同样会造成因杀虫（菌）微生物丧失生理活性和杀虫（菌）能力而失效。另外，一些混合后产生化学反应并致药害的也不能混用。有少数杀菌剂与农药混合后还能起到增效的作用，如乐果与酸性杀菌性代森锌或可湿性硫黄或胶体硫等混用，不仅不会影响药效的发挥，反而还有提高药效的作用。

3. 混用条件辨别

(1) 酸碱度：是影响各组分有效性的重要因素，在碱性条件下，福美双、代森环等二硫代氨基甲酸盐类杀菌剂易发生水解等复杂的化学变化，降低药效。①碱性农药如波尔多液、石硫合剂、松脂合剂等不能与酸性农药及碳酸铵、硫酸铵、硝酸铵、氯化铵等铵态氮肥和过磷酸钙混合，否则易产生铵挥发或产生沉淀，从而降低药效或肥效。②碱性化肥如氨水、石灰、草木灰不能与托布津、井冈霉素、多菌灵等农药混合使用，易造成农药失效。③化肥不能与微生物农药混用，易杀死微生物，降低防效。微生物杀虫剂和内吸性有机磷杀虫剂不能与杀菌剂混用。④有机硫类和有机磷类农药不能与含铜制剂的农药混用。如二硫代氨基甲酸盐类杀菌剂、2.4-D 盐类除草剂与铜制剂混用会与铜离子结合而相互失去活性。含砷的农药不能与钾盐、钠盐等混合使用，否则会产生可溶性砷，发生药害。

(2) 本身是复配农药的品种：使用前要了解其主要有效成分是什么，不要盲目再混配。例如，恶霜·锰锌（杀毒矾）与精甲霜灵·代森锰锌（金雷），甲霜灵·代森锰锌与金雷，嘧菌酯（阿米西达）与醚菌酯（翠贝）、吡唑醚菌酯（凯润）、吡唑醚菌酯·代森联（百泰），氟吡菌胺·霜霉威（银法利）与霜霉

威（普力克），苯醚甲环唑与腈菌唑、四氟醚唑、乙嘧酚，烯酰吗啉·代森锰锌（安克锰锌）与烯酰吗啉、氟吗啉（灭克）。一般不能将相同类型的杀菌剂混用，如异菌脲（扑海因）与乙烯菌核利、腐霉利（速克灵），多菌灵与甲基硫菌灵（甲基托布津），含代森锰锌的混剂不能再与代森锰锌（大生）混用，铜制剂一般不能与碱性农药混用且与福美类和代森类杀菌剂混用有拮抗作用；即使是可以混用的农药，也要随配随用，不要存放时间太长，否则影响药效。

（3）在混用农药时一定要了解防治对象和发病规律：选用适宜的药剂进行组配，尽可能选用化学结构、作用机制不同，但可以增效的农药品种和配比进行复配使用，并注意选用相同的制剂形式，尽量避免乳油制剂与可湿性粉剂或胶悬剂混用（重点在于杀菌剂、杀虫剂之间，以及药、肥之间不能发生化学反应，不影响药、肥的物理性状，如可溶性、悬浮性、乳化性等，也不能影响各自的功效。当然，不起化学反应也就不会增加药剂对人、畜、植物的毒害和药肥料的分解）；要了解作物发生病虫害的生理特点、发育状况及对某些农药的敏感性，并在有技术和经验的人员指导下进行混配，以免发生药害；如果必须进行多种剂型的农药混用时，应按着微肥—可湿性粉剂—胶悬剂—水剂—乳油的顺序依次加入，并不断搅拌，待一种药剂充分溶解后再加下一种药剂，切忌将几种药剂一起倒入水中搅和，添加微量元素时用量不宜过大。喷施混配药剂时要不断晃动或搅拌，防止分离和沉淀发生，并做到随配随用，不宜长时间放置。如果没有浮油、絮结、沉淀、变色、发热和产生气泡等现象发生，就表明可混合使用。辛硫磷可以与多菌灵混用。

（4）混合用水：配制、稀释化肥、农药及激素要使用清洁、中性的软水（指像江水、河水、湖水等淡水，含钙、镁离子较少，硬度在 7.5 度左右的水），不会使农药与水发生化学变化，

农药成分免遭破坏，保证农药的药效和防治效果，避免产生药害。如用硬水（如井水、咸水、海水等含有较多的钙、镁等离子的水，硬度在18~20度）稀释农药，水中的钙、镁离子可降低可湿性药剂的悬浮率，或与乳油中的乳化物合成钙、镁沉淀物，破坏乳油的乳化性能，会降低农药的防治效果，容易对农作物产生药害，还容易堵塞喷头。

为了同时防治两种以上的病害或病虫兼治，桶混的两种成分均应全量施用。例如，日光温室中同时发生霜霉病和灰霉病，按照推荐浓度，可将68.75%氟吡菌胺·霜霉威（银法利）悬浮剂600倍液和25%烟酰胺（凯泽）水分散粒剂1 500倍液现混现用。为了防治一种病害而将两种杀菌剂混用时，内吸剂使用浓度可比推荐浓度低，保护剂按推荐浓度，以延缓靶标菌对内吸剂抗性的发生。例如，以80%代森锰锌（大生）可湿性粉剂与25%嘧菌酯（阿米西达）悬浮剂混用，两药的稀释浓度可分别为500倍和2 000倍（阿米西达的推荐浓度为1 500倍）。

4. 混用效果良好的农药

（1）68.75%氟吡菌胺·霜霉威（银法利）悬浮剂+10%苯醚甲环唑（世高）水分散粒剂+50%咯菌腈（卉友）可湿性粉剂或50%烟酰胺（啶酰菌胺）（凯泽）水分散粒剂在霜霉病、白粉病、灰霉病发生较重时可使用。

（2）68%精甲霜灵·代森锰锌（金雷）水分散粒剂+32.5%嘧菌酯·苯醚甲环唑（阿米妙收）悬浮剂或世高+卉友或烟酰胺（凯泽）在番茄晚疫病、灰霉病、叶霉病、早疫病发生较重时可使用。

（3）防治白粉病、灰霉病、霜霉病、晚疫病等可用：56%嘧菌酯·百菌清（阿米多彩）悬浮剂、32.5%嘧菌酯·苯醚甲环唑（阿米妙收）悬浮剂、嘧菌酯+苯醚甲环唑+百菌清、苯醚甲环唑+百菌清。

（4）防治瓜类作物炭疽病：多菌灵+硫黄。

（5）番茄灰霉病、黄瓜灰霉病、草莓灰霉病、辣椒灰霉病发生较重时可用：50%烟酰胺（啶酰菌胺）（凯泽）水分散粒剂+25%吡唑醚菌酯（凯润）乳油。

（6）抗病毒和增加作物抗病性：抗病毒药剂+叶面营养素。

5. 需要混用的几种情况

（1）当作物同时发生一种以上病害或病虫并发，需要喷施两种不同的杀菌剂，或需与杀虫剂混用时。如在保护地内霜霉病、灰霉病及粉虱、蚜虫等常会同时发生，通常将防治粉虱或蚜虫的药剂（吡虫啉）与防治霜霉病的药剂（精甲霜灵·代森锰锌）或防治灰霉病的药剂（异菌脲、烟酰胺、咯菌腈等）混用。在露地栽培的园林植物上同时发生飞虱和细菌性叶斑病、炭疽病等，可将杀虫剂与杀菌剂混用。

（2）为增强植株抗病性，促进植物生长或培育壮苗，将杀菌剂与植物生长促进剂混用或与含有植物生长或发育所必需的多种微量元素的叶面肥混用。如将 2，4—D 与防治灰霉病的杀菌剂（咯菌腈、嘧霉胺等）混合后涂抹番茄花蕾（或称蘸花）；在防治植物病害时常将尿素、磷酸二氢钾等与杀菌剂混用。杀菌剂与植物生长调节剂或微肥的混施，要注意杀菌剂与生长调节剂之间的相互影响，注意它们相互作用是否对杀菌剂的性能有影响，最好预先经过仔细的试验比较，确定没有副作用再混合使用。

（3）有机硅等许多表面活性剂与杀菌剂现混现用可改善药液在作物表面的湿润性、增加药剂的渗透性而提高效果，称为桶混助剂，一般的加用量为 0.05%~0.10%。有机硅表面活性剂使用时的加入量约为 0.03%，由于在水中易于降解，只能现混现用。

以上混用组合可概括为杀菌剂+杀菌剂、杀菌剂+杀虫剂、杀菌剂+叶面肥、杀菌剂+生物生长调节剂、杀菌剂+桶混助剂

(如加入0.03%有机硅表面活性剂)，一般将保护性杀菌剂与内吸性杀菌剂混合使用，或将不同作用机制或作用方式的杀菌剂混用。例如，精甲霜灵+代森锰锌、霜脲氰+代森锰锌、烯酰吗啉+代森锰锌、噁唑菌酮+代森锰锌提供内外双重保护，即广谱保护性杀菌剂代森锰锌在植物表面杀死分生孢子（或游动孢子）减少病菌侵入植物组织，从而起到预防发病作用，而精甲霜灵、霜脲氰、烯酰吗啉、噁唑菌酮可被植物组织吸收，抑制已侵入植物组织的病菌萌发的分生孢子（或休止孢）芽管伸长或附着孢生长、菌丝生长，从而起到治疗作用。这种模式的混用往往有增效作用，同时扩大杀菌谱。吡唑醚菌酯、嘧菌酯等QoI类杀菌剂为呼吸作用抑制剂，对孢子萌发具有较强抑制作用，与苯醚甲环唑、咯菌腈、啶菌噁唑等菌丝生长抑制剂混用也可起到增效作用。在少数情况下，相同作用机制的药剂也可加工成混剂，例如苯醚甲环唑和丙环唑均为病原真菌甾醇生物合成抑制剂，苯醚甲环唑+丙环唑制成的混剂30%爱苗悬浮剂是利用丙环唑和苯醚甲环唑在速效性上的互补性而配制的；多菌灵和乙霉威均为病原真菌有丝分裂抑制剂，影响有丝分裂所必需的纺锤丝中微管蛋白的合成，多菌灵+乙霉威配制成的50%万霉灵可湿性粉剂是利用多菌灵与乙霉威之间存在着负交互抗性关系而配制的。

（二）杀菌剂与其他混用

1. 杀菌剂与肥料　一般来说，固体农药、化肥可直接混合使用，而固态的肥料与液态的农药混用则要引起注意，应从以下几点来考虑：

（1）碱性杀菌剂如石硫合剂、波尔多液、松脂合剂等与硫酸铵、碳酸铵、硝酸铵、氯化铵等铵态氮肥或过磷酸钙混合易产生氨挥发或产生沉淀，从而降低肥效。

（2）碱性化肥如氨水、石灰、石灰氮、草木灰、钙镁磷肥等与托布津、多菌灵、井冈霉素类杀菌剂混合使用，杀菌剂在碱

性条件下易发生分解失效。

（3）化肥不能与微生物杀菌剂如地衣芽孢杆菌、枯草芽孢杆菌、木霉菌、盾壳霉等混合使用，因为化肥的挥发性、腐蚀性强，极易杀死微生物，降低防治效果。

（4）有机砷类杀菌剂如砷酸钙、砷酸铝等与钾盐、钠盐等混合使用会产生可溶性砷，发生药害。磷肥、有机肥等肥料可与有机磷杀虫剂混合使用。杀菌剂与肥料混用，如代森锰与尿素、硫酸镁混合后进行根部追肥和灭菌，要现配现用，且边用边搅拌。

在病虫害防治过程中，为了提高工作效率，增加疗效，常与苗木根外追肥结合进行，所用肥料主要为叶面喷肥（具有用肥量少、吸收快、肥效显著、针对性强等优点），常用肥料的喷施的浓度因肥种不同而异，尿素为0.2%～0.5%、磷酸二氢钾为0.3%～0.5%、过磷酸钙为0.5%～1%、硫酸镁为0.2%、硫酸钾为0.05%～0.1%、硫酸亚铁为0.2%～0.5%、硫酸锌为0.5%～1%、硼酸为0.1%～0.2%、钼酸铵或钼酸钠为0.01%、硫酸铜为0.01%～0.02%，硫酸锰为0.05%～0.1%。叶面喷肥浓度一般应控制在0.5%以下；含杂质较多的，浓度控制在0.3%以下，以防产生肥害。速测农药肥料是否可以混合使用，可各取少量样品放在少许水中，如混合后溶液均匀没有任何反应时，可以混合使用；如出现沉淀、分层、翻泡或浮出油状物等现象时，则不可混合使用。

2. 杀菌剂与农用激素 农用激素（植物生长调节剂）农药、化肥放到同一个容器内进行混合，并制成溶液，如果没有浮油、絮结、沉淀或变色、发热、产生气泡等现象，就表明可以混合使用。一般来说，市面上的叶面肥料或激素多为酸性或中性，可与酸性肥料及酸性农药混用，但不宜与碱性肥料如石灰及碱性农药（波尔多液、石硫合剂）混合使用。叶面肥料及激素与酸性肥

料、酸性农药混合得当，如可用爱多收加细胞中分素及云大120叶面喷施，叶面肥料或激素中添加氮、磷、钾、硼、锌肥等，不仅可以减少施肥次数，而且能互相增效，从而使肥药的效果发挥得更好一些。

3. 杀菌剂与助剂　目前广泛使用如农药有机硅助剂、氮酮，还有一些是在使用过程中必须添加所需助剂。农药表面活性剂加入农药剂性中应用包括：直接和农药原药混用配置成剂型产品和作为桶混助剂在田间地头现混现用。现混现用的农用表面活性剂有两类：包括以高金噻酮、氮酮等为主要成分的具有渗透性功能的农用助剂和以改性聚三硅氧烷为主要成分的复配而来的有机硅农用表面活性剂。与高金噻酮等现混用助剂相比，有机硅助剂具有良好的展着性、渗透性及耐雨冲刷性，可使农药、生长调节剂和其他化学品的溶液更容易渗透植物表面。要注意：有机硅农用表面活性剂易水解，配制成药液后必须4h内喷施；有机硅表面活性剂在偏酸和偏碱的条件下都极易分解，只有当农药制剂的pH值在6.0~8.0时才能保证有机硅表面活性剂不会分解。

（三）关于复配杀菌剂的几个问题

1. 常见杀菌剂的复配类型

（1）杀菌剂+杀虫剂：这种类型主要发挥杀虫、杀菌兼治作用。杀虫剂与杀菌剂混配、混用形式如杀螟松加异稻瘟净、乐果多菌灵、甲胺磷异稻瘟净等，多数都是现用现配。

（2）杀菌剂+杀菌剂：一般将具有内吸治疗作用的杀菌剂与保护性杀菌剂复配使用。内吸性杀菌剂能被植物吸收，传输到植物的各个部位，起到杀菌效果；保护性杀菌剂，不能被植物吸收，而残留在植物体表，防止病菌入侵感染。

2. 复配杀菌剂的评价方法　复配杀菌剂的联合作用可分为独立作用、相加作用、增效作用和拮抗作用，比较简单的评价方法是滤纸条交叉法。

滤纸条交叉法是指将含有不同杀菌剂的两条滤纸垂直交叉置于含菌平板上进行培养，一定时间后就会在纸条交叉的周围出现因不同作用而产生的形状各异的抑菌带，实线为含药滤纸带，虚线为抑菌带。A药的抑菌带交角尖锐，示独立作用。B药的抑菌带交叉处变成半圆形，示相加作用；与A不好区别。C药的抑菌带交叉处突出地鼓起来，示增效作用。D药和E药的抑菌带在交角处变狭窄，示拮抗作用。在检验时带药滤纸的宽度及其他条件应尽量一致，以便得到正确结果。

3. 我国的杀菌剂混剂概况 绝大多数为内吸性杀菌剂与保护性杀菌剂的混剂，内吸性杀菌剂大多为生物合成抑制剂，它针对病原菌的某一代谢过程起抑制或干扰作用，作用点单一，而非内吸性杀菌剂则作用机制比较复杂，作用位点较多，病原菌的简单变异不足以适应这种具有多作用位点的混剂的作用，因而这种混剂具有延缓或克服抗性产生的特点，比如苯并咪唑类、二甲酰亚胺类、苯基酰胺类、麦角甾醇生物合成抑制剂类、甲氧基丙烯酸酯类杀菌剂与保护性杀菌剂（代森类、福美类、硫、灭菌丹、克菌丹、百菌清、铜制剂）的混剂，如烯酰吗啉与代森锰锌、三环唑与硫等；但也有保护性杀菌剂相混的，如福美双与百菌清、福美双与硫黄等；还有内吸性杀菌剂相混的，如三唑醇与十三吗啉、甲基硫菌灵与乙霉威、多菌灵与三唑酮等。混剂中使用最多的是多菌灵，其次是甲基硫菌灵、代森锰锌、福美双、硫、三唑酮等，而且有的品种配伍中还出现了相同有效成分的不同配比的情况，如多菌灵与三唑酮、多菌灵与硫黄的混剂等。

另外，具有负交互抗性的杀菌剂混用，也有利于克服抗性。如多菌灵和乙霉威存在负交互抗性，即对多菌灵有抗性的病原菌反而对乙霉威更敏感，二者混用可以防治对多菌灵产生抗性的植物病害，二者混用的比例可以根据田间抗性程度而定，比如在田间抗性测定中，多菌灵的敏感菌株与抗性菌株的数量比是2∶1，

则在混剂中多菌灵与乙霉威的有效成分之比也以 2∶1 为宜。乙霉威可应用于抗苯并咪唑类以及二甲酰亚胺类杀菌剂的灰霉病的防治，如多菌灵、苯菌灵、甲基硫菌灵、速克灵与乙霉威的混剂等。

作用位点不同的杀菌剂混合最能增强药剂对病菌生长的干扰，具有增效作用的混剂如丙烯酰胺类杀菌剂（烯酰吗啉、氟吗啉）为麦角甾醇生物合成抑制剂，而代森锰锌为乙撑双二硫代氨基甲酸盐类杀菌剂，属于真菌呼吸抑制剂，为多位点保护性杀菌剂，两者混用增效明显。另外，霜脲氰、甲霜灵、噁霜灵、乙磷铝与代森锰锌的混剂对霜霉病、疫霉病也有明显的增效作用。

注意：混配制剂与混合使用不同，混合使用是由农药使用者根据需要将农药混合使用。混剂则是预先加工好的商品化制剂，用户买到混剂后已不能改变其中的农药有效成分组成。因此，不管需要不需要，买来的混配制剂中的各种成分都只能一次性地全部喷出，一些原本并不需要的农药也都喷到作物上，可能会造成浪费，也会增加对环境保护的压力。农民在选用农药混剂产品时要查明其配方组成，避免造成浪费。

二、常见杀菌剂混用及农药混用的计算方式

目前杀菌剂单剂与单剂、混剂或其他类型的农药现混现用的现象也很普遍，在混用时首先要确定混用杀菌剂各组分的量：一是为了同时防治两种以上的病害或病虫兼治，桶混的两种成分均应全量施用。例如，日光温室中同时发生霜霉病和灰霉病，按照推荐浓度，可将 68.75% 氟吡菌胺·霜霉威（银法利）悬浮剂 600 倍液和 25% 烟酰胺（凯泽）水分散粒剂 1 500 倍液现混现用。二是为了防治一种病害而将两种杀菌剂混用时，内吸剂使用浓度可比推荐浓度低，保护剂按推荐浓度，以延缓靶标菌对内吸

剂抗性的发生。例如，以80%代森锰锌（大生）可湿性粉剂与25%嘧菌酯悬浮剂混用，两药的稀释浓度可分别为500倍和2 000倍。

（一）对于作用对象不同的农药混配

由于各种农药有效成分多数是独立起作用的，要按下式分别计算：农药需要量=混合药液量/农药稀释倍数

例如：夏季防治苹果早期落叶病和蚜虫，要配制50%甲基硫菌灵可湿性粉剂800倍和10%吡虫啉可湿性粉剂1 500倍的混合药液100kg，需以上两种农药和水各为多少？

甲基硫菌灵用量=100kg/800=0.125kg，吡虫啉用量=100kg/1 500=0.067kg，用水量=100-0.125-0.067=99.8kg，在此例中甲基硫菌灵只管防治早期落叶病，吡虫啉只管防治蚜虫，二者互不干扰。

（二）对于作用对象相同的农药混配

例如：用速克灵与百菌清混用防治灰霉病。现要混配速克灵1 000倍与75%百菌清500倍防治观赏茄灰霉病，若每桶水为15kg，问：需要速克灵与百菌清两种农药各为多少？

单配1 000倍速克灵需药量15kg÷1 000=15g；单配500倍百菌清需药量15kg÷500=30g。因速克灵与百菌清的防治对象相同，如果仍按单配时的用药量，则药液的浓度增加了1倍，因此上述两种农药混用时各自用量都应除以2，即速克灵需7.5g，百菌清需15g。如果防治对象相同的3种农药混用，则应将各自的单倍用量除以3，依次类推。

注意：农药稀释中，倍数在100倍以上时采用对比方法，即可不扣除药剂本身所占的1份重量，直接用计算出的药物重量进行稀释，因其误差已小于1%，可以忽略不计。如稀释倍数在100倍以内时，需要采用内比法，即在所用稀释药液的水中，要求扣除药物本身所占的1份，以免造成浓度上的误差。

（三）农药混用的计算公式

商品农药的规格不同，配制成各种含有效成分的药液的加水稀释量也各不相同。商品农药的有效成分含量、药液有效成分浓度、商品农药单位面积的用量、稀释加水量和稀释倍数之间的关系的计算公式如下：

（1）加水稀释倍数=商品农药的有效成分含量（%，mg/L）/药液有效成分浓度（%，mg/L）

（2）稀释倍数=稀释加水量（kg、g、L、mL）/商品农药用量（kg、g、L、mL）

（3）药液有效成分浓度（%）=商品农药的有效成分含量（%）/加水稀释倍数

（4）商品农药用量（kg）=容器中的水量（kg）/加水稀释倍数

（5）商品农药用量（50g）=容器中的水量（kg）×20/加水稀释倍数

（6）商品农药用量（mL 或 g）=容器中的水量（kg）×1 000/加水稀释倍数

（7）商品农药用量（mL 或 g）=容器中的水量（kg）×药液有效成分浓度（mg/kg）/商品农药含量（%）×1 000

（8）公顷用制剂量=亩用制剂量×15

注意：以农药标签上标注的用量计算普通手动喷雾器 1 桶水（15 000g）需加多少农药：

1）若标明农药的稀释倍数，则 1 喷雾器用药量（g 或 mL）=1 喷雾器用水量÷稀释倍数

例：50%多菌灵可湿性粉剂 500 倍液，计算：1 喷雾器用药量=15 000g÷500=30g。

2）若标明农药的净重及稀释倍数，可以计算 1 瓶农药或 1 袋农药可以对多少水？

1 瓶或 1 袋农药对水量=1 瓶或 1 袋药的净重×稀释倍数

例：75%百菌清袋装 80g，稀释倍数为 1 000 倍，1 袋药可以对多少水？

计算：1 袋药对水量=80g×1 000=80kg。

（四）农药稀释计算中的其他问题

（1）百分浓度（%）：即 100 份药剂中含有多少份药剂的有效成分。如 20%三唑酮乳油，表示 100 份这种乳油中含有 20 份三唑酮的有效成分。

（2）百万分浓度（$\times10^{-6}$）：即 100 万份药剂中含有多少份药剂的有效成分。如 300×10^{-6}的三唑酮，表示 100 万份这种溶液中含有 300 份三唑酮的有效成分。

（3）倍数法：药液（或药粉）中稀释剂（水或填充料）的用量为原药剂用量的多少倍，即药剂稀释多少倍的表示法。如 40%氟硅唑乳油 8 000 倍液，即表示 1kg 40%氟硅唑乳油应加水 8 000kg。因此，倍数法一般不能直接反映出药剂的有效成分。根据所要求稀释倍数的大小，在生产应用上通常采用内比法和外比法两种配法。内比法：此法用于稀释 100 倍以下（包括 100 倍）的药剂，计算稀释量时要扣除原药剂所占的 1 份。如稀释 80 倍，即用原药剂 1 份加稀释剂 79 份。外比法：此法用于稀释 100 倍以上的药剂，计算稀释量时不扣除原药剂所占的 1 份。如稀释 1 500 倍，即用原药剂 1 份加稀释剂 1 500 份。

（4）稀释计算法：

1）按有效成分的计算通用公式：原药剂浓度×原药剂重量=稀释药剂浓度×稀释药剂重量

例：用 25%乙嘧酚进行拌种，拌种有效浓度为 0.03%，10kg 该药剂可拌多少种子？

解：$25\%\times10=0.03\%\times x$，求得 $x=8\ 333$kg，即可拌麦种 8 333kg。

2）按稀释倍数计算通用公式：稀释药剂重量=原药剂重量×稀释倍数

例：配制25%乙嘧酚悬浮剂1 000倍液喷雾，问1.0kg该悬浮剂需对多少水？

解：$x=1.0\times1\ 000=1\ 000$kg，即需对水1 000kg。

3）简便方法：农药用量=使用浓度，加水量=农药浓度-使用浓度

如：要用50%多菌灵可湿性粉剂，配制成0.3%的药液浸种，多菌灵的用量为0.3份，加水量为50-0.3=49.7份；有时很低的浓度还用ppm表示，计算方法是用大小分子差除以小分子，然后乘以溶液量，结果为应加水量，如现有某种农药的有效成分为20%，共30kg，要将这30kg农药稀释为16%的溶液，需要计算加多少水。其中，大小分子差为20-16=4，小分子为16，溶液量为30kg，4÷16×30=7.5kg，这说明只要加水7.5kg，就可以把原药稀释为16%的水溶液了。

第二部分　各　论

第四章　甾醇生物合成抑制剂

甾醇是真菌细胞膜的重要组成物，麦角甾醇是甾类激素的前体，在生物生殖过程中起重要作用。影响甾醇生物合成的杀菌剂，主要通过影响菌体细胞膜生物合成中由鱼鲨烯形成甾醇的过程，使菌体细胞膜的功能受到破坏，最终导致细胞死亡。该类药剂通称为甾醇抑制剂，包括六大类，即三唑类、嘧啶类、咪唑类、吗啉类、吡啶类和哌嗪类，或吗啉类、哌嗪类、吡啶类、嘧啶类、二氮唑类与三氮唑类等。

甾醇抑制剂的作用特点：①有明显的熏蒸作用及向顶传导活性；②杀菌广谱，除鞭毛菌和病毒外，对子囊菌、担子菌、半知菌都有一定效果；③高效，大田用药量只为传统保护性杀菌剂的10%；④药效期一般为3~6周；⑤一些品种如粉锈宁、羟锈宁和丙环唑等对双子叶植物有明显的抑制作用。

一、三唑类杀菌剂

1. 三唑酮

（1）通用名称：三唑酮、triadimefon。

（2）化学名称：1-（4-氯苯氧基）-3，3-二甲基-1-（1，2，4-三唑-1-基）-2-丁酮。

（3）毒性：低毒，对天敌和有益生物无害，对鸟类毒性很低。

（4）作用方式：本品为内吸性杀菌剂，具有预防、治疗、铲除、熏蒸作用。

（5）产品剂型：15%、20%、32%乳油，8%、10%、12%高渗乳油，12%增效乳油，10%、15%、25%可湿性粉剂，8%高渗可湿性粉剂，15%烟雾剂，8%悬浮剂，15%水乳剂。

（6）实用技术：

1）防治禾本科白粉病、锈病，在发病初期用 20%乳油、25%可湿性粉剂 1 500~2 000 倍液或 20%乳油 1 200~1 500 倍液叶面喷雾。

2）禾本科植物播种前按每 10kg 种子拌 3~5g 有效成分的药剂，晾干后播种。可防治散黑穗病、光腥黑穗病、网腥黑穗病、白秆病及苗期白粉病、锈病等。

3）防治草坪全蚀病，在苗期病害侵染高峰期 20%乳油 50~70mL 或 25%可湿性粉剂 40~60g 对水 50~60kg 喷雾。

4）防治大丽花、凤仙花、瓜叶菊、月季、紫茉莉等的白粉病，以及春羽灰斑病。在病害发生初期，用 20%三唑酮乳油 2 000~3 000倍液喷雾。

5）防治菊花锈病、草坪植物锈病、芍药锈病、大花美人蕉锈病，用 20%三唑酮乳油 1 500~2 000 倍液喷雾，药效为 20d。

6）防治杜鹃花枯萎病，在病害发生前用 20%三唑酮乳油 1 300 倍液喷雾；防治十字花科、菊科、豆科、茄科的多种观赏植物，如菊花、矢车菊、紫罗兰、金鱼草、桂竹香、芍药、飞燕草、香豌豆等的菌核病，在发现病株时用 25%可湿性粉剂 3 000 倍液喷雾。

7）防治球根海棠白粉病可于发病初期喷洒 20%三唑酮乳油 2 500 倍液，每 10~15d 喷 1 次，共 1~2 次。

2. 三唑醇

(1) 通用名称：三唑醇、triadimenol。

(2) 化学名称：1-（4-氯苯氧基）-3，3-二甲基-1-（1H-1，2，4三唑-1-基）丁基-2-醇。

(3) 毒性：低毒。

(4) 作用方式：本品为广谱内吸性杀菌剂，具有保护、治疗作用。

(5) 产品剂型：95%、97%原药，15%、25%干拌种剂，15%可湿性粉剂，11.7%、25%湿拌种剂，10%可湿性粉剂，1.5%悬浮种衣剂，17%、28%粉剂，20%、25%EC，25%WP。

(6) 实用技术：

1) 防治草坪锈病、白粉病，按100kg种子用15%干拌种剂200~250g，或用25%干拌种剂120~150g拌种。防治草坪纹枯病可用15%可湿性粉剂，按35~40g/kg种子拌种。

2) 防治草坪黑穗病，按100kg种子用15%干拌种剂66.7~100g或用25%干拌种剂40~60g拌种。

3) 防林木白粉病，用25%可湿性粉剂3 000~5 000倍液喷雾。

3. 丙环唑

(1) 通用名：丙环唑、Propiconazole。

(2) 化学名称：1-［2-（2，4-二氯苯基）-4-丙基-1，3-二氧戊环-2-甲基］-1-氢-1，2，4-三唑。

(3) 毒性：低毒，无致畸、致癌、致突变作用。

(4) 作用方式：具有强烈的内吸、传导、保护、治疗、铲除及微量熏蒸作用，可被作物根、茎、叶吸收，通过木质部迅速向顶部输导。

(5) 产品剂型：90%、93%、95%原药，25%敌力脱乳油，25%乳油（金力士），30%乳油，70%乳油，30%悬浮剂（蕉斑净），25%

丙环唑乳油（叶冠秀），50%、55%微乳剂，156g/L乳油。

（6）实用技术：

1）防治芍药锈病、白粉病，美人蕉、月季、玫瑰锈病，可于新叶展开后喷洒25%敌力脱乳油2 000~3 000倍液。

2）防治银线德利龙血树叶斑病可于发病初期喷洒25%敌力脱乳油2 000倍液，隔10d喷1次，共3~4次。

3）防治美人蕉叶斑病，在发病初期用25%敌力脱1 000~1 500倍液，可100L水加25%敌力脱66.7~100mL，间隔21~28d喷雾1次。

4）防治菊花白粉病，芦竹、紫苏、红花锈病，在发病初期喷25%乳油3 000~4 000倍液。

5）防治葡萄白粉病、炭疽病，苹果树褐斑病，在发病初期用25%敌力脱乳油3 000~4 000倍液喷雾。

6）防治苹果、梨白粉病、锈病，在花序分离期全园喷施1次5 000~6 000倍液；春梢封顶期喷施1~2次，间隔7~10d，使用浓度为6 000~8 000倍液。

7）防治苹果斑点落叶病，在萌芽前使用5 000~6 000倍液全园喷雾，铲除越冬的菌源；春梢生长期和秋梢生长期按6 000~8 000倍液，分别喷施1~2次，间隔10~15d。

8）防治苹果轮纹烂果病，苹果、梨黑星病，在萌芽前使用6 000倍液全园喷雾，铲除越冬的菌源，花后连续使用2~3次保护剂，套袋前使用6 000~8 000倍液喷雾，发病初期按6 000~8 000倍液喷雾，间隔7d，连续使用2~3次。

4. 氟硅唑

（1）通用名：氟硅唑、flusilazole。

（2）化学名称：双（4-氟苯基）甲基（1H-1，2，4-三唑-1-基甲撑）硅烷。

（3）毒性：对高等动物低毒，对皮肤和眼睛有轻微刺激，

无过敏性，无致突变性，不危害有益昆虫。

(4) 作用方式：为高效、广谱和内吸性三唑类杀菌剂，具有预防、保护和治疗作用，兼具铲除及熏蒸作用，其渗透性强。

(5) 产品剂型：8%、10%、25%微乳剂，10%、25%水乳剂，10%水分散粒剂，20%可湿性粉剂，2.5%热雾剂（福星），40%乳油，12%氟硅唑乳油。

(6) 实用技术：

1) 防治金盏菊、芍药白粉病，芍药锈病，球根秋海棠白粉病，栀子花黑星病，冬珊瑚叶霉病，菊花、红花等白粉病或锈病，梨黑星病，苹果轮纹烂果病，可用40%福星乳油7 000倍液10~15d喷1次，共2~3次。

2) 防治大花君子兰枯斑病及炭疽病、竹节蓼白粉病，可于发病初期喷洒40%福星乳油7 000倍液，每10d喷1次，共3~4次。

3) 防治白婵褐斑病，可用40%乳油8 000倍液，隔15d左右喷1次，共2~3次。

4) 防治石榴假尾孢褐斑病、散尾葵灰斑病、凤梨弯孢霉叶斑病，可喷洒40%氟硅唑乳油7 000倍液。

5) 防治观赏烟草赤星病、红叶甜菜白粉病，于发病初期喷40%乳油6 000倍液，每隔7~10d喷1次，连喷2~3次。

6) 防治观赏瓜类白粉病，在初发病时，用福星8 000倍液喷雾，隔6~7d再喷施1次。

5. 腈苯唑

(1) 通用名称：腈苯唑、fenbuconazole。

(2) 化学名称：4-（4-氯苯基）-2-苯基-2（H-1，2，4—三氯唑-1甲基）丁腈或4-（4-氯苯基）-2-苯基-2-（1H-1，2，4-三唑-1-基甲基）丁腈。

（3）毒性：低毒。

（4）作用方式：为内吸传导性杀菌剂，能抑制病原菌丝的伸长，阻止已发芽的病菌孢子侵入作物组织。在病菌潜伏期使用，能阻止病菌的发育，在发病后使用，能使下一代孢子变形，失去继续传染能力，对病害既有预防作用又有治疗作用，为兼具保护、治病和杀灭作用的内吸性广谱杀菌剂。

（5）产品剂型：24%悬浮剂。

（6）实用技术：

1）防治天竺葵褐斑病、栀子花灰斑病、棕竹叶枯病，于发病初期喷洒 24%悬浮剂 1 000 倍液，间隔 10d 喷 1 次，共 2~3 次。

2）防治美人蕉叶斑病，在发病前，用 24%悬浮剂 400 倍液隔 7~10d 喷雾 1 次，连喷 2~3 次。在雨季来临前改用 1 000 倍液。

3）防治桃树褐腐病，在发病前或发病初期用 24%悬浮剂 2 000倍液喷雾；防治苹果黑星病、梨黑星病，用 24%悬浮剂 6 000倍液喷雾；防治梨黑斑病，用 24%悬浮剂 3 000 倍液喷雾，每 7~10d 喷 1 次，连喷 2~3 次。

6. 灭菌唑

（1）通用名称：灭菌唑、triticonazole。

（2）化学名称：（RS）-（E）-5-（4-氯亚苄基）-2，2-二甲基-1（1H-1，2，4-三唑-1-基甲基）环戊醇或（R，S）-（E）-5-（4-氯苄烯基）-2，2-二甲基-1-（1H-1，2，4-三唑-1-基甲基）环戊醇。

（3）毒性：低毒。

（4）作用方式：具有很好的内吸活性，优异的保护、治疗和铲除活性，且持效期长。

（5）产品剂型：25%、28%悬浮种衣剂，2.5%（扑力猛）

悬浮种衣剂。

（6）实用技术：

1）防治冬播草坪锈病、叶枯病，可用 90~120g/100kg 种子的剂量进行种子处理，可以一直维持到抽穗期。

2）防治草坪散黑穗病、坚黑穗病，每 100kg 种子，用扑力猛制剂 100~200mL，进行种子包衣。

7. 亚胺唑

（1）通用名称：酰胺唑、imibenconazole。

（2）化学名称：4-氯苄基 N-（2，4-二氯苯基）-2（1H-1，2，4-三唑-1-基）硫代乙酰胺酯。

（3）毒性：低毒。

（4）作用方式：是广谱性、内吸性杀菌剂，具有治疗和保护作用，喷到作物上后能很快渗透到植物体内，但不能被植物根系吸收。

（5）产品剂型：5%、15%可湿性粉剂，15.5%乳油，15%粉剂。

（6）实用技术：

1）防治水仙褐斑病、吊兰炭疽病、苏铁叶斑病，可于发病初期，喷洒 15%可湿性粉剂 2 000 倍液，每 15d 喷 1 次，共 3~4 次。

2）防治大花君子兰壳多孢枯斑病、鹅掌柴叶斑病、棕竹叶枯病，可于发病初期喷洒，喷洒 15%可湿性粉剂 2 500~3 000 倍液，每 15d 喷 1 次，共 2~3 次。

8. 三环唑

（1）通用名称：三环唑、tricyclazole。

（2）化学名称：5-甲基-1，2，4-三唑并（3，4-b）苯并噻唑。

（3）毒性：中等毒性。

（4）作用方式：内吸性能较强的保护性杀菌剂，能迅速被根、茎、叶吸收，并输送到植株各部位。

（5）产品剂型：比艳 75%可湿性粉剂，比艳 20%可湿性粉剂，三环唑 20%可湿性粉剂，75%水分散粒剂，40%悬浮剂，60%硫黄三环唑可湿性粉剂。

（6）实用技术：

1）叶斑防治。苗床按 2~3g/m² 比艳 75%可湿性粉剂，对水 3kg 均匀浇于床面，可有效地防治苗期叶斑病的为害。

2）在棕榈科植物出现叶斑病时，按有效成分 225~300g/hm²，对水 600~750kg。

9. 腈菌唑

（1）通用名称：腈菌唑、myclobutanil。

（2）化学名称：2-（4-氯苯基）-2-（1H-1，2，4-三唑-1-甲基）己腈。

（3）毒性：低毒。

（4）作用方式：是一种内吸保护和治疗性的广谱低毒杀菌剂，具有预防、保护和治疗作用，对白粉病、锈病、黑星病、腐烂病等均有良好的防治效果。

（5）产品制剂：5%、6%、10%、12%、12.5%、25%、40%乳油，5%高渗乳油，12.5%、40%可湿性粉剂，6%可漂移粉剂，12.5%、20%微乳剂，40%悬浮剂，40%水分散粒剂。

（6）实用技术：

1）防治兰花、果树炭疽病，可用 40%可湿性粉剂 5 000 倍液喷雾。

2）防治芍药、月季、玫瑰、蔷薇、竹节蓼、凤仙花、紫茉莉白粉病，春羽灰斑病，鹅掌柴叶斑病，可用 12.5%乳油3 000 倍液；防治风信子褐腐病、栀子花煤污病、白蝉褐斑病，可用 25%乳油 7 000 倍液于发病初期喷洒。

3）防治苏铁叶斑病、石榴假尾孢褐斑病，可于发病初期喷淋12.5%乳油4 000倍液。

4）防治梨树、苹果树的黑星病、白粉病、褐斑病、灰斑病，葡萄白粉病，于发病初期喷洒25%乳油3 000~5 000倍液。

5）防治美人蕉叶斑病，喷5%乳油或5%高渗乳油1 000~1 500倍液。

6）防治黄瓜、观赏烟草白粉病，用12%乳油800~1 000倍液在发病初期喷雾。

以上技术视情况，每隔7~10d喷1次，连喷2~3次。

10. 双苯三唑醇

（1）通用名称：双苯三唑醇、bitertanol。

（2）化学名称：1-联苯氧基-3，3-二甲基-1-（1，2，4-三唑-1-基）丁醇-2。

（3）毒性：低毒，在试验剂量内对动物无致畸、致癌、致突变作用。

（4）作用方式：为广谱、内吸渗透性杀菌剂，具有很好的保护治疗和铲除作用。

（5）剂型：25%、50%可湿性粉剂，20%、30%乳油，10%干拌种剂，0.075%气雾剂。

（6）实用技术：

1）防治观赏植物菊花、石竹、天竺葵、蔷薇的锈病，用25%可湿性粉剂500~700倍液喷雾，白粉病用1 000~1 500倍液喷雾。

2）防治水仙大褐斑病，梨、苹果黑星病，于病害初期，用30%乳油1 000倍液喷雾，间隔期20d，连喷4~5次。

3）防治苹果锈病、煤污病，桃疮痂病、叶穿孔病、污叶病，用25%可湿性粉剂1 000~1 500倍液喷雾。

4）防治红叶甜菜病害及葫芦科植物叶斑病、白粉病、锈病、

炭疽病、角斑病等，用 25%可湿性粉剂 80g 或 30%乳油 40~60mL 对水喷雾。

11. 苯醚甲环唑

（1）通用名称：苯醚甲环唑、difenoconazole。

（2）化学名称：顺，反-3-氯-4-［4-甲基-2-（1H-1，2，4-三唑-1-基甲基）-1，3-二噁戊烷-2-基］苯基 4-氯苯基醚（顺、反比例约为 45∶55）。

（3）毒性：低毒。

（4）作用方式：属高效、广谱、内吸性杀菌剂，具有保护、治疗作用。

（5）产品剂型：10%世高水分散颗粒剂，10%噁醚唑水分散性粒剂，25%、37%水分散粒剂，25%噁醚唑乳油，30%乳油（超世），3%敌萎丹悬浮种衣剂，5%苯醚甲环唑水乳剂，30g/L 悬浮种衣剂，10%、20%微乳剂，10%、25%、40%悬浮剂，10%、25%水乳剂，30%可湿性粉剂，15%噁醚唑+15%丙环唑乳油，10%WDG，30%苯醚甲环唑悬浮剂（显粹），30%艾米乳油即 30%苯甲·丙环唑（艾米 TM）乳油，24.9%待克利（苯醚甲环唑）乳剂。

（6）实用技术：

1）防治金铃花茎枯病，酒瓶兰灰斑病，瑞香炭疽病，维奇露兜树叶斑病，含笑叶枯病，龙血树及香龙血树褐斑病、圆斑病、大茎点霉叶斑病、茎腐病，银线德利龙血树叶斑病，宝贵竹褐斑病，球兰斑萎病，朱蕉顶枯病，夏威夷椰子茎枯病，在发病初期，用 10%世高水分散粒剂 3 000 倍液喷雾，每 10d 喷 1 次，防治2~3 次。

2）防治丝兰轮纹斑病、龙血树及香龙血树尖枯病、宝贵竹叶斑病、夏威夷椰子炭疽病、杜鹃花炭疽病、兰花炭疽病，用 10%世高水分散粒剂 3 000 倍液喷雾。

3）防治石楠叶斑病、红斑病，冬青卫矛根腐疫病、灰斑病，杜鹃花芽枯病，苹果斑点落叶病、褐斑病，观赏番茄早疫病，可于发病初期喷洒10%世高水分散粒剂3 000倍液，隔10d左右喷1次，连喷2~3次。

4）防治观赏椒炭疽病，发病初期喷洒10%水分散粒剂800~1 200倍液；葡萄炭疽病、黑痘病，用10%水分散粒剂1 500~2 000倍液喷雾。

5）防治梨黑星病可用25%水乳剂8 000倍液，间隔7~14d喷1次，连喷2~3次。

12. 烯唑醇

（1）通用名：烯唑醇、diniconazole。

（2）化学名称：（E）-（RS）-1-（2，4-二氯苯基）-4，4-二甲基-2-（1H-1，2，4-三唑-1-基）戊-1烯-3-醇。

（3）毒性：低毒。

（4）作用方式：为内吸传导性广谱杀菌剂，具有保护、治疗、铲除作用。

（5）产品剂型：2%、12.5%可湿性粉剂，5%拌种剂，10%、12.5%、25%乳油，5%微剂，12.5%速保利可湿性粉剂，5%干粉种衣剂。

（6）实用技术：

1）防治凤梨叶斑病，月季、玫瑰锈病，于发病初期喷洒12.5%速保利可湿性粉剂3 000倍液。

2）防治梨黑星病，苹果白粉病、锈病，于谢花后喷12.5%可湿性粉剂2 500~3 000倍液，隔14~20d喷1次，喷3~4次。

3）防治草坪白粉病、锈病、纹枯病，用12.5%可湿性粉剂2 000~2 500倍液喷雾。

4）防治红叶甜菜白粉病、锈病，于发病初期开始喷12.5%可湿性粉剂3 000倍液，间隔7~10d喷1次，共喷2~3次。

5）防治美人蕉叶斑病、观赏烟草赤星病，用25%乳油1 500~2 000倍液或12.5%乳油或12.5%可湿性粉剂或10%乳油800~1 000倍液喷雾。

6）防治黑穗醋栗白粉病，用12.5%乳油750~1 000倍液在发病初期喷雾，间隔10~15d喷1次，连喷3次。

13. R-烯唑醇

（1）通用名称：R-烯唑醇、diniconazole—M。

（2）化学名称：（E）-（R）-1-（2，4-二氯苯基）-4，4-二甲基-2-（1H-1，2，4-三唑-1基）戊-1烯-3-醇。

（3）毒性：低毒。对人畜、有益昆虫、环境安全。

（4）作用方式：同烯唑醇的单一光活性有效体。作用方式同烯唑醇。

（5）产品剂型：12.5%R-烯唑醇可湿性粉剂，5%R-烯唑醇拌种剂，2%R-烯唑醇可湿性粉剂。

（6）实用技术：同烯唑醇。

14. 己唑醇

（1）通用名称：己唑醇、hexaconazole。

（2）化学名称：（RS）-2-（2，4-二氯苯基）-1-（1H-1，2，4-三唑-1-基）-己-2-醇。

（3）毒性：低毒，无残留、无致突作用。

（4）作用方式：是三唑类杀菌剂中的高效杀菌剂，具有内吸、保护和治疗活性。

（5）产品剂型：5%己唑醇悬浮剂（安福），5%己唑醇微乳剂，5%、10%悬浮剂，10%微乳剂，10%乳油，23%菲克利水悬剂，25%、30%、40%悬浮剂，50%可湿性粉剂，50g/L悬浮剂，50%水分散粒剂。

（6）实用技术：

1）防治苹果斑点落叶病、白粉病，梨黑星病，葡萄白粉病、

黑腐病，用5%悬浮剂1 000倍液喷雾。防治桃褐腐病，用5%悬浮剂800~1 000倍液喷雾。

2）防治棕榈纹枯病，可在发病初期用5%微乳剂80~100mL/亩均匀喷布于植株上。

3）防治苹果轮纹病、褐斑病，红叶甜菜灰霉病等，可用5%可湿性粉剂1 000倍液喷雾。

4）防治兰花立枯病，可用23%水悬剂4 000倍喷雾或灌根。

15. 戊唑醇

（1）通用名称：戊唑醇、tebrconazole。

（2）化学名称：（RS）-1-（4-氯苯基）-4，4-二甲基-3-（1H）-1，2，4-（三唑-1-基甲基）戊-3-醇。

（3）毒性：低毒。

（4）作用方式：一种高效、广谱、内吸性三唑类杀菌剂，具有保护、治疗、铲除三大功能，杀菌谱广、持效期长。

（5）产品剂型：2%立克秀干拌种剂或湿拌种剂，5%悬浮拌种剂，0.2%、2%、6%悬浮种衣剂，2%干粉种衣剂，12.5%、25%水乳剂，25%乳油，43%悬浮剂（金力克、好力克），25%悬浮剂，25%奥宁可湿性粉剂，30%悬浮剂，25.9%得克利水基乳剂，18%微乳剂，12.5%、80%可湿性粉剂，50%、80%水分散粒剂，60g/L拌种悬浮剂。

（6）实用技术：

1）防治花卉白粉病、早疫病、茎枯病，防治兰花镰孢菌病害，防治果树炭疽病、疮痂病、轮纹病、锈病、白粉病、黑星病等，防治葡萄白腐病、炭疽病等，可于发病前或发病初期用30%戊唑醇悬浮剂3 000~4 000倍喷雾。

2）防治草坪腐霉病、币斑病、全蚀病、镰刀枯萎病、夏季斑病、春季死斑病、坏死环斑病、叶斑病等，可用金力克1 000~1 500倍液喷雾，每5~7d喷1次，连用2次。发病重时用金力克

1 000 倍液灌根，每 5d 喷 1 次，连用 2 次。

3）防治苹果斑点落叶病，在发病初期喷洒 43%金力克悬浮剂 5 000 倍液，间隔 10d 喷 1 次，春梢喷 3 次，秋梢喷 2 次。

4）防治美人蕉叶斑病，在叶片发病初期开始喷 12.5%水乳剂 800~1 000 倍液或 25%水乳剂 1 000~1 500 倍液，间隔 10d 喷 1 次，连喷 4 次。

16. 粉唑醇

（1）通用名称：粉唑醇、flutriafol。

（2）化学名称：（RS）-2，4′-二氟-α（1H-1，2，4-三唑-1-基甲基）二苯基乙酸或 2，4′-二氟-α-（1h-1，2，4-三唑-1 基甲）二苯基甲醇。

（3）毒性：低毒。

（4）作用方式：是一种新型、广谱三唑类杀菌剂，具有内吸、铲除、保护、触杀等作用。

（5）产品剂型：95%TC，12.5%、25%、40%悬浮剂，50%、80%可湿性粉剂。

（6）实用技术：

1）防治禾本科植物白粉病，在茎叶零星发病至病害上升期，或上部 3 叶发病率达 30%~50%时开始喷药，用 12.5%悬浮剂 2 000~2 500 倍液喷雾。

2）防治草坪锈病，在发病初期用 25%悬浮剂 4 000~5 000 倍液喷雾。

17. 丙硫菌唑

（1）通用名称：丙硫菌唑、prothioconazole。

（2）化学名称：2-［2-（1-氯环丙基）］-3-（2-氯苯基）-2-羟丙基-1-2-二氢-3-1，2，4-三唑-3-硫代。

（3）毒性：低毒。

（4）产品剂型：41%悬浮剂。

（5）作用方式：为三唑硫酮类广谱杀菌剂，具有良好的内吸、保护、治疗和铲除活性，且持效期长。

（6）实用技术：防治禾本科植物、草坪植物、观赏油菜、棕榈科植物的白粉病、纹枯病、锈病、云纹病等，用该药有效成分 $200g/hm^2$，加适量水稀释后喷雾防治。

18. 丙硫咪唑

（1）通用名称：阿苯达唑、albendazole。

（2）化学名称：［5-（丙硫基）-1H-苯丙咪唑-2-基］氨基甲酸甲酯或［5-（丙基硫代）-1H-苯丙咪唑-2-基］氨基甲酸甲酯。

（3）毒性：属低毒杀菌剂，在试验剂量内对动物无致畸、致突变和致癌作用，对鱼类毒性较低，对蜜蜂无毒。

（4）作用方式：为高效、广谱的内吸性杀菌剂。

（5）产品剂型：10%、20%悬浮剂和20%可湿性粉剂。

（6）实用技术：

1）防治观赏烟草炭疽病、白粉病、黑胫病、赤星病等，可于发病前或发病初期，用20%悬浮剂（或可湿性粉剂）1.5～$1.8kg/hm^2$，对水喷雾，间隔10～14d喷1次，共施药2～3次。

2）防治棕榈科植物叶斑病，20%悬浮剂1.2～$1.5kg/hm^2$ 对水喷雾，发病重时于第1次施药7～10d后再喷1次。

3）对羽叶甘蓝和瓜类霜霉病，用20%悬浮剂（或可湿性粉剂）1.2～$1.5kg/hm^2$ 对水喷雾，发病重时于第一次施药7～10d后再喷1次。

19. 抑霉唑

（1）通用名称：抑霉唑、imazalil。

（2）化学名称：1-（4-氯苯基）-4，4-二甲基-3-（1H-1，2，4-三唑-1-基）-1-戊酮或1-［2-（2，4-二氯苯基）-2-（2-丙烯氧基）-乙基-］-1H-咪唑。

（3）毒性：中等毒性。

（4）作用方式：本品为内吸性广谱杀菌剂。

（5）产品剂型：0.1%涂抹剂，10%、20%水乳剂，22.2%、50%乳油，25%水溶性盐，10%抑霉唑硫酸盐水剂，10%烟剂，20%咪鲜抑霉唑水乳剂，14%、28%咪鲜抑霉唑乳油。

（6）实用技术：

1）防治葡萄炭疽病，可用20%水乳剂4 000倍液喷雾。

2）防治温室花卉叶霉病，可用10%烟雾剂按500～750g/hm^2点燃熏蒸。

3）防治苹果、梨储藏期青霉病、绿霉病，采后用50%乳油100倍液浸果30s，捞出晾干后装箱，入储。

4）防治林木炭疽病，可用20%咪鲜抑霉唑水乳剂按250～300mg/kg对水喷雾，或用10%苯甲抑霉唑水乳剂按83～100mg/kg对水喷雾。

20. 乙环唑

（1）通用名称：乙环唑、etaconazole。

（2）化学名称：1-2-（2，4-二氯苯基）-4-乙基-1，3-二氧戊环-2-甲基-1H-1，2，4-三唑。

（3）毒性：对温血动物低毒。对鸟无毒性，对鱼中等毒性。

（4）作用方式：本品属广谱内吸杀菌剂，具有保护和治疗作用。

（5）产品剂型：10%可湿性粉剂，2.5%乙环唑+72.5%灭菌丹可湿性粉剂。

（6）实用技术：

1）防治苹果白粉病、黑星病、锈病、青霉腐烂病，梨黑星病、腐烂病，柑橘褐病、酸腐病、绿霉病，在发病初期，用10%可湿性粉剂1 500～2 000倍液喷雾。

2）防治观赏植物白粉病、锈病，在发病初期，用10%可湿

性粉剂 1 500~2 000 倍液喷雾。

3）对美人蕉叶斑病、柠檬酸腐病，在发病初期，用 10%可湿性粉剂 1 500~2 000 倍液喷雾。

4）防治温室苗床病害，用乙环唑 75~300mg/m^2（土壤），效果优于比苯菌灵 10 倍用量。

21. 氟环唑

（1）通用名称：氟环唑、epoxiconazole。

（2）化学名称：（2RS，3RS）-1-［3-（2-氯苯基）］-2，3-环氧-2-（4-氟苯基）丙基-1 氢-1，2，4-三唑。

（3）毒性：低毒，对皮肤无刺激性、无致敏现象。

（4）作用方式：本品是一种分子结构中具有环氧乙烷的特征结构的三唑类含氟杀菌剂，具有良好的保护、治疗、铲除及残留活性的内吸广谱杀菌剂。

（5）产品剂型：12.5%悬浮剂，7.5%乳油，125g/L 悬浮剂（世禾），30%悬浮剂（酷风），18%氟环唑·烯肟菌酯悬浮剂（佳思泽）。

（6）实用技术：

1）防治美人蕉叶斑病，可用 12.5%悬浮剂 700~800 倍液，于发病初期用药，每隔 10~15d 喷 1 次，连喷 2 次。防治其他植物叶斑病、白粉病、锈病，马蹄莲秆枯病、柑枯疮痂病等，可用 12.5%悬浮剂 3 000 倍液于发病初期对水喷雾，每隔 10~15d 喷 1 次，共喷 1~3 次。

2）防治苹果、梨黑星病，可用 12.5%悬浮剂 1 500~2 000 倍液喷雾。

3）防治葡萄炭疽病、白腐病，可用 12.5%氟环唑悬浮剂 3 000~4 000 倍于果实膨大后喷雾。防治葡萄炭疽病、黑痘病，可用 12.5%悬浮剂 6 000 倍于花穗形成前，幼芽期对植株中、下部叶喷雾，避免直喷幼芽及顶叶。

4）防治苹果树褐斑病可用12.5%氟环唑悬浮剂190~250mg/kg喷雾。

22. 四氟醚唑

（1）通用名称：四氟醚唑、Tetraconazole。

（2）化学名称：2-（2，4-二氯苯基）-3-（1H-1，2，4-三唑-1-基）丙基1，1，2，2，-四氟乙基醚。

（3）毒性：低毒，对人、畜、鱼类、蜜蜂及水虱等生物低毒。

（4）作用方式：为第二代三唑类内吸传导性杀菌剂，具有很好的保护和治疗活性。药效持久，耐雨水冲刷。

（5）产品剂型：4%水乳剂（朵麦可）。

（6）实用技术：

1）防治草莓白粉病，可用4%朵麦可水乳剂1 000倍液喷雾。

2）防治观赏瓜类白粉病，可用4%朵麦可水乳剂1 200倍液喷雾。

23. 硅氟唑

（1）通用名称：硅氟唑、simeconazole。

（2）化学名称：（RS）-2-（4-氟苯基）-1-（1H-1，2，4-三唑-1-基）-3甲基硅基丙烷-2-醇。

（3）毒性：低毒，对皮肤无刺激，对眼睛无刺激。

（4）作用方式：是一种含硅、含氟三唑类广谱内吸性杀菌剂，可迅速地被植物吸收，并在内部传导，具有很好的保护和治疗活性。

（5）产品剂型：20%可湿性粉剂，1.5%颗粒剂。

（6）实用技术：

1）防治草坪散黑穗病，按100kg种子用20%可湿性粉剂20~50g，含有效成分（a.i.）4~10g，进行种子处理。

2）防治草坪白粉病，可选用20%的可湿性粉剂进行茎叶喷雾，使用剂量通常为50~100g（a. i.）/hm^2。

24. 戊菌唑

（1）通用名称：戊菌唑、Penconazole。

（2）化学名称：1-［2-（2，4-二氯苯基）戊基］-1H-1，2，4-三唑。

（3）毒性：低毒，对蜜蜂低毒。

（4）作用方式：是一种具有保护、治疗和铲除作用的内吸性三唑类杀菌剂。

（5）产品剂型：10%、20%、25%乳油，20%戊菌唑水乳剂，10%粉剂。

（6）实用技术：

1）防治各种果树、花卉、红叶甜菜白粉病，观赏菊花白粉病，葡萄白腐病、黑痘病、穗轴褐枯病，观赏瓜类炭疽病，豆类锈病，可于发病初期用20%戊菌唑水乳剂1 000~1 500倍喷雾，或用10%乳油2 500~5 000倍液喷雾。

2）防治茄果类叶霉病、早疫病、炭疽病、白粉病、斑点病、灰霉病及草莓白粉病，可用25%乳油3 000~3 500倍液喷雾，每季使用3次，对植物无抑制生长作用。

3）防治苹果、梨树褐斑病、斑点落叶病、黑星病、黑斑病、锈病病、炭疽病等，可用25%乳油3 000~3 500倍液喷雾，每季使用2~3次。

二、咪唑类杀菌剂

1. 咪鲜胺

（1）通用名称：咪鲜胺、prochloraz。

（2）化学名称：N-丙基-N-［2-（2，4，6-三氮苯氧基）

乙基]-咪唑-1-甲酰胺。或N-丙基-N-[2-(2,4,6-三氯苯氧基)乙基]-1-H咪唑-1-甲酰胺。

(3)毒性：低毒，对高等动物低毒，无任何致畸、致癌及基因诱变作用。

(4)作用方式：是氨基甲酰咪唑类中活性最强的广谱性杀菌剂，内吸性弱，但有良好的传导性能，具有保护和治疗作用。

(5)产品剂型：25%施保克乳油，25%咪鲜胺水乳剂（酷轮），45%施保克水乳剂，45%扑霉灵乳油，25%咪鲜安乳油，45%咪鲜安水剂，0.05%水剂，45%咪鲜胺水乳剂（滴翠），50%可湿性粉剂（咪唑霉与氯化锰按4∶1形成的螯合物），20%、40%微乳剂。

(6)实用技术：

1）防治兰花镰刀菌根腐病可用25%扑克拉（咪鲜胺）乳剂3 000~3 500倍液喷雾或50%扑克拉锰（咪鲜胺锰盐）可湿性粉剂3 000~3 500倍（包利赞）喷雾。

2）防治观赏瓜类炭疽病、白粉病，可用45%咪鲜胺水乳剂1 500倍液喷雾，隔7~10d喷施1次，共喷2~3次。防治观赏瓜类枯萎病，可用45%咪鲜胺水乳剂750~1 000倍液灌根，或1 500倍液叶面喷施。

3）防治翠菊菌核病、芍药炭疽病、蜀葵炭疽病、天冬炭疽病、瓜类皮椒草炭疽病、大花美人蕉灰斑病、朱顶红叶斑病、凤梨德氏霉叶斑病、万年青类炭疽病、睡莲炭疽病，于发病初期用25%施保克乳油800倍液防治，每10d喷1次。

4）防治四季秋海棠、吊兰、凤梨、花叶万年青类、喜林芋类炭疽病，可用50%使百克可湿性粉剂1 000倍液喷洒，或25%使百克乳油1 000倍液喷洒。防治大花君子兰枯斑病及叶枯病、文殊兰炭疽病、凤梨灰霉病、春羽叶斑病，可于发病初期喷洒25%施保克乳油800~1 000倍液，每10d喷1次，共喷3~4次。

5）防治扶桑炭疽病，栀子花炭疽病、灰斑病，米兰炭疽病，球兰炭疽病，金铃花炭疽病，金边瑞香灰霉病、炭疽病，凤尾兰炭疽病，龙血树炭疽病，杜鹃花炭疽病，肉桂炭疽病、褐斑病，山茶花、茶花灰斑病，十大功劳炭疽病，桂花炭疽病，白兰花炭疽病，苏铁炭疽病，可喷洒25%施保克乳油800~1 000倍液，每10d左右喷1次，共喷3~4次。

6）防治葡萄、棕榈、杧果炭疽病，可用25%乳油500~800倍液喷雾。

2. 咪鲜胺锰盐

（1）通用名称：咪鲜胺锰盐、prochloraz-manganese chloride complex。

（2）化学名称：N-丙基-N-［2-（2，4，6-三氯苯氧基）乙基］-1H咪唑-1-甲酰胺-氯化锰。

（3）毒性：低毒。

（4）作用方式：为咪唑类广谱杀菌剂，具有保护和铲除及一定的传导性能。

（5）产品剂型：25%、50%可湿性粉剂。

（6）实用技术：

1）防治杧果炭疽病，用50%可湿性粉剂1 000~2 000倍液于花蕾期和始花期各喷1次，以后隔7~10d喷1次。

2）防治芍药、玉簪、文殊兰、四季秋海棠、天门冬、瓜类皮椒草、吊兰、花叶万年青类及韭兰、兰花、大花君子兰、凤梨、花叶凤梨焦腐病，万年青类、喜林芋类、扶桑、栀子花、米兰、含笑、金边瑞香、龙血树、球兰、杜鹃花炭疽病，茶花、山茶花灰斑病，春羽叶斑病，春羽黑斑病，可于发病初期及时喷洒50%施保功可湿性粉剂1 000~1 500倍液，间隔10d左右1次，共喷洒3~4次。

3）防治茶花、山茶花、茶梅、金花茶炭疽病，十大功劳炭疽病，可于早春新梢生长后喷洒50%施保功可湿性粉剂1 000倍液。防治桂花、鹅掌柴炭疽病，可于发病前或发病初期喷洒50%施保功可湿性粉剂1 200倍液。防治苏铁炭疽病，可于发病初期喷洒50%施保功可湿性粉剂1 500倍液。防治棕榈炭疽病，可于发病初期喷洒50%施保功可湿性粉剂1 000倍液。防治杧果炭疽病，生长期用50%可湿性粉剂1 000~2 000倍液喷雾，花蕾期和始花期各喷1次，以后每7d喷1次，共喷5~6次。

4）防治温室花卉炭疽病，可喷洒50%施保功可湿性粉剂800~1 000倍液。

3. 氟菌唑

（1）通用名称：氟菌唑、triflumizole。

（2）化学名称：2-三氟甲基-4-氯-N-（1-咪唑-1-基-2-丙氧基亚乙基）苯胺或4-氯-α，α，α-三氟-N-（1-氨基-2-丙氧基亚乙基）-邻甲苯胺。

（3）毒性：低毒，对兔眼黏膜和皮肤均有一定的刺激作用。

（4）作用方式：是一种具有内吸、治疗、保护和铲除作用的广谱内吸性杀菌剂。

（5）产品剂型：30%特富灵可湿性粉剂，15%乳油，10%烟剂。

（6）实用技术：

1）防治芍药、瓜叶菊竹节蓼白粉病，可于发病初期喷洒喷洒30%特富灵粉剂3 000倍液，隔10~15d喷1次，共2~3次。

2）防治月季、玫瑰、蔷薇等白粉病，可于发病初期喷洒30%特富灵可湿性粉剂3 000倍液。防治果树白粉病、锈病、黑星病、褐腐病和灰星病，于发病初期喷洒30%特富灵可湿性粉剂1 000~2 000倍液喷雾，间隔7~10d喷1次，共喷3~4次。

3）防治观赏瓜类、豆类、观赏番茄、红叶甜菜白粉病，于发病初期喷洒30%特富灵可湿性粉剂3 500倍液喷雾，10d后再

喷1次。

4）防治黄瓜黑星病、观赏番茄叶霉病，于发病初期，用30%可湿性粉剂3 000倍液喷雾。

4. 噁咪唑富马酸盐

（1）通用名称：恶咪唑富马酸盐、oxopoconazole。

（2）化学名称：双［（RS）-1-｛2-［3-（4-氯苯基）丙基］-2，4，4-三甲-1，3-噁唑烷-3-甲酰基｝咪唑］富马酸盐。

（3）毒性：低毒。

（4）作用方式：具有较好的治疗性和中等持效性。

（5）产品剂型：20%All-shine可湿性粉剂。

（6）实用技术：

1）防治苹果、梨黑星病、锈病，樱桃褐腐病、疮痂病等，用20%All-shine可湿性粉剂3 000~4 000倍液喷雾。苹果花腐病、斑点落叶病、黑斑病，用20%All-shine可湿性粉剂2 000~3 000倍液喷洒；烟煤病用20%All-shine可湿性粉剂3 000倍液喷洒，连喷5次，收获前安全间隔期为7d。

2）防治葡萄白粉病、炭疽病、灰霉病，用20%All-shine可湿性粉剂2 000~3 000倍液，稀释2 000倍喷洒。连喷3次，收获前安全间隔期为7d。

3）防治柑橘疮痂病、灰霉病、绿霉病、青霉病，用20%All-shine可湿性粉剂2 000倍液喷洒，连喷5次。

5. 抑霉唑

（1）通用名称：抑霉唑、Imazalil。

（2）化学名称：1-［2-（2，4-二氯苯基）-2-（2-烯丙氧基）乙基］-1氢-咪唑。

（3）毒性：低毒。

（4）作用方式：具有保护和铲除活性的内吸性杀菌剂，也

是广谱叶丛喷雾剂和种子消毒剂。

（5）产品剂型：25%、50%乳油，25%水溶性盐，20%水乳剂，3%膏剂。

（6）实用技术：

1）防治苹果、梨储藏期青霉病、绿霉病，采后用50%乳油100倍液浸果30s，捞出晾干后装箱，入储。

2）防治柑橘储藏期的青霉病、绿霉病，采收的当天用浓度50~500mg/L药液（相当于50%乳油1 000~2 000倍液）浸果1~2min，捞起晾干，装箱储藏或运输。单果包装，效果更佳。

3）防治香蕉轴腐病，用50%乳油1 000~1 500倍液浸果1min，捞出晾干，储藏。

6. 氰霜唑

（1）通用名称：氰霜唑、cyazofamid。

（2）化学名称：4-氯-2-氰基-N，N-二甲基-5-对甲苯基咪唑-1-磺酰胺。

（3）毒性：对人、畜、鱼、蜂、鸟、蚕等低毒，对天敌安全。

（4）作用方式：是一种新型低毒杀菌剂，具有很好的保护活性和一定的内吸治疗活性，持效期长，耐雨水冲刷，使用安全、方便。

（5）产品剂型：10%科佳（氰霜唑）悬浮剂。

（6）实用技术：

1）防治葡萄、瓜类的霜霉病，可用10%科佳（氰霜唑）悬浮剂2 000~2 500倍液喷雾。

2）对观赏番茄晚疫病，用10%悬浮剂1 100~1 500倍液于发病前或发病初期使用，一般喷雾3次，间隔7~10d，具有较好的保护作用。

3）防治兰花腐霉菌引起的根腐烂病，可用10%（氰霜唑）悬浮剂3 000倍液灌根。

4）防治荔枝霜疫病，可用10%科佳（氰霜唑）悬浮剂2 000~2 500倍液喷雾。

7. 咪唑菌酮

（1）通用名称：咪唑菌酮、Fenamidone。

（2）化学名称：（S）-5-甲基-2-甲硫基-5-苯基-3-苯胺基-3，5-二氢咪唑-4-酮。

（3）毒性：低毒。

（4）作用方式：具有触杀、渗透、内吸活性及良好的保护和治疗活性。

（5）产品剂型：50%悬浮剂。混剂有咪唑菌酮+三乙膦酸铝、咪唑菌酮+代森锰锌、咪唑菌酮+百菌清等。

（6）实用技术：咪唑菌酮主要用于莴苣、葡萄、马铃薯、番茄等作物的叶面处理，使用剂量为75~150g（a. i.）/hm^2。同三乙膦酸铝等一起使用具有增效作用。

三、吗啉类及哌嗪类杀菌剂

1. 十三吗啉

（1）通用名称：十三吗啉、tridemorph。

（2）化学名称：2，6-二甲基-4-十三烷基吗啉。

（3）毒性：低毒。

（4）作用方式：是一种具有保护和治疗作用的内吸性广谱杀菌剂，该药能被植物根、茎、叶吸收并在体内运转，对担子菌、子囊菌和半知菌引起的多种植物病害有效。

（5）产品剂型：75%、86%乳油，混剂如十三吗啉+多菌灵+代森锰、十三吗啉+三唑醇、十三吗啉+丙环唑等。

（6）实用技术：

1）防治风眼莲云纹病，可喷洒75%乳油500倍液。

2）防治茶花茶饼病，可于此病流行期间喷洒75%乳油3 500倍液，隔7~10d喷1次，连续防治2~3次。

3）防治草坪白粉病，在发病初期用75%乳油700~1 000倍液喷雾。

4）防治美人蕉叶斑病，在发病初期，用75%乳油1 200~1 500倍液喷雾。

5）防治橡胶树红根病和白根病，在病树基部四周挖一条15~20cm深的环形沟，每一病株用75%乳油20~30mL对水2 000mL，先用1 000mL药液均匀地淋灌在环形沟内，覆土后将剩下的1 000mL药液均匀地淋灌在沟内覆土上。按以上方法，每6个月施药1次，共4次。

2. 丁苯吗啉

（1）通用名称：丁苯吗啉、fenpropimorph。

（2）化学名称：（±）-顺-4［3-（4-特丁基苯基）-2-甲基丙基］-2，6-二甲基吗啉。

（3）毒性：对人、畜低毒，无致畸、致癌、致突变作用。

（4）作用方式：具有保护、治疗、内吸作用。

（5）产品剂型：75%乳油，混剂如丁苯吗啉+苯锈啶、丁苯吗啉+百菌清、丁苯吗啉+多菌灵、丁苯吗啉+多菌灵+百菌清、丁苯吗啉+多菌灵+代森锰锌、丁苯吗啉+咪鲜胺、丁苯吗啉+异菌脲、丁苯吗啉+苯锈啶+咪鲜胺等。

（6）实用技术：可茎叶喷雾，也可作种子处理。以750g（a. i.）/hm^2喷雾，可防治禾本科、豆科和红叶甜菜上的白粉病、锈病，每吨种子用0.5~1.25kg（a. i.）处理，可防治草坪白粉病、叶锈病、条锈病和禾谷类黑穗病。

3. 螺环菌胺

（1）通用名称：螺环菌胺、Spiroxamine。

（2）化学名称：N-乙基-N-丙基-8-叔丁基-1，4-二氧杂

螺［4，5］癸烷-2-甲胺或8-叔丁基-1，4-二氧螺［4，5］癸烷-2-基］甲基（乙基）（丙基）胺。

（3）毒性：低毒。

（4）作用方式：本品是一种新型、内吸性的叶面杀菌剂，对白粉病特别有效。作用速度快且持效期长，兼具保护和治疗作用。

（5）产品剂型：50%、80%乳油，混剂有螺环菌胺+戊唑醇等。

（6）实用技术：防治对象为草坪白粉病和各种锈病，使用剂量为375~750g（a. i.）/hm^2。

四、嘧啶类杀菌剂

1. 乙嘧酚

（1）通用名称：乙嘧酚、ethirimol 或 ethyrimol。

（2）化学名称：5-丁基-2-乙基氨基-4-羟基-6-甲基嘧啶或5-丁基-2-乙氨基-6-甲基嘧啶-4-醇。

（3）毒性：低毒，无致癌、致畸作用，对蜜蜂安全。

（4）作用方式：本品为杂环类嘧啶类内吸性杀菌剂，具有保护和治疗作用。

（5）产品剂型：25%、28%悬浮剂，25%乳油。

（6）实用技术：

1）防治观赏瓜类白粉病，可在发病初期交替喷洒25%悬浮剂1 000倍液与40%嘧菌乙嘧酚乳油1 500倍液，每隔7~10d喷1次，连续防治2~3次。

2）防治林木白粉病，防治观赏茄、豆类白粉病，可于发病初期选用25%悬浮剂1 000倍液喷雾，每隔5~7d喷1次，连续防治2~3次。

3）防治草莓白粉病，在发病初期用25%悬浮剂1 000倍液，在发病中心及周围重点喷施，每7~10天喷1次，连续防治2~3次。

4）防治葡萄、苹果白粉病，可在发病初期用25%悬浮剂800~1 000倍喷雾防治，用药时间要避开高温。

5）防治月季、中药材白粉病，可用25%悬浮剂1 000~1 200倍液在发病前喷雾保护，也可在发病初期用25%悬浮剂800~1 000倍液进行喷雾。

2. 乙嘧酚磺酸酯

（1）通用名称：乙嘧酚磺酸酯、bupirimate。

（2）化学名称：5-丁基-2-乙氨基-6-甲基嘧啶-4-基二甲基氨基磺酸酯，或5-丁基-2-乙氨基-6-甲基嘧啶-4-基二甲基氨基硫酸酯。

（3）毒性：低毒。

（4）作用方式：本品是一种新型、高效、低毒、低残留广谱性嘧啶类内吸性农用杀菌剂，为腺嘌呤核苷脱氨酶抑制剂，具有保护和治疗作用。

（5）产品剂型：25%微乳剂，20%可湿性粉剂。

（6）实用技术：防治瓜类白粉病，可用25%微乳剂2 000倍液喷雾。防治葡萄白粉病可用25%微乳剂600~800倍液喷雾。

3. 氯苯嘧啶醇

（1）通用名称：氯苯嘧啶醇、fenarimol。

（2）化学名称：2，4-二氯-α-（嘧啶-5-基）二苯基甲醇或2，4′-二氯-2-（嘧啶基-5）二苯基甲醇。

（3）毒性：低毒，对皮肤和眼睛无刺激作用。

（4）作用方式：本品是一种嘧啶类局部内吸性强的广谱低毒杀菌剂，具有保护和治疗作用。

（5）产品剂型：6%乐必耕可湿性粉剂。

（6）实用技术：

1）防治凤梨弯孢霉叶斑病，可喷洒6%乐必耕可湿性粉剂2 000倍液。

2）防治苹果白粉病、黑星病、炭疽病，于发病初期开始喷6%可湿性粉剂1 000~1 500倍液，每隔10~15d喷1次，连喷3~4次。

3）防治梨黑星病、锈病，从发病开始喷6%可湿性粉剂1 500~2 000倍液，间隔10~15d喷1次，连喷3~4次。

4）防治葡萄、杧果、梅等植物的白粉病，可喷6%可湿性粉剂3 000~4 000倍液，花期禁用。

5）防治观赏瓜类白粉病，于发病初期开始喷6%可湿性粉剂1 000~1 500倍液，每隔10~15d喷1次，连喷3~4次。

4. 嘧菌胺

（1）通用名称：嘧菌胺、Mepanipyrim。

（2）化学名称：N－（4－甲基－6－丙－炔基嘧啶－2－基）苯胺。

（3）毒性：低毒，对兔眼睛和皮肤无刺激作用，对豚鼠皮肤无过敏，对蜜蜂低毒。

（4）作用方式：本品属嘧啶胺类杀菌剂，具有保护、治疗、铲除、渗透、内吸活性。

（5）产品剂型：30%嘧菌胺（施美特）悬浮剂。

（6）实用技术：

1）防治苹果和梨黑星病，黄瓜、葡萄、草莓和观赏番茄灰霉病，桃、梨等褐腐病等，用量为200~750g（a. i.）/hm^2进行叶面喷雾。

2）防治黄瓜、玫瑰、草莓白粉病，用剂量为140~600g（a. i.）/hm^2进行叶面喷雾。

3）防治红叶甜菜灰霉病可用30%嘧菌胺（施美特）悬浮剂

1 000 倍液喷雾。

五、其他甾醇合成抑制剂

1. 啶菌噁唑

（1）通用名称：啶菌噁唑、SYP-Z048。

（2）化学名称：N-甲基-3-（4-氯）苯基-5-甲基-5-吡啶-3-甲基-噁唑啉。

（3）毒性：低毒。

（4）作用方式：本品属吡啶恶唑啉类甾醇合成抑制性高活性广谱杀菌剂，具有内吸、治疗和保护作用。

（5）产品剂型：25%乳油（菌思奇）。

（6）实用技术：防治灰霉病，在发病初期叶面喷雾可用25%乳油 750 倍液，间隔 7~10d 喷 1 次，施药 2~4 次。

2. 啶斑肟

（1）通用名称：啶斑肟、Corado。

（2）化学名称：2，4-二氯-2-（3-吡啶基）苯乙酮-O-甲基肟。

（3）毒性：低毒。

（4）作用方式：本品属肟类具有保护和治疗作用的广谱内吸杀菌剂。

（5）产品剂型：25%可湿性粉剂，20%乳油。

（6）实用技术：防治苹果黑星病和白粉病，葡萄白粉病，用 50mg（a. i.）/L 进行叶面喷雾。

3. 苯锈啶

（1）通用名称：苯锈啶、Fenpropidine。

（2）化学名称：（RS）-1-［3-（4-特丁基苯基）-2-甲基丙基］哌啶。

(3) 毒性：低毒，对豚鼠皮肤无过敏性，对兔眼睛和皮肤有刺激作用，无致畸、致突变作用，对繁殖无影响。

(4) 作用方式：本品属哌啶类内吸性杀菌剂，具有保护、治疗、铲除及内吸传导作用。

(5) 产品剂型：50%、75%乳油，42%苯锈啶丙环唑乳油。

(6) 实用技术：防治草坪白粉病也可用42%苯锈啶丙环唑乳油按1 000倍液喷雾。

第五章　无机硫和有机硫杀菌剂

无机硫和有机硫杀菌剂广谱、高效、低毒、药害少，不易诱发病原菌产生抗药性，对鞭毛菌、子囊菌、担子菌和半知菌等真菌和欧氏杆菌、黄单胞杆菌、假单胞杆菌等细菌有生物活性。多为非内吸保护性杀菌剂，兼有治疗作用。发展趋势是与内吸性杀菌剂复配成混合杀菌剂。

无机硫制剂是以硫黄触杀为主，其硫黄蒸气还有一定熏蒸作用的广谱、低毒、对天敌和蜜蜂较为安全的杀菌、杀螨和杀虫剂，如硫黄粉、胶体硫、硫黄烟剂以及多硫化钙和多硫化钡等化合物。目前应用较多的是硫悬浮剂和石硫合剂。

有机硫杀菌剂是二硫代氨基甲酸酯类杀菌剂的总称。包括两大类，一类是“福美”类，一类是“代森”类。

一、无机硫类

1. 硫黄

（1）通用名称：硫黄、Sulphur、Sulpur。

（2）化学名称：S（实质上为S8，皇冠型结构）。

（3）毒性：低毒，硫黄粉尘对眼结膜和皮肤有一定的刺激作用。对水生生物低毒。对蜜蜂几乎无毒。

（4）作用方式：本品是一种保护性杀菌剂，具有杀菌、杀

螨、杀虫多种作用，其作用于氧化还原体系细胞色素 b 和 c 之间电子传递过程，夺取电子，干扰正常的“氧化还原”。

（5）产品剂型：40%、45%、50%悬浮剂（胶悬剂），80%硫黄干悬剂（为成标），10%油膏剂（果腐宁），50%硫黄粉，91%硫黄粉剂（商品名为农 325）、硫黄烟剂，80%水分散粒剂，胶体硫。

（6）实用技术：

1）防治郁金香火疫病，在发病前或发病初期喷洒 50%胶悬剂 200 倍液，每隔 10~15d 喷 1 次，连续喷 3~4 次。

2）防治花卉白粉病、螨类及枸杞锈螨，在发病前或发病初期喷洒 50%胶悬剂 200~400 倍液；防治瓜类白粉病、锈病，可用 50%硫黄胶悬剂稀释 150~200 倍液喷雾，并兼治螨类，喷药间期 10d；防治苹果树白粉病，可在苹果树发芽前喷 45%悬浮剂 200 倍液，花谢后喷 300~400 倍液，或用 80%硫黄干悬剂（成标）500~1 000 倍液喷雾；防治柑橘、葡萄、梨、山楂白粉病，桃褐腐病，在夏、秋气温高时喷洒 45%悬浮剂 300~400 倍液。

3）防治柑橘树疮痂病，可用 80%水分散粒剂按 1 600~2 667mg/kg 喷雾。

4）防治紫薇白粉病，可于冬季喷施胶体硫 30 倍液，每隔 10d 喷 1 次，连喷 2~3 次。

5）防治苹果树腐烂病，在刮治后用 10%果腐宁油膏剂原液涂抹，每平方米涂药液 100~150g，于发芽前喷布 50%悬浮剂 150~200 倍液，可兼治白粉病、螨类。

6）防治观叶类草本植物白粉病，在发病初期喷 45%或 50%悬浮剂 300~400 倍液，10d 再喷 1 次；防治瓜类白粉病用 80%硫黄干悬剂（成标）500~800 倍液喷雾；防治瓜类蔓枯病、炭疽病，观赏椒炭疽病，苦瓜灰斑病，豆类锈病可于发病初期喷 45%或 50%悬浮剂 400~500 倍液；防治观赏椒根腐病于发病初期用

45%悬浮剂400倍液喷淋或浇灌，每10d喷1次，连用2~3次。

7）防治禾本科类植物白粉病和螨类，用400~500倍液喷雾，隔7d再喷1次。

8）在定植前的空棚内熏蒸，可于傍晚按100m^{2}用硫黄粉250g、锯末500g，充分混匀后，分装于若干塑料袋内，分置于棚室内，点燃熏一夜（放烟时棚室内宜维持20℃左右）。

（7）注意事项：该药不能与硫酸铜、硫酸亚铁等盐类制剂混用，防止生成不溶性的硫化物而降低药效。也不能与矿油乳剂混用，不要在矿油乳剂喷洒前后立即施用。对硫黄敏感的作物如瓜类、大豆、马铃薯、桃、李、葡萄等，使用时应适当降低施药浓度和减少施药次数。

2. 混杀硫

（1）通用名称：甲基硫菌灵+硫黄、hiophanate-Methyl+ S。

（2）化学名称：1,2-二（3-甲氧碳基-2-硫脲基）苯+ S

（3）毒性：低毒。

（4）作用方式：本品是甲基硫菌灵和硫黄的复配制剂。保持了甲基硫菌灵的广谱性，降低了药剂成本。对病害有预防和治疗作用。

（5）产品剂型：50%混杀硫悬浮剂（含甲基硫菌灵30%，硫黄20%）。

（6）实用技术：

1）防治瓜类炭疽病、白粉病等，于发病始期喷施50%悬浮剂600~800倍液；防治禾本科植物白粉病、锈病、赤霉病喷50%悬浮剂500~700倍液。

2）防治玉簪白绢病、万年青红斑病、米兰叶枯病、凤梨炭疽病、发财树枝枯病、天竺葵菌核病，可用50%混杀硫500倍液于发病初期喷洒，间隔7~10d喷1次，连喷2~3次。

3）防治菊花炭疽病可于发病初期喷洒50%混杀硫悬浮剂

700 倍液，每隔 7~10d 喷 1 次，共喷 3~4 次。

（7）注意事项：该药不能与含铜药剂混用。

3. 石硫合剂

（1）通用名称：石硫合剂、limesulfate、limesulphur。

（2）化学名称：多硫化钙 CaS. Sx.。

（3）毒性：对人皮肤有强烈腐蚀作用，并能刺激眼和鼻，对植物温度越高，药效越高，而药害也愈大。尤其是叶组织脆嫩的植物，最易产生药害。

（4）作用方式：本品具有渗透和侵蚀病菌细胞及害虫体壁的能力，当喷施后能在植物体表面形成一层保护药膜，对病菌和害虫危害形成屏障。石硫合剂具有杀虫、杀螨、杀菌作用。

（5）产品剂型：石硫合剂（人工熬制），45%晶体石硫合剂，30%、45%固体石硫合剂，29%水剂，20%膏剂。

（6）实用技术：

1）人工配制的石硫合剂使用前需用波美比重计测定原液度数，母液一般为 20~30 波美度，使用时根据所需浓度加水稀释，计算出加水量。每千克石硫合剂原液稀释到目的浓度需加水量的公式为：加水量（kg）=（原液浓度-目的浓度）/目的浓度。若无波美比重计时，可按下列公式计算波美浓度：先算普通密度，即相同容量的石硫合剂与清水的重量之比，再求浓度，石硫合剂的波美度=145-（145/普通比重）。树木、花卉休眠期（早春或冬季）喷施一般掌握在 3~5 波美度，生长季节使用浓度为 0. 1~0. 3 波美度。

2）防治西府海棠白粉病，芽后用 0. 3~0. 5 波美度喷雾；防治海棠苹果锈病，在转主寄主桧柏、圆柏、龙柏等春季萌芽前，喷洒 3~5 波美度液以控制病菌的传播和蔓延；防治草坪、玫瑰锈病在生长季节喷施 0. 2~0. 3 波美度液。

3）冬季和早春发芽前喷施 3~5 波美度石硫合剂，防治黄栌白粉病、苹果花腐病和桃、李细菌性穿孔病，杀死越冬的介壳虫若虫、成螨、若螨与螨卵；防治观赏植物白粉病、介壳虫、茶黄螨等，在发芽后用29%水剂80倍液喷雾或喷0.2~0.3波美度液，发芽前用3~5波美度液。

4）防治葡萄、苹果树白粉病，在春季芽鳞膨大期喷5波美度液，或在发病初期用29%水剂100~200倍液喷雾。

5）在林木生长期喷0.2~0.3波美度液可防治松苗叶枯病、落叶松褐锈病、青杨叶锈病、桉树溃疡病、香椿叶锈病、大叶合欢锈病等。喷0.3~0.5波美度液可防治油松松针锈病、毛白杨锈病、相思树锈病、油茶茶苞病及煤污病等。

6）防治山楂白粉病，于发芽前喷5波美度液，展叶期及生长期喷0.3~0.4波美度液。

7）防治观叶类草本植物白粉病如防治豌豆、甜瓜白粉病可喷0.1~0.2波美度液；防治观赏茄、瓜类白粉病可喷0.2~0.5波美度液。

（7）注意事项：

1）为强碱性药，不能与忌碱药剂混用。

2）贮存时要用陶器，勿用铜、铅等器具存放。长期贮存时，必须在液面上加一层油，使之与空气隔绝，应在低温、阴凉和密封条件下存放。一旦开口最好用完。

3）对喷过油乳剂、波尔多液的作物要相隔30d再使用该药。对喷洒过松脂合剂的作物要相隔20d再使用该药。喷过矿物油乳剂后要隔1个月才能使用石硫合剂。

4）瓜类、豆类、马铃薯、桃、李、杏、梨和葡萄对硫黄敏感，易产生药害，施用时应适当降低浓度。

5）施用石硫合剂结晶与天气的温度有密切的关系，温度高时应适当降低使用浓度。

4. 多硫化钡

（1）通用名称：多硫化钡、barium polysulphides。

（2）化学名称：BaS · Sx。

（3）毒性：中等毒性。粉末有刺激鼻、喉咙和眼睛黏膜的强烈作用；长期使用会发生皮肤溃疡。

（4）作用方式：同石硫合剂。

（5）产品剂型：70%、95%可溶性粉剂。

（6）实用技术：

1）防治凤仙花、紫茉莉白粉病，春羽灰斑病，可用95%多硫化钡1 000倍液。

2）防治苹果白粉病，可用95%可溶性粉剂150~250倍液喷雾；防治苹果树红蜘蛛，可用70%可溶性粉剂150~250倍液喷雾；防治苹果轮纹病、黑星病、干腐病、花腐病、炭疽病、锈病等，在苹果萌芽前喷70%可溶性粉剂100倍液，生长期喷150~200倍液。

3）防治柑橘叶螨、锈螨，防治观赏棉红蜘蛛，喷70%可溶性粉剂200~250倍液。

（7）注意事项：①喷洒前先用5倍量的水与多硫化钡混合搅拌，放置1~2h，期间再搅拌2~3次，呈橙色母液。临喷洒时再根据防治对象和气温，再加水稀释至所需浓度；该药现配现用，可与石硫合剂混用，不能与波尔多液、肥皂、松脂合剂、砷酸铅等混用。②使用时应避开高温、高湿、燥热天气；禁用金属器皿对水搅拌。③防潮湿，以免吸水和二氧化碳后分解减效。

二、代森类

1. 代森锰锌

（1）通用名称：代森锰锌、mancozeb。

（2）化学名称：1，2-亚乙基-双（二硫代氨基甲酸）］（2-锰锌盐）。

（3）毒性：低毒，对敏感人员的皮肤有刺激性。

（4）作用方式：本品是甲硫代氨基甲酸酯类广谱保护性杀菌剂，主要通过金属离子杀菌。其作用机制主要是抑制菌体内的丙酮酸的氧化，以及参与丙酮酸氧化过程的二硫磷酸脱氢酶中的硫氢基（—SH）结合，导致对菌生长起抑制作用，同时将锰离子、锌离子游离适时补充作物所需的锰、锌元素，提高抗病性。

（5）产品剂型：50%、65%、70%、80%可湿性粉剂，30%、42%、43%悬浮剂，75%（猛杀生）干悬剂，70%、75%水分散粒剂。

（6）实用技术：

1）防治大花美人蕉黑斑病、天竺葵黑斑病、果芋叶斑病、金边富贵竹叶斑病、龙船花赤斑病、肉桂斑枯病、玉桂黑枯病、鸡冠花叶斑病、水仙褐斑病、凤梨黑霉病、大虎纹凤梨叶斑病、喜林芋类轮斑病及黑斑病、金边瑞香黑斑病、扶桑黑斑病、龙血树黑斑病、玫瑰锈病、桂花叶斑病、碧桃叶斑病、百日草黑斑病、牡丹褐斑病、鸡冠花黑茎病、鱼尾葵黑斑病、广玉兰灰斑病，可用80%喷克可湿性粉剂600倍液于发病初期喷洒，间隔7~10d 1次，共喷2~3次。

2）防治杜鹃花炭疽病，鹅掌柴、菊花褐斑病，兰花炭疽、斑点、疫病，可于发病初期喷洒80%大生M—45可湿性粉剂700倍液，或80%喷克可湿性粉剂600倍液，或75%达克宁可湿性粉剂600倍液，每7~10d喷1次，共喷3~4次，喷后4h内遇雨应补喷。

3）防治苹果树斑点落叶病，用70%可湿性粉剂，或80%可湿性粉剂600~700倍液，于花谢后20~30d开始喷药，春梢期喷2~3次，秋梢期喷2次，间隔10~15d。防治梨黑星病，桃细菌性穿孔病、疮痂病、炭疽病、褐腐病，从展叶后至发病初期，喷

70%或80%可湿性粉剂700~800倍液，每10~15d喷1次，共喷2~3次。防治杏树细菌性穿孔病、褐斑穿孔病、霉斑穿孔病、斑点性穿孔病，在5~6月喷洒70%代森锰锌可湿性粉剂500倍液。

4）防治柑橘疮痂病、炭疽病、黄斑病、黑星病、树脂病，于发病初期开始喷70%可湿性粉剂400~600倍液或80%可湿性粉剂500~700倍液。防治荔枝霜疫病，可在荔枝的花穗长至3cm长时开始喷药，在始花期、谢花期、果实中指大、果实着色期各喷药1次，全期共喷药5次，每次用80%大生可湿性粉剂400~600倍，全株均匀喷雾。防治香蕉叶斑病，可在发病前或发病初期喷42%喷克悬浮乳剂或43%大富生悬浮乳剂300~400倍液，每隔10~15d喷1次，连喷4~5次。

5）防治瓜类霜霉病、疫病、蔓枯病、炭疽病、角斑病、黑腐病等，每亩用80%可湿性粉剂150~180g，或75%干悬剂125~150g，或42%悬浮剂125~188g对水常规喷雾。防治草莓炭疽病、疫病、灰霉病等用50%可湿性粉剂800倍液喷雾。

6）防治观赏椒炭疽病、疫病、叶斑病、猝倒病类病害，于发病前或初期，用70%或80%可湿性粉剂500~700倍液喷雾。

2. 代森铵

（1）通用名称：代森铵、amobam。

（2）化学名称：1，2-亚乙基双二硫代氨基甲酸铵。

（3）毒性：对人、畜低毒，对人皮肤有刺激性。

（4）作用方式：本品是有机硫类广谱低毒杀菌剂，水溶液呈弱碱性，具有内渗、铲除、保护和治疗作用。

（5）产品剂型：45%水剂，50%、80%水溶液。

（6）实用技术：

1）防治苗期立枯病、猝倒病，用50%水溶液200~400倍液浇灌苗床。幼苗出土后喷50%代森铵200倍液。

2）防治花卉白粉病，于发病后喷50%水溶液1 000倍液。

防治佛手溃疡病，可喷50%代森铵水剂600倍液。防治毛白杨锈病可于发病期间喷洒50%水溶液1 000倍液。

3）防治山茶灰斑病，在芽萌动时用50%水溶液1 000倍液喷雾，每20d喷1次，共喷3次。防治石榴褐斑病、果腐病，于发病初期喷45%水剂800倍液，每10~15d喷1次，连续喷3~4次。防治松针锈病，于发病初期喷80%水溶液500倍液，每15d喷1次，连喷3次。

4）防治苹果花腐病，于春季苹果树展叶时，喷45%水剂1 000倍液。防治苹果圆斑根腐病，用45%水剂1 000倍液浇灌根。防治苹果树腐烂病及枝干轮纹病可用45%水剂按3 000mg/kg涂抹。

5）防治梨树黑星病，自谢花后1个月左右开始，喷45%水剂800倍液，隔15d喷1次，当气温高于30℃时，使用1 000倍液。防治桃树褐腐病，自谢花后10d喷45%水剂1 000倍液，隔10~15d喷1次。防治葡萄霜霉病，于发病初期喷45%水剂1 000倍液，隔10~15d喷1次，共喷3~4次。

6）防治柑橘溃疡病、炭疽病、白粉病，喷45%水剂600~800倍液。

7）防治桑赤锈病，用45%水剂1 000倍液喷雾，隔7~10d喷1次，连喷2~3次。

8）防治甘蓝软腐病，发病初期及时拔除腐烂病株，用45%水剂1 000倍液喷洒全田。

9）防治观赏棉苗期炭疽病、立枯病，用45%水剂250倍液浸种24h，或用200~300倍液处理苗床，以及生长期用1 000倍液浇灌。防治枸杞根腐病，发病初期用45%水剂500倍液浇灌，经45d可康复。防治香草兰茎腐病，在剪除病枝，消除重病株后，用500倍液淋灌病株周围的土壤，隔7~10d淋1次，共淋2~3次。

3. 代森锌

(1) 通用名称：代森锌、zineb。

(2) 化学名称：乙撑双二硫代氨基甲酸锌。

(3) 毒性：低毒，对皮肤、黏膜有刺激作用。

(4) 作用方式：本品是一种保护性杀菌剂，化学性质较活泼，在水中易被氧化成异硫氰化合物，对病原菌体内含有—SH基的酶有强烈的抑制作用，并能直接杀死病菌孢子，抑制孢子的发芽，阻止病菌侵入植物体。

(5) 产品剂型：60%、65%、80%可湿性粉剂。

(6) 实用技术：

1) 防治多种花卉炭疽病、霜霉病、叶斑病、锈病，在发病前或发病初期喷80%可湿性粉剂500~800倍液。防治花卉穿孔病、萱草锈病、百合立枯病，可于发病初期喷80%代森锌500倍液。防治兰花炭疽病、斑点病，于发病初期用代森锌80%WP800~1 000倍液喷雾。防治珍珠梅褐斑病、百合叶尖枯病、银杏褐斑病，于发病初期喷65%可湿性粉剂400~500倍液。防治枸杞根腐病，于发病初期浇灌65%可湿性粉剂400倍液。

2) 防治月季黑斑病、芍药白粉病，于发病初期喷洒80%可湿性粉剂600~800倍液，每7d喷1次，连喷2~3次。防治菊花锈病，于发病初期喷洒65%可湿性粉剂800~1 000倍液，每10~15d喷1次，连喷2~3次。防治樱花褐斑病，于放叶后喷65%可湿性粉剂500倍液，每10~15d喷1次，连喷2~3次。防治水仙大褐斑病，于3月中旬到5月底喷65%可湿性粉剂500倍液，每10~15d喷1次，连喷4次。防治山茶灰斑病、石榴褐斑病可于芽萌动时喷施65%可湿性粉剂600~800倍液，每10~15d喷1次，连喷4~5次。防治杜鹃花褐斑病、紫薇褐斑病、鸢尾锈病，于开花后喷洒65%可湿性粉剂500~600倍液，每10~15d喷1次，连喷2~3次。防治仙客来灰霉病、牡丹灰霉病，于发病初期喷65%可湿性粉剂500倍液，每周1次。

3）防治苹果黑星病，在花谢后至春梢停止生长，喷65%可湿性粉剂600倍液，间隔10d喷1次，连喷2~3次。防治桃树褐腐病、疮痂病、炭疽病、细菌性穿孔病，葡萄炭疽病、霜霉病、褐斑病，李树疮痂病、炭疽病，杏树穿孔病，山楂花腐病，柿树炭疽病、圆斑病等，喷65%可湿性粉剂500倍液，每10~15d喷1次，连喷2~3次。防治梨黑星病，从花谢后20d至采收前半月，每10~15d喷1次65%可湿性粉剂500倍液，或80%可湿性粉剂600~700倍液，兼治黑斑病、褐斑病。防治杏树细菌性穿孔病、褐斑穿孔病、霉斑穿孔病、斑点性穿孔病，在5~6月喷洒65%可湿性粉剂500倍液。

4）防治柑橘树炭疽病可用65%可湿性粉剂按1 000~1 300mg/kg喷雾。

5）防治观叶类草本植物苗期猝倒病、立枯病、炭疽病、灰霉病，在苗期喷80%可湿性粉剂500倍液1~2次。

6）防治十字花科观叶类草本植物霜霉病，用65%可湿性粉剂400~500倍液喷雾。

7）防瓜类病害，用80%可湿性粉剂500倍液，每隔7~10d喷1次，喷1~2次。

（7）注意事项：不能与碱性农药如石硫合剂及铜制剂混用。

4. 克菌宝

（1）通用名称：15%代森锌+37%王铜、zineb+ Copper Oxychloride。

（2）化学名称：乙撑双二硫代氨基甲酸锌+氧氯化铜。

（3）毒性：低毒，对皮肤、黏膜有刺激作用。

（4）作用方式：本品是一种广谱、高效、低毒、保护性复配杀菌剂，能直接杀死病菌孢子，阻止病菌侵入植物体内。

（5）产品剂型：52%、72%可湿性粉剂。

（6）实用技术：

1）防治柑橘疮痂病、月季黑斑病、香石竹锈病、茶轮斑病、万寿菊灰霉病、秋海棠细菌性叶斑病、万年青细菌性叶腐病、桑细菌病、茉莉白绢病、枸杞灰斑病和葡萄穗枯病，用52%可湿性粉剂500~800倍液喷雾，每10~15d喷1次。

2）防治葡萄黑痘病、霜霉病、白腐病、穗轴褐枯病，梨细菌性花腐病，苹果白粉病、锈病、斑点落叶病，桃和樱桃缩叶病、细菌性穿孔病，茄科观叶类草本植物的疫病、溃疡病、疮痂病，瓜类霜霉病、炭疽病、细菌性角斑病，十字花科观叶类草本植物软腐病、炭疽病，草莓细菌性叶斑病、白粉病、青枯病，用52%可湿性粉剂500~600倍液，在发病前或发病初期喷雾，每隔7~10d喷1次，连喷2~3次。

3）防治柑橘树溃疡病、疮痂病、炭疽病、砂皮病，用52%可湿性粉剂500~600倍液，于春芽长2~3mm时喷1次，春梢修剪后，溃疡病发病前，再喷1次，于谢花后喷第3次，10~14d后再喷1次。

4）防治观赏茄、瓜类青枯病，在发病初期用52%可湿性粉剂600倍灌根，连续3次。

（7）注意事项：该药无内吸性，施药时要叶片正、反两面均匀周到，高温、阴雨天、露水未干时勿使用。桃、李、杏、梅、樱桃、枣等（特别是苗期），葡萄花期、苹果、梨花期、幼果期禁用，莲藕、羽叶甘蓝、大豆等禁用。不可与强酸、强碱物质混用，切不可与石硫合剂、松脂合剂、多菌灵和托布津等药剂混用。

5. 代森锰

（1）通用名称：代森锰、maneb、manganese（Ⅱ）ethylenebis（dithiocarbamate）。

（2）化学名称：1，2-亚乙基-二硫代氨基酸锰；或亚乙基-

1，2-双（二硫代氨基甲酸）锰。

（3）毒性：低毒。对皮肤和黏膜有刺激性，接触后可发生皮炎、发痒、皮疹、红肿等。

（4）作用方式：本品是一种广谱保护性杀菌剂，对许多重要的植物病原真菌和细菌有活性。

（5）产品剂型：70%、80%可湿性粉剂。

（6）实用技术：

1）防治观叶类草本植物和果树的炭疽病、霜霉病、黑星病、疫病、斑点病，用70%可湿性粉剂400~650倍液喷雾。

2）防治雏菊菌核病，于生长期喷洒65%代森锰600倍液。

3）用80%可湿性粉剂500~700倍液喷雾，可防治果树花腐病、早期落叶病、炭疽病、黑星病、叶穿孔病、霜霉病等，观叶类草本植物霜霉病、早疫病、晚疫病、炭疽病、细菌性黑腐病、软腐病等；麦类锈病，赤霉病观赏棉铃期各种病害。

（7）注意事项：遇日光照射、高温和潮湿不稳定，遇碱加快分解。在空气中发热并自燃。卷入火内或与酸类接触，放出有毒和刺激性的烟雾。

6. 代森钠

（1）通用名称：代森钠、DithaneD-14、Disodiumethylene-1，2-bis-dithiocarbamate。

（2）化学名称：1，2-亚乙基双二硫代氨基甲酸钠。

（3）毒性：低毒，对皮肤和黏膜有刺激性。

（4）作用方式：本品是一种广谱保护性杀菌剂。

（5）产品剂型：80%可湿性粉剂，19%、22%、4.19%水溶液，93%的水溶性粉剂。

（6）实用技术：

1）防治花卉炭疽病，果树花腐病、早期落叶病、炭疽病、黑星病、叶穿孔病、霜霉病等，观叶类草本植物霜霉病、早疫

病、晚疫病、炭疽病、细菌性黑腐病、软腐病，用80%可湿性粉剂500~700倍液喷雾。

2）防治杨树叶斑病，在发芽时，每隔10~15d喷1次80%可湿性粉剂500~700倍液。

（7）注意事项：遇明火、高热可燃，受热分解，放出氮、硫的氧化物等毒性气体。

7. 丙森锌

（1）通用名称：丙森锌、propineb。

（2）化学名称：丙烯基双二硫代氨基甲酸锌。

（3）毒性：低毒，对蜜蜂无毒。

（4）作用方式：本品是一种速效、低残留、广谱的保护性有机硫杀菌剂，杀菌原理与代森锰锌相同，主要是抑制病原菌体内的丙酮酸的氧化。

（5）产品剂型：65%、75%可湿性粉剂，70%可湿性粉剂（进口名叫安泰生，国产名叫替若增）。

（6）实用技术：

1）防治醉蝶花霜霉病、斑马凤梨疫病、白鹤芋疫病、大野芋疫病，用70%安泰生500~700倍液，每10d喷1次，共喷2~3次。

2）防治苹果树斑点落叶病，于春梢或秋梢开始发病初期，用70%安泰生700~1 000倍液喷雾，每8d喷1次，连喷3~4次。

3）防治葡萄霜霉病，于发病初期喷70%安泰生400~600倍液，每7d喷1次，连喷3次。

4）防治柑橘类炭疽病、杧果炭疽病，于发病初期喷70%安泰生500~600倍液，每10d喷1次，连喷4次。

5）防治瓜类、羽叶甘蓝霜霉病，观赏烟草赤星病，茄类早疫病，用70%安泰生500~700倍液隔5~7d喷1次，连喷3次。

6）防治茄类晚疫病，在发现中心病株时立即普遍防治。喷药前先拔除病株，用70%安泰生500~700倍液喷雾，每隔5~7d喷1次，连喷3次。

(7) 注意事项：安泰生是保护性杀菌剂，必须在病害发生前或始发期喷药。不可与铜制剂和碱性药剂混用。若喷了铜制剂或碱性药剂，需1周后再使用安泰生。

8. 代森联

(1) 通用名称：代森联、metiram。

(2) 化学名称：乙撑双二硫去氧基甲酸锰和锌离子的配位络合物。

(3) 毒性：低毒。

(4) 作用方式：本品是一种广谱保护性杀菌剂，为病菌复合酶抑制剂，可抑制真菌孢子萌发，干扰芽管的发育伸长，具有一定的补锌作用。

(5) 产品剂型：70%品润干悬浮剂，60%百泰水分散颗剂，80%可湿性粉剂，70%水分散粒剂。

(6) 实用技术：

1) 防治枣、苹果、梨等果树的叶斑病、锈病、黑星病、霜霉病等病害，于发病初期开始喷洒1 000倍70%品润药液，每10~15d喷1次，连喷2~3次。

2) 防治苹果黑星病，茄类的炭疽病、早疫病、晚疫病、灰霉病等，用70%品润浓度500~600倍液喷雾。

3) 防治梨树黑星病、柑橘疮痂病及苹果斑点落叶病、轮纹病、炭疽病，用70%水分散粒剂600~800倍液喷雾。

4) 防治瓜菜类疫病、霜霉病、炭疽病，褐斑病，用70%代森联水分散颗剂600~800倍液喷雾，每7~10d喷1次，连喷3~5次。

5) 防治观赏茄、马铃薯疫病、炭疽病、叶斑病，于发病初期开始喷洒，用80%可湿性粉剂400~600倍液，每7~10d喷1

次，连喷3~5次。防治观叶类草本植物苗期立枯病、猝倒病，用80%可湿性粉剂，按种子重量的0.1%~0.5%拌种。防治羽叶甘蓝霜霉病，用80%可湿性粉剂500~600倍液喷雾，每7~10d喷1次，连喷3~5次。防治菜豆炭疽病、赤斑病，用80%可湿性粉剂400~700倍液喷雾，每7~10d喷1次，连喷2~3次。

（7）注意事项：不能与碱性或含铜药剂混用，遇碱性物质或铜、汞等物质均易分解放出二硫化碳而减效。

9. 代森环

（1）通用名称：代森环、milneb。

（2）化学名称：3，3′-乙烯双（四氢化-4，6-二甲基-2H-1，3，5-噻二嗪-2-硫醇）。

（3）毒性：低毒。

（4）作用方式：本品是一种保护性杀菌剂。能有效抑制病菌孢子发芽和形成。

（5）产品剂型：50%可湿性粉剂。

（6）实用技术：

1）防治观赏椒褐斑病，羽叶甘蓝黑腐病、软腐病，在发病初期用50%可湿性粉剂500~600倍液喷雾，每隔7~10d喷1次，共喷2~3次。

2）防治葫芦科植物刺盘孢属真菌引起的病害，可用50%可湿性粉剂500倍液喷雾，间隔3~12d喷1次，喷施5~7次。

3）防治拟茎点霉菌引起的茄褐纹病，可用50%可湿性粉剂600倍液喷雾，每间隔7d喷药1次，连喷3次。

10. 代森锰铜

（1）通用名称：代森锰铜、mancopper。

（2）化学名称：亚乙基双（二硫代氨基甲酸酯）与金属络合物的混合物，含13.7%锰和4%铜。

（3）毒性：低毒。

（4）作用方式：本品是一种保护性杀菌剂。

（5）产品剂型：70%可湿性粉剂。

（6）实用技术：喷雾可防治葡萄上由葡萄钩丝壳引起的病害，也可作为禾谷类作物的种子处理剂，防治由镰孢（霉）属和壳针孢属病原菌引起的病害。喷雾剂量为2.8g/L。

三、福美类

1. 福美双

（1）通用名称：福美双、thiram。

（2）化学名称：二硫化物四甲基秋兰姆；或双（二甲基二硫代氨基甲酰基）二硫化物。

（3）毒性：中等毒性，对人的黏膜和皮肤有刺激作用。

（4）作用方式：本品是一种抗菌谱较广的保护性杀菌剂，具有一定渗透性，在土壤中持效期较长。能抑制菌体一些酶的活性和丙酮酸的氧化，干扰三羧酸代谢循环。

（4）产品剂型：50%、70%、80%可湿性粉剂，10%膏剂，80%水分散粒剂。

（5）实用技术：

1）防治苗期病害，可在播种前10～15d，每平方米苗床用50%福美双粉剂+40%拌种灵粉剂1∶1混合，在播前可先浇透水，等水渗下后，取拌好的药土撒在苗床上，然后播种，可防治立枯病与猝倒病。或用50%福美双可湿性粉剂+70%丙森锌可湿性粉剂（安泰生）1∶1混合，每平方米用药10～12g与4～5kg过筛细土混合，播种时1/3铺在床面，2/3覆在种子上。或用50%福美双可湿性粉剂400倍液于发病初期喷淋。

2）防治桃和李细菌性穿孔病，于发病初期开始喷50%可湿性粉剂600～800倍液，隔12～15d喷1次，连喷3～5次。防治梅

灰霉病，在开花和幼果期各喷 1 次 50%可湿性粉剂 500~800 倍液。

3）防治唐菖蒲枯萎病、叶斑病，种植前用 50%可湿性粉剂 70 倍液浸种 30min。防治金鱼草叶枯病，用种子重量 0.2%~0.3%的 50%可湿性粉剂拌种。防治菊花等多种花卉的立枯病，每平方米苗床用 50%可湿性粉剂 8~10g 拌毒土撒施。防治兰花、君子兰、郁金香、万寿菊等多种花卉的白绢病，每平方米用 50%可湿性粉剂 5~10g，拌成毒土撒施，或施入种植穴内再行种植。

4）防治兰花腐烂病、斑点病、炭疽病，用 50%可湿性粉剂 800~1 000 倍液喷雾、土壤施用。防治风信子褐腐病可用 50%福美双可湿性粉剂 600 倍液喷雾。防治羽叶甘蓝、瓜类的霜霉病、白粉病、炭疽病，茄类晚疫病、早疫病、叶霉病，各种观叶类草本植物的灰霉病，可用 50%可湿性粉剂 500~800 倍液喷雾。

（7）注意事项：该药不能与铜制剂或碱性药剂混用，或前后紧接使用。

2. 福美锌

（1）通用名称：福美锌、ziram。

（2）化学名称：二甲基二硫代氨基甲酸锌。

（3）毒性：低毒，对鱼类高毒，对皮肤、眼睛及上呼吸道有刺激。

（4）作用方式：本品为保护性杀菌剂。作用机制为锌原子与病菌体内含—SH 的酶发生作用，破坏了正常的代谢作用。

（5）产品剂型：65%、72%可湿性粉剂。

（6）实用技术：

1）防治苹果炭疽病，可用 72%可湿性粉剂按 1 200~1 800mg/kg喷雾。

2）对多种真菌引起的病害有抑制和预防作用，兼有刺激生长、促进早熟的作用。用于防治水稻稻瘟病、恶苗病，麦类锈

病、白粉病，马铃薯晚疫病、黑斑病，黄瓜、白菜、甘蓝霜霉病，番茄炭疽病、早疫病，瓜类炭疽病，烟草立枯病，苹果花腐病、炭疽病、黑点病、赤星病，葡萄白粉病、炭疽病，梨黑星病，柑橘溃疡病、疮痂病等，一般用65%可湿性粉剂300~500倍液处理。发病前或初期喷洒，有预防作用，发病期每隔5~7d喷雾1次，连续2~4次。

（7）注意事项：不能与硫黄、石灰、铜制剂和砷酸铅混用，宜早期使用。

3. 退菌特

（1）通用名称：退菌特、thiram+ziram+Methylarsine bis-dimethyl dithiocarbaraate。

（2）化学名称：N，N-二甲基二硫代氨基甲酸甲胂+二甲基二硫代氨基甲酸锌+双（二甲基硫代氨基甲酰基）二硫物。

（3）毒性：中等毒性。

（4）作用方式：本品是一种广谱保护性杀菌剂。对许多作物上的病菌都有很强的杀菌作用，其作用机制是制剂中砷原子与病菌体内含—SH基酶结合，破坏正常的代谢作用，并抑制病菌丙酮酸的氧化，使其新陈代谢过程中断，而导致病菌死亡。

（5）产品剂型：80%可湿性粉剂（福美双40%、福美锌20%、福美甲胂20%），50%可湿性粉剂（福美双25%、福美锌12.5%、福美甲胂12.5%）。

（6）实用技术：

1）防治禾本科植物纹枯病，可在分蘖末期至孕穗前期用80%可湿性粉剂1 500倍液喷洒稻茎基部或撒施1∶50的毒土。

2）用种子量的0.5%拌种可防棉苗病害。

3）防治苹果炭疽病，在发病初期，用50%可湿性粉剂600倍液喷雾。防治梨轮纹病，在病菌孢子大量散发的6~8月，用50%可湿性粉剂1 000倍稀释液喷雾，隔10d喷1次，连喷3~4

次。防治柑橘炭疽病，在柑橘抽梢期，用50%可湿性粉剂700倍稀释液喷雾，隔15d喷1次，连喷2~3次。防治葡萄炭疽病、褐斑病，在发芽前和幼果期，用50%可湿性粉剂800倍稀释液喷雾，隔15d喷1次，连续喷2次。防治核桃炭疽病，在发病初期，用50%可湿性粉剂600倍稀释液喷雾，隔15d喷1次，连喷2次。防治桃缩叶病、炭疽病，在桃芽萌动期至开花期，用50%可湿性粉剂800倍液喷雾，隔15d喷1次，连喷2~3次。

4）防治菊花白粉病，在发病初期，每亩用50%退菌特可湿性粉剂750~900/hm^2，加水750kg喷雾，隔7d喷1次，连用2~3次。

4. 福美铁

（1）通用名称：福美铁、ferbam。

（2）化学名称：N，N-二甲基二硫代氨基甲酸铁。

（3）毒性：低毒，对鱼中等毒性，对蜜蜂无毒。对皮肤和黏膜有刺激性。

（4）作用方式：本品是一种广谱、保护性杀菌剂。

（5）产品剂型：20%、65%、76%可湿性粉剂。

（6）实用技术：

1）防治柿炭疽病，用65%可湿性粉剂400~500倍液，每隔15d喷1次（须在晴天喷洒）。

2）防治杨树黑斑病，用65%可湿性粉剂250倍液。防治松瘤病、叶枯病，在剪除重病枝后，喷洒65%可湿性粉剂300倍液。防治黑松松针锈病及松瘤病，可喷洒65%可湿性粉剂300倍液。

3）防治金心香龙血树叶斑病，可用76%可湿性粉剂1 000倍液喷洒防治。防治兰花锈病、花生锈病，可喷洒76%可湿性粉剂400倍液。

4）防治猕猴桃花腐病、褐腐病、菌性穿孔病，可用65%可

湿性粉剂 300~500 倍液，均有良好的效果。防治杏褐腐病，可用 65%可湿性粉剂 400 倍液，每隔 10~15 喷 1 次，连喷 3 次。

（7）注意事项：不能与铜剂接触，防止发生药害。

四、酞酰亚胺类

1. 克菌丹

（1）通用名称：克菌丹、captan。

（2）化学名称：N-（三氯甲硫基）环己烯-4-1，2-二甲酰亚胺或 N-三氯甲硫基-4-环己烯-1，2-二甲酰亚胺。

（3）毒性：低毒，动物试验发现致畸、致突变作用。

（4）作用方式：本品是一种杀菌谱广的保护性杀菌剂，兼有保护和治疗作用。可渗透至病菌的细胞膜，干扰病菌的呼吸过程及细胞分裂。

（5）产品剂型：5%粉剂，50%可湿性粉剂，75%种子处理剂。

（6）实用技术：

1）用 50%可湿性粉剂 500 倍液喷雾，可有效防治香石竹枯萎病。用 50%可湿性粉剂 400~600 倍液，于发病初期每隔 7~8d 喷1 次，连喷 2~3 次，对豆类炭疽病、立枯病等防治效果好。

2）防治瓜果观叶类草本植物土传病害时，定植前每亩使用 50%可湿性粉剂 1~1.5kg 均匀撒于定植沟或穴，混土后定植，或生长期使用 600~800 倍液浇灌植株根颈部及其周围土壤。防治多种作物苗期病害，按每亩苗床用 50%可湿性粉剂 0.5kg，对干细土 15~25kg 制成药土，均匀于土壤表面上掺拌。

3）防苗期多种病害（立枯病、炭疽病），可用 0.2%~0.3% 克菌丹（a.i.）进行拌种，可有效地防治对苯来特和甲基托布津

产生抗药性的菌株。

(7) 注意事项：不能与有机磷类农药及石硫合剂等碱性药剂混用，也不能与机油混用。

2. 灭菌丹

(1) 通用名称：灭菌丹、folpet。

(2) 化学名称：N-(三氯甲硫基) 酞酰亚胺。

(3) 毒性：对人、动物毒性较小，对黏膜有刺激作用；对鱼、蜜蜂无毒。

(4) 作用方式：本品是一种广谱保护性杀菌剂。

(5) 产品剂型：5%、10%粉剂，40%、25%、50%、75%可湿性粉剂。

(6) 实用技术：

1) 在观赏烟草赤星病、炭疽病发生初期，可用25%可湿性粉剂400倍液喷雾，间隔7~10d后，再喷1次，共施2~3次。

2) 防治茶花赤叶斑病（赤叶枯病）、防治龙胆叶枯病，可用25%可湿性粉剂400倍液喷洒，每7d喷1次，连续4~5次。

3) 防治禾本科植物赤霉病、锈病，可用40%可湿性粉剂200~300倍液喷雾。防治大蒜紫斑病，可用40%可湿性粉剂400倍液进行喷雾。

(7) 注意事项：灭菌丹在高浓度时，对茄类、豆类有明显的药害，使用时要注意。不能和碱性药剂及油剂混用。

五、氨基磺酸类

1. 敌克松

(1) 通用名称：敌克松、sodium p(dimethylamino)benzenediazo sulfonate。

(2) 化学名称：对-二甲氨基苯重氮磺酸钠。

（3）毒性：对人、畜毒性较高，对皮肤有刺激性。

（4）作用方式：本品是一种保护性杀菌剂，有一定的内吸渗透性，兼有一定的治疗作用。

（5）产品剂型：75%、95%可湿性粉剂，55%膏剂。

（6）实用技术：

1）防治观赏烟草黑胫病，用95%可湿性粉剂5.25kg/hm^2与250~300kg细土混匀，移植或培土时施用，或用500倍液喷洒在观赏烟草茎基周围土面，每公顷用1 500kg药液，隔15d喷1次，共3次。

2）防治观叶类草本植物绵疫病、枯萎病、猝倒病等，用95%可湿性粉3~5kg/hm^2对水100~200L喷雾或泼浇。

3）防治棕榈科植物苗期立枯病、黑根病、烂根病，用95%可湿性粉500~1 000倍液喷洒。防治观赏棉苗期病害、松杉苗立枯根腐病，可用95%可湿性粉剂拌种，用药量为种子量的0.2%~0.5%。

2. 敌锈钠

（1）通用名称：敌锈钠、sodiump-aminobenzensulfonate、sodium sulfanilate。

（2）化学名称：对氨基苯磺酸钠。

（3）毒性：低毒，对人、畜、植物都安全。

（4）作用方式：本品属氨基磺酸类化合物，具有内吸作用，主要是起抑菌作用，无杀菌作用。

（5）产品剂型：97%可湿性粉剂。

（6）实用技术：

1）防治早熟禾类锈病，在发病初期，用0.5%敌锈钠加入0.2%洗衣粉，间隔10d喷洒1次，连喷2次。防治其他作物锈病，用97%可湿性粉剂250倍喷洒。若在每50kg药液中加入洗衣粉50g，可增加展着性。

2）防治杨树、香椿等锈病，自发病初期，每隔10~15d喷1次97%可湿性粉剂250倍液的敌锈钠溶液。防治玫瑰锈病、黑霉病、白粉病等，可喷洒敌锈钠300倍液。

3）防治锈病及叶斑病时，可将敌锈钠与胶体硫混用，按敌锈钠：胶体硫：水=1：(2~2.5)：600混合，可提高药效。

（7）注意事项：在高温、干旱的情况下，应降低使用浓度；该药不能与含Cu^{2+}、Ca^{2+}、Fe^{3+}等一些金属原子的药剂混用，否则会发生沉淀；配药时，不要使用硬度大的水。

六、其他有机硫类

1. 乙蒜素

（1）通用名称：乙蒜素、抗菌剂401、ethylicin。

（2）化学名称：烷硫代磺酸乙酯、$C_4H_{10}O_2S_2$。

（3）毒性：中等毒性。

（4）作用方式：本品是一种广谱性杀菌剂。其杀菌机制是其分子结构中的（S—S ═O ═O）基团与菌体分子中含—SH基的物质反应，从而抑制菌体正常代谢。

（5）产品剂型：10%、15%醋酸溶液。

（6）实用技术：

1）防治万年青细菌性叶斑病，可于发病初期喷洒10%醋酸溶液800~1 000倍液，每7~10d喷1次，连续防治2~3次。

2）防治金铃花炭疽病在8月中下旬于发病初期喷洒10%醋酸溶液500倍液，隔10~15d喷1次，共喷2~3次。

2. 抗菌剂402

（1）通用名称：乙蒜素、抗菌剂402、ethylicin。

（2）化学名称：烷硫代磺酸乙酯、$C_4H_{10}O_2S_2$。

（3）毒性：中等毒性。

(4) 作用方式：本品是一种广谱性杀菌剂。其杀菌机制是其分子结构中的（S—S ═O ═O）基团与菌体分子中含—SH 基的物质反应，从而抑制菌体正常代谢。

(5) 产品剂型：90%乙蒜素原油，30%乙蒜素可湿性粉剂，40.2%、70%、80%乳油，41%乙蒜素水剂、30%乙蒜素乳油、20%高渗乙蒜素乳油、乙蒜素辣椒专用型等，复配制剂 16%、20%、32%酮·乙蒜乳油及可湿性粉剂，41%氯霉·乙蒜乳油，17%杀螟·乙蒜。

(6) 实用技术：

1）防治枝干苹果轮纹病、苹果树腐烂病，在刮除病疤后涂抹 80%乳油 40~50 倍液。如和白乳胶混合涂抹，混合使用效果更好。防治苹果树褐斑病、叶斑病可用 80%乳油 800~1 000 倍液喷雾。

2）防治瓜类蔓枯病、枯萎病，用 80%乳油 2 000~3 000 倍药液喷雾。防治瓜类立枯病，可用 80%乳油 1 500 倍液喷淋发病部位，可以迅速缓解病害。瓜类移栽 7d 后开始用 80%乳油 1 500 倍液，于下午 4 时后进行叶面喷施，结瓜后每隔 10d 喷 1 次，可防病害发生。

3）用乙蒜素辣椒专用型 2 500~3 000 倍液叶面喷洒可预防辣椒病毒病、猝倒病、立枯病、疫病等多种病害。用 1 500~2 000 倍液于发病初期均匀喷雾，重病区隔 5~7d 再喷 1 次，可有效控制辣椒病害的发展，并恢复其正常生长。在葱黑斑病发病初期，可用 70%乳油 2 000 倍液喷雾防治。防治白菜（油菜）霜霉病，在发病初期，用 80%乳油 5 000 倍液喷雾防治。

4）防治中药白术病害可用 80%乳油 1 000~1 200 倍药液浸根栽植。防治菊花根癌病，可于发病初用 90%乙蒜素原油 300~400 倍灌根。

5）防治观赏棉黄枯萎病可用 80%乙蒜素乳油 5 000 倍药液

浸种。生长期发病，可用80%乳油1 500倍药液喷雾防治。

6）防治棕榈科植物烂秧病、水稻稻瘟病、恶苗病，可用80%乳油2 000倍液进行种子处理。

7）防治苜蓿炭疽病和茎斑病，可用80%乳油5 000倍药液浸种24h，生长期使用80%乳油2 000倍药液进行大田喷洒。

（7）注意事项：不能与碱性农药混用，应避免与铁、锌、铝等金属或碱性物质如草木灰等直接接触。

3. 二硫氰基甲烷

（1）通用名称：二硫氰基甲烷、Methylene Bithiocyanate。

（2）化学名称：二硫氰基甲烷、$C_3H_2N_2S_2$。

（3）毒性：中等毒性，对作物安全，无药害。对人、畜口服毒性高。

（4）作用方式：本品是一种具有强烈的杀菌、杀线虫活性的非内吸性、保护性杀菌剂。该药对多种酶的活性有钝化作用，抑制病原物的呼吸作用，而导致菌体死亡。

（5）产品剂型：4. 2%、5. 5%、10%乳油，1. 5%菌线威可湿性粉剂。

（6）实用技术：

1）使用方法：①浸种。先用少量水将1. 5%可湿性粉剂调成糊状，再按药剂与水的比例1∶（2 500~3 000）倍加足清水，充分搅拌均匀，即可浸种。浸种数量，以药液浸没并突出种子表面1~2cm即可。浸种时间，可根据不同作物对浸种时间的要求而定，一般禾本科类植物为15~20h，瓜类一般为24h。②闷种。先用少量水将5. 5%可湿性粉剂调成糊状，再按药剂与水的比例1∶（2 500~3 000）倍加足清水，充分搅拌均匀，即可闷种。将药液喷洒在种子上，边喷边拌匀，直至种子充分喷湿，有少量药液渗出即可，然后将种子堆放成堆，用塑料布覆盖好，进行闷种，闷种时间要根据不同种子类型而定，种子皮厚的闷种时间要长些。③拌种。不需要浸种的种子，可采用拌种。方法是用种子重量0.1%~0.2%的药剂，加入适量过筛湿润细土，先将药剂与细土拌匀，然后加入种子，拌种时最好用拌种桶，每桶装入种子不超过半桶，每分钟20~30转，正倒转各50~60次，以保证药剂全部均匀黏附在种子表面，然后即可播种。种子用量较少的，如观叶类草本植物、瓜类等，亦可用可乐瓶拌种，按比例将药剂和种子装入瓶内，来回摇动，直至药剂充分均匀黏在种子上即可。如果种子过于干燥，药剂难于黏附在种子表面，可将种子喷湿。④灌根。用1.5%菌线威可湿性粉剂对水3 500~7 000倍，淋灌于植物茎基部。

2）防治棕榈科植物干尖线虫病，用1.5%菌线威可湿性粉剂350~600倍液，或4.2%乳油5 000~6 000倍液，或5.5%乳油5 000~6 000倍液，或10%乳油5 000~8 000倍液，在20~25℃条件下浸种48h，温度低时可延长至72h，浸后不需清洗，直接催芽播种。

3）防治观赏茄根结线虫病、豆类根结线虫病，用1.5%菌线威可湿性粉剂3 500~7 000倍液灌根。

4）防治多种作物枯萎病、根腐病，防治胡椒根结线虫病，可用1.5%菌线威可湿性粉剂3 500倍液，对发病中心病株及其周围植株灌根2~3次，每隔10~15d淋灌1次。

（7）注意事项：

1）土壤处理：作物生长期使用时要与作物有一定距离（果园）。

2）大田使用宜在播种前；温室中使用易产生药害。

3）勿与碱性物质混合，以免分解失效。

4. 苯噻硫氰

（1）通用名称：苯噻硫氰、苯噻氰、TCMTB。

（2）化学名称：2-（硫氰基甲基硫代）苯并噻唑。

（3）毒性：低毒。

（4）作用方式：本品属第二代有机硫杀菌灭藻广谱性噻唑类杀菌剂，能抑制或杀灭真菌及革兰氏阳性和阴性细菌。

（5）产品剂型：30%倍生乳油（Busan），60%原药。

（6）实用技术：

1）100kg 种子用 30%乳油 50mL（有效成分 15g）拌种，可防治禾本科类植物腥黑穗病（网腥、光腥），但对禾本科类植物散黑穗病效果不明显。

2）防治瓜类猝倒病、蔓割病、立枯病等，可用 30%乳油 200～350mg/L 药液灌根或用 30%乳油 800～1 500 倍液灌根。观赏茄黄萎病 30%乳油 1 000 倍液进行灌根，每株灌药液 100mL，间隔 6～8d 灌根 1 次，连灌 3～4 次，预防效果较好。

3）防治凤梨病、观叶类草本植物炭疽病，瓜类炭疽病、立枯病，柑橘溃疡病等，于发病初期开始喷雾，每次用 30%乳油 750mL/hm^2，每隔 7～14d 喷 1 次，或 30%乳油 1 000～1 500 倍液喷雾，也可灌根处理。

4）百合种植前，带病种球可用 30%倍生乳油 1 000 倍液浸泡 20min 后栽植。也可于发病初期喷洒 30%倍生乳油 1 300 倍液或 25%溴菌腈（炭特灵）可湿性粉剂 500 倍液、50%施保功或使百克可湿性粉剂 1 000 倍液。

第六章　铜制剂

铜制剂靠释放出铜离子与真菌体内蛋白质中的—SH、—NH_2、—COOH、—OH等基团起作用，导致病菌死亡。Cu^{2+}进入病菌细胞后，可使细胞的蛋白质凝固；可与细胞中含有—SH基的酶结合，使其失去活性；可与细胞原生质膜上的正离子起置换作用，从而抑制病菌侵染。

在铜制剂中，无机铜制剂可以防治真菌性、细菌性和病毒性病害，但是无机铜制剂不能和其他酸性农药混用；在花期和幼果期使用时易产生药害；容易引起螨类（如红蜘蛛、白蜘蛛）、锈壁虱和蚧壳虫等猖獗发生。而有机铜制剂的铜离子与化合物协同作用，杀菌更加彻底高效；适用范围和使用期较广且与环境相容性好，对作物安全，不易产生药害，不会伤害天敌“多毛菌”，而不易引起红蜘蛛和锈壁虱的增殖；可与绝大多数的杀虫剂、杀螨剂、杀菌剂和植物生长调节剂混配，且不会引起化学反应。

目前认为比较好的铜制剂有铜高尚、氢氧化铜（可杀得、丰护安）、春王铜、DT、喹啉铜、硫酸铜钙、噻菌铜、铜大师（氧化亚铜）、松脂酸铜等。

一、无机铜杀菌剂

1. 波尔多液

（1）通用名称：波尔多液、Bordeaux mixture。

（2）化学名称：$CuSO_4 \cdot xCu(OH)_2 \cdot yCa(OH)_2 \cdot zH_2O$、或 $CuSO_4 \cdot 3Cu(OH)_2 \cdot 3CaSO_4 \cdot nH_2$。

（3）毒性：低毒，对人、畜和天敌动物安全，不污染环境。对蚕毒性大。

（4）作用方式：本品是一种保护性杀菌剂，通过释放可溶性铜离子而抑制病原菌孢子萌发或菌丝生长。

（5）产品剂型：石灰少量式、石灰半量式、石灰等量式、石灰多量式、石灰倍量式、石灰三倍量式、硫酸铜半量式等。制剂有70%波尔多液可湿性粉剂（商品名多宁），80%波尔多液可湿性粉剂（商品名为必备），98%硫酸铜钙原药，77%硫酸铜钙可湿性粉剂。

（6）实用技术：

1）可防治多种花卉的灰霉病，如樱草类报春花、瓜叶菊、月季、茶花、龟背竹、一品红、牡丹、大丽花、秋海棠、天竺葵、含笑、香石竹等近百种草本花卉和木本花卉的灰霉病，可在发病前喷0.5%等量式波尔多液，保护新叶和花蕾不受侵染；防治多种花卉叶斑类病害、炭疽病等可用0.5%~1%等量式波尔多液；防治仙人掌类茎腐病，用0.5%等量式波尔多液。

2）防治大花美人蕉、仙客来芽腐病，扶桑炭疽病，茶花灰斑病可用1∶1∶200波尔多液；防治兰花叶枯病、风信子黄腐病、水仙褐斑病、百子莲红斑病、花叶万年青类炭疽病、兰花同心盾壳霉叶斑病、喜林芋类软腐病、荷花烂叶病、栀子花炭疽病、白蝉褐斑病、金边瑞香炭疽病、米兰炭疽病，冬青卫矛假尾

孢褐斑病及灰斑病、丝兰轮纹斑病、龙血树尖枯病，凤尾兰炭疽病、海洞白星病，杜鹃花芽枯病可用1：1：100倍式波尔多液。防治秋海棠类细菌性叶斑病，可于发病初喷洒1：1：240倍式波尔多液。

3）防治兰花根腐病、凤梨炭疽病、茉莉花叶斑病、富贵竹叶斑病，含笑叶枯病、链格孢黑斑病，肉桂褐斑病，可用1：1：160倍式波尔多液于发病初期喷洒，每15d喷1次，共喷2~3次。

4）防治假龙头花叶斑病、文殊兰叶斑病，山茶花、茶花、茶梅、金花茶炭疽病可在早春新梢生长后喷洒1：1：300倍式波尔多液，隔7~10d喷1次，共喷3~4次。

5）防治园林树木病害，用0.5%等量式波尔多液，可防治杨树溃疡病、杉木赤枯病和细菌性叶枯病、松及杉苗立枯病、松苗叶枯病、松落叶病和枯梢病、红松疱锈病和烂皮病、落叶松褐锈病、青杨叶锈病、桉树紫斑病、褐斑病和溃疡病、樟树炭疽病、相思树锈病、泡桐炭疽病、油茶炭疽病、油橄榄孔雀斑病和肿瘤病、毛竹枯梢病等，自发病初期每隔15d喷1次，共喷1~3次。

6）80%可湿性粉剂用法：对柑橘树溃疡病可用80%可湿性粉剂1 333~2 000mg/kg喷雾；对葡萄霜霉病可用80%可湿性粉剂2 000~2 667mg/kg喷雾；对苹果树轮纹病可用80%可湿性粉剂1 600~2 667mg/kg喷雾。

7）77%可湿性粉剂用法：防治柑橘树疮痂病按960~1 950mg/kg喷雾；防治柑橘树溃疡病按1 250~2 000mg/kg喷雾；防治葡萄霜霉病按1 100~1 540mg/kg喷雾；防治苹果树褐斑病按960~1 250mg/kg喷雾。

2. 碱式硫酸铜

（1）通用名称：碱式硫酸铜、coppersulfatebasic。

（2）化学名称：$CuSO_4 \cdot 3Cu(OH)_2 \cdot 5H_2O$。

(3) 毒性：低毒，对人、畜及天敌动物安全，不污染环境。

(4) 作用方式：同波尔多液。

(5) 产品剂型：95%、96%碱式硫酸铜原药，35%、30%碱式硫酸铜悬浮剂，27.12%、50%、80%碱式硫酸铜可湿性粉剂，27.12%碱式硫酸铜悬浮剂（铜高尚），27.12%三元硫酸铜水悬浮剂，70%水分散粒剂。

(6) 实用技术：

1）防治梨黑星病、褐斑病，用80%可湿性粉剂600~800倍液喷雾，或用30%、35%悬浮剂350~500倍液喷雾。

2）防治苹果轮纹病，柑橘溃疡病，葡萄霜霉病、炭疽病、黑痘病、锈病，用制剂27.12%碱式硫酸铜悬浮剂400~500倍液喷雾，或30%悬浮剂1 000倍液喷雾。

3）防治葛细菌性叶斑病、百合叶枯病和细菌性软腐病、枸杞白粉病和灰斑病，用30%悬浮剂350~500倍液，每7~10d喷1次。

4）防治芍药白粉病、褐斑病，风信子褐腐病，朱顶红紫斑病，蓝宝石喜林芋拟盘多毛孢叶斑病及绿帝王喜林芋藻斑病，文殊兰炭疽病，报春花灰霉病，新几内亚凤仙花假尾孢褐斑病，凤梨炭疽病，大花君子兰叶枯病，兰花叶枯病及叶斑病，大王万年青细菌性叶枯病，瓜叶菊青枯病，芍药叶斑病，风信子黄腐病，水仙褐斑病，水仙欧氏菌软腐病，仙客来软腐病，兰花蘖腐病，荷花烂叶病，兰花根腐病，合果芋茎腐病，合果芋茎溃疡病，彩虹竹芋酸腐病，红背卧花竹芋拟盘多毛褐斑病，一串红疫霉病，万年青细菌性叶枯病，金盏菊细菌性芽腐病，仙客来芽腐病或报春花细菌性叶斑病，可及时喷洒27%铜高尚悬浮剂600倍液，隔10d喷1次，共2~3次。

5）防治白兰花黑斑病，杏树细菌性穿孔病、褐斑穿孔病、霉斑穿孔病、斑点性穿孔病，彩虹竹芋酸腐病，何氏凤仙花青枯

病，合果芋叶斑病，仙客来芽腐病，大花君子兰根茎腐烂病，兰花叶斑病、蘖腐病，女贞褐斑病及叶斑病，可于发病初期喷洒30%绿得宝悬浮剂400~500倍液。每7~10d喷1次，连续3~4次。

（7）注意事项：该药比波尔多液更易产生药害；避免在寒冷天气或露水未干时和阴雨天施药，防止药害。苹果和梨的幼果对铜敏感，应避免使用或降低浓度使用；与其他农药混用时，发现混合液颜色变蓝则不宜与此药混用。该药可以和绝大多数的农药混合使用。

3. 氢氧化铜

（1）通用名称：氢氧化铜、copperhydroxide。

（2）化学名称：$Cu(OH)_2$。

（3）毒性：低毒，对人、畜安全，对鱼类等水生动物毒性较高。

（4）作用方式：同波尔多液。

（5）产品剂型：88%原药、89%原药、77%可湿性粉剂、53.8%氢氧化铜可湿性粉剂、57.6%干粒剂、53.8%干悬浮剂、37.5%悬浮剂、61.4%干悬浮剂、67.2%冠菌清颗粒剂、25%氢氧化铜悬浮剂、53.8%氢氧化铜水分散粒剂、38.5%氢氧化铜水分散粒剂、46%水分散粒剂、46.1%水分散粒剂、57.6%水分散粒剂。

（6）实用技术：

1）防治芍药白粉病、新几内亚凤仙花假尾孢褐斑病、一串红疫霉病、报春花细菌性叶斑病、桔梗轮纹病、仙客来软腐病、文殊兰炭疽病及叶斑病、马利安细菌性茎腐病、蓝宝石喜林芋拟盘多毛孢叶斑病、桂花拟盘多毛孢灰斑病、白鹤芋细菌性叶腐病、天竺葵细菌性叶斑病、竹节蓼茎枯病、含笑拟盘多毛孢叶枯病、龙血树尖枯病、肉桂叶斑病，可用53.8%可杀得干悬浮剂1 000倍液喷雾。

2）防治西瓜皮椒草根颈腐病、大花美人蕉芽腐病、春羽灰斑病、兰花蘖腐病、水仙欧氏菌软腐病、何氏凤仙花青枯病、兰花叶枯病、美丽水鬼蕉褐斑病、万年青细菌性叶枯病、大王万年青细菌性叶斑病、彩虹竹芋酸腐病、结缕草“犬足”病，可用77%可杀得可湿性粉剂500倍液于6月初每10d左右喷1次，连续喷2~3次。

（7）注意事项：不能与强酸强碱性农药、乙膦铝类以及肥料混用。对苹果、梨、桃、李等敏感作物，在花期及幼果期（坐果后3个月禁用），在使用该药时注意避免污染鱼塘。

4. 王铜

（1）通用名称：王铜、copper oxychloride。

（2）化学名称：氧氯化铜。

（3）毒性：低毒。

（4）作用方式：本品可溶性铜离子抑制病菌孢子萌发，对作物起保护作用。

（5）产品剂型：90%原药，30%悬浮剂，47%、50%、70%、84%和84.1%可湿性粉剂，84%干悬剂，10%、25%粉剂。

（6）实用技术：

1）防治棕竹匍柄霉叶斑病、报春花细菌性叶斑病、风信子褐腐病、万年青细菌性叶枯病、兰花蘖腐病、龙血树炭疽病、散尾葵灰斑病、绿帝王喜林芋藻斑病、大野芋圆斑病、桂花赤斑病、桂花大茎点霉褐斑病、桂花链格孢叶斑病和黑霉病、苏铁拟盘多毛孢叶斑病、千日红灰斑病，可用30%氧氯化铜悬浮剂600~800倍液于发病前或发病初期喷洒，每10d左右1次，共2~3次。

2）防治绿巨人苞叶芋褐腐病，可于发现病株时及时喷洒70%氧氯化铜可湿性粉剂1 000倍液。

3）防治竹节蓼茎枯病、金铃花茎枯病、金边瑞香叶斑病、梅花缩叶病，可于发病初期喷洒30%氧氯化铜胶悬剂600倍液。

每7~10d喷1次，共喷2~3次。

(7) 注意事项：王铜易引起药害，避免高温期高浓度用药；不能与石硫合剂、松脂合剂、矿物油乳剂、多菌灵、托布津等药剂混用；不能与强碱性农药混用。可与大多数杀虫剂、杀螨剂、微肥现混现用。高温干燥或多雨高湿、露水未干前慎用；桃、李、羽叶甘蓝、杏、豆类、莴苣等敏感作物慎用。

5. 氧化亚铜

(1) 通用名称：氧化亚铜、cuprousoxide。

(2) 化学名称：Cu_2O、氧化二铜。

(3) 毒性：低毒。对兔皮肤和眼睛有轻微刺激，对鱼类低毒。

(4) 作用方式：本品是以保护性为主兼有治疗作用的广谱性无机杀菌剂，该物质的一价铜离子，是所有无机铜化合物中含铜量最高的化合物。

(5) 产品剂型：86.2%铜大师可湿性粉剂，80%神铜可湿性粉剂，50%、86.2%可湿性粉剂，30%神铜水悬浮剂，50%粒剂，86.2%铜大师干悬浮剂，56%靠山水分散微粒剂。

(6) 实用技术：

1) 防治万年青细菌性叶枯病、春羽污煤病，可于发病初期喷洒56%靠山水分散微颗粒剂600~800倍液，每10d左右1次，共喷2~3次。

2) 防治葡萄霜霉病、柑橘溃疡病、花烟草赤星病，于发病初期喷86.2%可湿性粉剂800~1 200倍液，每10d喷1次，共喷3~4次。

3) 防治苹果轮纹病、斑点落叶病可用86.2%可湿性粉剂2 000~2 500倍液；荔枝霜疫霉病可用86.2%可湿性粉剂1 000~1 500倍液。

4) 防治瓜类霜霉病、观赏椒疫病，每亩用86.2%可湿性粉

剂 140~185g 对水喷雾。

（7）注意事项：与其他铜制剂一样。

6. 硫酸铜

（1）通用名称：硫酸铜、coppersulfate。

（2）化学名称：$CuSO_4$、硫酸铜。

（3）毒性：中等毒性。

（4）作用方式：本品可阻止孢子萌发，仅有保护作用。

（5）产品剂型：96%以上（原药）结晶粉末，如 96%、97%、98%原药。

（6）实用技术：

1）对多种细菌和种子表面传带的真菌也有好的消毒作用。处理种子防治疫病：先将种子经 52℃温水浸种 30min 或用清水浸种 10~12h 后，再用 1%硫酸铜溶液浸种 5min，用清水洗 3 次即可播种。

2）防治葡萄、桃、李、杏、梅、梨、柑橘、月季等根癌病，对其可能带病的苗木或接穗用 1%硫酸铜溶液浸 5min 后用清水冲洗干净，再定植；防治柑橘树脂病和脚腐病，刮除病部后涂抹 1%~2%硫酸铜液。

3）防治兰花白绢病，可用 96%硫酸铜 1 000 倍液对兰株进行浸浴消毒，然后栽入小盆。

4）防治绿帝王喜林芋藻斑病及山茶花、茶花灰斑病，可于发病初期喷洒 96%硫酸铜水溶液 1 000 倍液。

5）防治肉桂叶斑病，可于发病初喷洒 96%硫酸铜 500~600 倍液，隔 7~10d 喷 1 次，连续 2~3 次。

6）对疫病、霜霉病较严重的棚室，可以用 0. 5kg 硫酸铜对水 100~150kg 浇洒土壤。

二、有机铜杀菌剂

1. 松脂酸铜

（1）通用名称：松脂酸铜、copperabietate。

（2）化学名称：松香酸铜。

（3）毒性：低毒。

（4）作用方式：本品为高效、广谱、保护性杀菌剂，具有保护、治疗、上下传导作用。靠铜离子抑制真菌、细菌蛋白质的合成而起毒杀作用，同时渗透入病原菌细胞内与酶结合，影响其活性，最终导致病菌死亡。并在作物表面形成保护膜，抑制真菌孢子生长发育。

（5）产品剂型：12%（海宇波尔多）、16%、18%、20%、23%乳油，20%松脂酸铜微乳油，20%可湿性粉剂，15%悬浮剂，35%松脂酸铜原药，18%咪鲜松脂铜，38%恶霜嘧铜菌酯。

（6）实用技术：

1）防治女贞叶斑病、珍珠梅褐斑病、芍药轮斑病、银杏褐斑病、兰花蘖腐病、水仙欧氏菌软腐病、风信子黄腐病，水仙褐斑病、百子莲红斑病、文殊兰叶斑病、芍药白粉病、假尾孢轮纹斑点病、万年青斑点病、大王万年青细菌性叶斑病、白鹤芋细菌性叶腐病、兰花叶斑病、春羽叶斑病、合果芋叶斑病等植物叶部病害，可于发病初期喷洒12%乳油500~600倍液。

2）防治茉莉花叶斑病、龙船花赤斑病、杜鹃花炭疽病、茶花和山茶花灰斑病、茶花饼病、金边瑞香叶斑病、酒瓶兰灰斑病、含笑拟盘多毛孢叶枯病、富贵竹褐斑病、夏威夷椰子茎枯病、杜鹃花芽枯病，可于发病后喷洒12%乳油600倍液。

3）防治茶花褐斑病，可于花蕾形成期喷洒12%乳油600倍液；防治茶花胴枯病、夹竹桃灰斑病、肉桂斑点病及叶枯病、茶

花煤污病、桂花假尾孢褐斑病、桂花拟盘多毛孢灰斑病、苏铁炭疽病及拟盘多毛孢叶斑病、发财树叶枯病、鹅掌柴拟盘多毛孢灰斑病，可于发病初期及时喷洒12%乳油600倍液。

4）防治珍珠梅褐斑病、白芍轮斑病、银杏褐斑病、白花曼陀罗灰斑病、女贞叶斑病、牵牛白锈病等叶部病害，一般在发病初期开始喷12%乳油500~600倍液。

（7）注意事项：不宜与强酸强碱的农药、肥料混用；可与常用的杀虫剂、杀菌剂混用；是可混性最好的有机铜农药之一。

2. 双效灵（氨基酸铜）

（1）通用名称：双效灵、混合氨基酸铜络合物、copper componnd amino acid complex。

（2）化学名称：混合氨基酸铜络合物。

（3）毒性：低毒，对兔皮肤和眼结膜有一定的刺激作用。

（4）作用方式：本品是一种广谱内吸性、高效、低毒杀菌剂，对作物有促进生长和增产作用。主要是铜离子钝化含—SH基的酶，使这些酶控制的生化活动中止而杀死致病菌。

（5）产品剂型：7.5%、10%水剂。

（6）实用技术：

1）防治果树根腐病，用10倍液涂抹；对春季果树根腐病植株，当地上部分初显症状时，立即开挖放射状沟，灌10%双效灵200倍液。

2）防治鸡冠花褐斑病，可于发病初期喷10%双效灵200倍液。

3）对梨干枯病、轮纹病等果树茎干病害，用刀御底刮除病部，涂抹50倍双效灵液。

4）防治林木真菌性溃疡病可用小刀或钉板将病部树皮纵向划破，划刻间距3~5mm、范围稍超越病斑，深达木质部。然后用毛刷涂以10%双效灵10倍液，再涂以（50~100）$\times10^{-6}$赤霉

素，以利于伤口的愈合。

5）防治椪柑树脚腐病，扒开土用刀刮除脚腐病病斑，用10%双效灵水剂浓度3%涂抹病斑，然后用薄膜包扎。

6）防治黄萎病、青枯病、枯萎病等土传侵染病害，可用10%双效灵水剂300倍液浇灌土壤。

7）防治冬珊瑚黄萎病、佛手掌萎蔫病、合欢枯萎病，可用10%混合氨基酸铜水剂300~450倍液灌根。

（7）注意事项：不能与酸、碱性农药混用，不能对铜离子敏感观叶类草本植物使用高浓度。遇酸会分解析出铜离子，很容易产生药害。在紫外线光照下易分解失效，应置于阴凉处，不要暴晒，使用也应在阴天或晴天的下午3时以后用药。

3. 琥胶肥酸铜

（1）通用名称：琥胶肥酸铜；DT、Copper（succinate+glutarate+adipate）。

（2）中文化学名称：丁二酸铜、戊丁二酸铜、己二酸铜的混合物、$[(CH_2)_{17}(COO)_2]nCu$。

（3）毒性：对人、畜低毒。

（4）作用方式：本品是一种具有保护作用兼治疗、铲除作用的杀菌剂。铜离子与病原菌膜表面上的阳离子交换，使病原菌细胞膜上的蛋白质凝固，同时部分铜离子渗透进入病原菌细胞内与某些酶结合，影响其活性。

（5）产品剂型：30%、50%可湿性粉剂，30%悬浮剂，5%粉剂，5%粉尘剂。

（6）实用技术：

1）防治林木、果树腐烂病，用30%悬浮剂20~30倍液涂抹刮治后的病疤。

2）防治葡萄黑痘病、霜霉病，在病菌侵染期和发病初期开始喷30%悬浮剂200倍液，10d后再喷1次，或与其他杀菌剂交替使

用。防治柑橘溃疡病，在新梢初出时开始喷30%悬浮剂或30%可湿性粉剂的300~500倍液，隔7~10d喷1次，连喷3~4次。

3）防治枸杞霉斑病、葛细菌性叶斑病、枇杷青枯病、枇杷胡麻色斑点病等，发病初期喷50%可湿性粉剂500倍液，每7~10d喷1次，连喷2~4次。

4）防治水仙欧氏菌软腐病、何氏凤仙花青枯病、万年青细菌性叶枯病、绿萝软腐病，于发病初喷洒50%琥胶肥酸铜胶悬剂500~600倍液。

5）防治细菌病害可用50%琥胶肥酸铜可湿性粉剂按种子量的0.4%拌种。

6）防治冬珊瑚黄萎病可于发病初期用50%琥胶肥酸铜可湿性粉剂350倍液淋灌，每株灌药液0.5L。

7）用30%可湿性粉剂防治瓜类细菌性角斑病、柑橘溃疡病、瓜类疫病、梨细菌性花斑病、杏细菌性穿孔病、观赏椒叶斑病、茄类疫病等，可稀释700~900倍液叶面喷洒，每5~7d喷1次，整个生育期共喷2~4次。

(7) 注意事项：叶面喷洒药剂稀释倍数不能过低，否则易产生药害。避免在高温或大风天气施药，遇雨天补喷；不要在幼苗期、阴天、多雾天、露水未干时使用；该药不可与碱性药剂混用，与其他药剂混用请先试验；对水生生物有毒，应避免在养殖池塘或附近使用，严格控制在水田使用。

4. 络氨铜（铜氨合剂）

(1) 通用名称：络氨铜杀菌剂、Cuaminosulfate。

(2) 化学名称：硫酸四氨络合铜。

(3) 毒性：低毒。

(4) 作用方式：同琥胶肥酸铜。

(5) 产品剂型：14%、15%、23%、25%水剂，14.5%水溶性粉剂，25%增效水剂。

（6）实用技术：

1）防治红掌细菌性病害，以25%水剂500倍进行喷雾，每隔7d喷1次，连续2个月。

2）防治苹果圆斑根腐病，在清除病根基础上，用15%水剂200倍液浇灌病根部位，以病根部位土壤灌湿为准；或用14.5%水溶性粉剂1 500倍液灌根。防治苹果树早期落叶病可用14.5%水溶性粉剂1 000~1 200倍液喷雾，连喷2~3次。防治苹果树腐烂病，可用15%水剂按原液100g/m^{2}涂抹病疤。

3）防治杏疔病，在杏树展叶后，喷15%水剂300倍液，隔10~15d再喷1次。

4）防治柑橘溃疡病、疮痂病，喷14%或15%水剂200~300倍液，于春梢修剪后喷药，夏、秋梢生长期及幼果期再各施药1次。

5）防治枸杞霉斑病，喷14%水剂300倍液。

6）防治林木圆盘根腐病，在清除病根的基础上，用15%水剂200倍液浇灌病根部位，以病根部位土壤灌湿为准。

7）防治结缕草“犬足”病，可喷洒25%水剂800倍液等。

（7）注意事项：不能与一般酸性农药或激素药物混用；但可与多种杀虫剂、杀菌剂复配（碱性药物除外）；在气候炎热期或炎热地带使用时，采用低剂量，以保证安全，防止产生药害。储存在阴凉、干燥处。冬季不能受冻。

5. 二氯四氨络合铜

（1）通用名称：络氨铜、Cupric-Amminium Complexion。

（2）化学名称：二氯四氨络合铜。

（3）毒性：为低毒。

（4）作用方式：同琥胶肥酸铜。

（5）产品剂型：14%、23%、25%水剂。

（6）实用技术：

1）防治葡萄霜霉病、绿萝软腐病、柑橘溃疡病、枇杷青枯

病或胡麻色斑点病，可用14%水剂稀释250~300倍喷施。

2）防治苹果腐烂病可用14%络氨铜水剂稀释10~20倍喷施。

（7）注意事项：做叶面喷雾时，使用浓度不能高于400倍液，以免发生药害。

6. 噻菌铜

（1）通用名称：龙克菌、thiodiazole-copper。

（2）化学名称：2-氨基-5-巯基-1，3，4-噻二唑铜。

（3）毒性：低毒。

（4）作用方式：本品是噻唑类有机铜高效广谱杀菌剂，具有内吸传导、治疗、保护预防作用。

（5）产品剂型：20%悬浮剂。

（6）实用技术：

1）防治含笑炭疽病、肉桂褐斑病、柑橘溃疡病及疮痂病、芍药白粉病、桑细菌性叶斑病、富贵竹褐斑病、女贞叶斑病及褐斑病、茶花藻斑病、茶花饼病、肉桂斑枯病，茶花胴枯病、夹竹桃灰斑病、肉桂斑点病及叶枯病，用20%悬浮剂的300~700倍液喷雾；防治棕榈科植物细菌性条斑病，每亩用20%悬浮剂125~160mL对水喷雾。

2）防治瓜叶菊青枯病、竹节蓼茎枯病，可用20%龙克菌悬浮剂500倍液喷施，每7~10d喷1次，共喷2~3次。

3）防治肉桂叶斑病、桂花假尾孢褐斑病、拟盘多毛孢灰斑病、链格孢叶斑病和黑霉病、桂花赤斑病，苏铁炭疽病、壳孺孢叶斑病及拟盘多毛孢叶斑病，棕榈炭疽病和叶斑病、鹅掌柴拟盘多毛孢灰斑病、白兰花黑斑病及炭疽病、白兰花盾壳霉叶斑病、木麻黄青枯病、发财树叶枯病及枝枯病、百合灰霉病、兰花软腐病、梅花褐斑病、褐斑穿孔病、月季和玫瑰黑斑病、散尾葵叶枯病等，于发病初期喷洒20%悬浮剂500倍液。

（7）注意事项：对铜敏感的作物在花期及幼果期慎用；在酸性条件下稳定，可以和大多数酸性农药混用，但不能和强碱性农药混用。

7. 醋酸铜

（1）通用名称：乙酸铜、Cupric Acetate。

（2）化学名称：醋酸铜。

（3）毒性：低毒。

（4）作用方式：同琥胶肥酸铜。

（5）产品剂型：20%、70%可湿性粉剂，95%细菌灵可湿性粉剂，96%醋酸铜原粉可湿性粉剂，20%水分散粒剂。

（6）实用技术：

1）防治细菌性病害可用95%细菌灵可湿性粉剂5 000倍喷雾或灌根，间隔期6~7d，连施3~4次。

2）防治柑橘溃疡病，在新梢初出时喷20%可湿性粉剂的800~1 200倍液，或于柑橘树溃疡病发病前或发病初期施药进行喷洒，每7~10d喷1次，连防2~3次。

3）防治桃细菌性穿孔病、褐斑穿孔病、霉斑穿孔病、斑点性穿孔病，紫叶李细菌性穿孔病，君子兰、仙客来、仙人掌、令箭荷花、虎皮兰、万年青和鸢尾等花卉细菌性软腐病，在发病初期喷洒95%细菌灵可湿性粉剂6 000~7 000倍液，每7~10d喷1次，连防2~4次。

4）防治枇杷胡麻色斑点病，于田间连片发生时用95%细菌灵可湿性粉剂5 000倍液灌根，每株灌药液0.25~0.5kg，每10~15d灌1次，连灌3~5次。

（7）注意事项：不可与碱性药剂等物质混用。

8. 腐殖酸铜

（1）通用名称：硝基腐殖酸铜，HA-Cu。

（2）化学名称：腐殖酸·铜或硝基腐殖酸铜。

（3）毒性：低毒。

（4）作用方式：同琥胶肥酸铜。

（5）产品剂型：2.12%、3.3%腐殖酸铜水剂，12%腐殖酸铜水剂，20%腐殖酸铜可溶性粉剂，30%硝基腐殖酸铜可湿性粉剂（菌必克），腐殖酸铜（843康复剂）原液，2.12%腐殖酸铜原液，2.2%腐殖酸铜原液。

（6）实用技术：

1）防治苹果树腐烂病，柑橘、桃树、青梅流胶病等应先用刀刮除病部，按每平方米用2.12%或3.3%腐殖酸铜水剂200g涂抹。

2）防治柑橘树脚腐病，先刮去病树皮，再纵刻病部深达木质部。间隔0.5cm宽，并超过病斑1~2cm，按每平方米病疤用2.12%或3.3%腐殖酸铜水剂药剂原液300~500g涂抹。

9. 壬菌铜

（1）通用名称：壬基苯酚磺酸铜、Coppernonylphenolsulfonate。

（2）化学名称：对壬基苯酚磺酸铜。

（3）毒性：低毒。

（4）作用方式：本品是一种渗透性较强的有机铜保护性杀菌剂，其化学成分中的壬基苯酚基团可使细菌细胞壁变薄导致细菌的死亡。

（5）产品剂型：30%微乳剂、30%又能丰乳剂（优能芬）、92%壬菌铜原药、50%的壬菌铜水合剂、15%壬菌铜微乳剂、40%亚纳铜（壬基酚磺酸铜）可湿性粉剂。

（6）实用技术：

1）防治瓜类的霜霉病、白粉病、细菌性角斑病，瓜类疫病，茄类早疫病、晚疫病，羽叶甘蓝霜霉病、软腐病等。一般于发病初期喷洒30%壬基酚磺酸铜水乳剂500~900倍液，每5~7d喷1次，连喷3~4次。

2）防治红掌细菌性病害，以30%乳剂1 000倍进行喷雾，

每隔7d喷1次，连续2个月。

3）防治兰花细菌性软腐病，可用40%亚纳铜（壬基苯酚磺酸铜）可湿性粉剂500倍液浇灌或喷雾，每3~5d喷1次，共喷3次。

10. 噻森铜（施暴菌）

（1）通用名称：噻森铜、Saisentong。

（2）化学名称：N，N’-甲撑-双（2-氨基-5-巯基1，3，4噻二唑）铜。

（3）毒性：低毒。

（4）作用方式：本品为噻唑类广谱高效有机铜杀菌剂，内吸性好，兼具保护和治疗作用。

（5）作用方式：95%原药，20%、30%噻森铜水悬浮剂。

（6）实用技术：

1）防治林果根部病害，用20%悬浮剂用600~1 000倍液灌根。

2）防治白菜软腐病、茄科青枯病、柑橘疮痂病，每亩用20%可湿性粉剂100~150g，对水40~50kg喷雾。

11. 喹啉铜

（1）通用名称：喹啉铜、Oxine-copper。

（2）化学名称：8-羟基喹啉铜。

（3）毒性：低毒。

（4）作用方式：杀灭病菌作用点多，多次使用病菌不会产生抗性，对常规杀菌剂已经产生抗药性的病害有高效的预防、治疗效果。

（5）产品剂型：12.5%、50%可湿性粉剂，33.5%喹啉铜悬浮剂（净果精），53%腐绝快得宁（噻菌灵+喹啉铜）可湿性粉剂。

（6）实用技术：

1）防治苹果轮纹病，用50%可湿性粉剂3 000~4 000倍液

或12.5%可湿性粉剂750~1 000倍液喷雾。

2）防治兰花炭疽病，用53%腐绝快得宁（噻菌灵+喹啉铜）可湿性粉剂1 200倍液喷雾。预防桃树细菌性穿孔病、黑星病和流胶病，前期保护用1 500倍，治疗用750~1 000倍液喷雾。

3）防治荔枝霜疫霉病，葡萄霜霉病，可用净果精1 000~1 500倍液喷施，或于雨季来临前喷施。

4）对各种软腐病，木瓜疫病、炭疽病，枇杷灰斑病，茶枝枯病，可在早期施用33.5%净果精750~1 000倍液喷洒予以预防。防治柑橘流胶病可将净果精直接涂抹在病位（病位须清理干净）。

5）兰花疫病（黑腐病）可用33.5%净果精1 500倍，于初发病时第1次施药，隔7~10d再施药1次，施药后7d内不宜喷水。

6）嫁接/剪枝后伤口保护，可用33.5%净果精2倍液，剪除病患部位，立即涂擦切除面。

7）防治百慕达草细菌性病害、瓜类疫病、霜霉病、细菌性角斑病、柑橘溃疡病、桉树苗根腐病、荔枝霜疫霉病，用净果精750倍液喷雾。

（7）注意事项：该药不能与含锡金属元素的药剂混用。

12. 混合氨基酸铜·锌·锰·镁

（1）通用名称：混合氨基酸铜·锌·锰·镁、mixed amino-acid-Cu，Zn，Mn，Mg·complex。

（2）化学名称：混合氨基酸铜·锌·锰·镁复合盐。

（3）毒性：低毒。

（4）作用方式：本品是广谱的保护性杀菌剂，主要是由铜离子起杀菌作用，锌、锰、镁离子能增强铜离子的杀菌作用，并对治疗作物缺素症有一定的作用，氨基酸可提供作物营养物质，促进作物生长，提高抗病能力。

（5）产品剂型：15%混合氨基酸铜·锌·锰·镁水剂。

（6）实用技术：

1）防治瓜类枯萎病，用15%混合氨基酸铜·锰·锌·镁水剂200~400倍液，定植时作为定根水或移植后定期灌根（200~500mL/株），结合茎基部喷施3~4次，隔5~15d喷1次，前密后疏，瓜果采收前20d停止施药。

2）防治万年青类茎基腐病，喷洒15%混合氨基酸铜·锰·锌·镁水剂300~500倍液。

3）防治棕榈科植物和禾本科类植物的纹枯病，每亩用15%混合氨基酸铜·锰·锌·镁水剂200~250mL，对水喷雾。

（7）注意事项：不能与碱性物质混合，也不宜随意与其他农药混用。

13. 咪唑喹啉铜

（1）通用名称：咪唑喹啉铜。

（2）化学名称：苯并咪唑-2-氨基甲酸酯-8-羟基喹啉铜络合物。

（3）毒性：低毒。

（4）作用方式：本品由多菌灵和喹啉铜螯合而成的广谱杀菌剂，对各种常见的病原体（真菌和细菌）均具有抑制作用。具内吸作用，可上下传导，对病害有预防和治疗作用。

（5）产品剂型：30%、50%可湿性粉剂，30%水悬浮剂。

（6）实用技术：单用能防治观叶类草本植物的早疫病。细菌性病害如：角斑病、溃疡病、软腐病。正常用量（20g/15kg）。对观叶类草本植物的霜霉病、锈病、黑斑病、叶霉病（茄类）等（宜30g/15kg）。对灰霉病、白粉病可混合常用杀菌剂进行防治。

第七章　苯并咪唑类杀菌剂

苯并咪唑类杀菌剂与微管蛋白的β亚单位结合，阻碍微管的组装，从而破坏了纺锤体的形成，阻碍细胞的正常有丝分裂，染色体的分离紊乱，使菌株不能正常地生长。

一、苯并咪唑类

1. 多菌灵

(1) 通用名称：多菌灵、carbendazim。

(2) 化学名称：苯并咪唑-2-基氨基甲酸甲酯。

(3) 毒性：低毒。

(4) 作用方式：本品是一种高效、低毒、广谱、内吸性杀菌剂，具有保护和治疗作用。药剂干扰病原菌有丝分裂中纺锤体的形成，影响细胞分裂，起到杀菌作用。

(5) 产品剂型：98%白色多菌灵原药，20%、25%、30%、40%、50%、60%、80%多菌灵可湿性粉剂，80%纯白色多菌灵可湿性粉剂，12.5%、22%增效可湿性粉剂，40%、50%悬浮剂，20%增效悬浮剂，20%、40%胶悬剂，50%、80%微粉剂，50%、80%水分散粒剂，12%悬浮剂种衣，15%烟剂等。

(6) 实用技术：

1) 大丽花花腐病、月季褐斑病，君子兰叶斑病，海棠灰斑病，兰花炭疽病、叶斑病，花卉白粉病等，在病害发生初期，使用25%多菌灵可湿性粉剂250倍液喷雾，可根据病情每隔7~10d喷药1次。防治一品红假尾孢褐斑病可喷洒50%多菌灵可湿性粉剂600倍液。防治非洲菊斑点病可于发病初期喷洒50%多菌灵可湿性粉剂500倍液。

2）防治桃、李、杏、樱桃褐腐病于花谢后10d喷50%可湿性粉剂600~800倍液1次，15~20d后再喷1次，可兼治疮痂病，对流胶病也有一定的防效；防治梅花膏药病、蜡梅盾壳霉叶斑病、棕竹灰斑病可喷洒50%多菌灵可湿性粉剂600倍液。防治石榴假尾孢褐斑病可于发病初期喷洒多菌灵可湿性粉剂800倍液。

3）防治山楂黑星病、梢枯病、叶斑病于发病初期喷50%可湿性粉剂800~1 000倍液，每15d喷1次，连喷3~4次。

4）防治石榴干腐病，从开花至采收前20d，每15d喷1次40%悬浮剂600倍液。

5）防治枇杷炭疽病，于发病时喷50%可湿性粉剂1 000倍液。防治柳杉赤枯病、油松烂皮病、毛竹枯梢病用50%可湿性粉剂1 000倍液喷雾。

（7）注意事项：该药不能与铜、汞制剂及强酸、强碱农药混用，在喷施铜、汞碱性药剂后应间隔10d再用本剂。

2. 多菌灵磺酸盐

（1）通用名称：多菌灵磺酸盐、carbendazim sulfonic salf。

（2）毒性：低毒。

（3）作用方式：多菌灵磺酸盐是一种高效、广谱、低毒、内吸性杀菌剂，具有保护、预防和治疗作用，且能促进作物生长。杀菌机制是干扰菌的有丝分裂中纺锤体的形成及对于真菌细胞的原生质膜强烈的溶解作用，从而达到防治病害的目的。

（4）产品剂型：50%可湿性粉剂（溶菌灵），35%悬浮剂（菌核光），96%溶菌灵，多菌灵磺酸盐（35%SC）。

（5）实用技术：

1）防治树木、花卉灰霉病、白粉病、叶斑病、枯萎病、疫病及软腐病，瓜类灰霉病等，于发病初期用50%溶菌灵可湿性粉剂500~800倍液喷雾。每7~10d喷1次，连喷3次。

2）防治梅花褐斑穿孔病，于冬季或早春植株萌芽前喷洒50%溶菌灵可湿性粉剂800倍液。

3）防治香石竹枯萎病、菊花枯萎病、蜘蛛抱蛋二孢叶枯病，于发病时灌浇50%溶菌灵可湿性粉剂800倍液。

4）防治大丽花菌核病，于发病初期喷洒35%菌核光悬浮剂600~800倍液。

（6）注意事项：与杀虫剂、杀螨剂混用时，要随混随用，不可与碱性药物及铜制剂混合使用。

3. 增效多菌灵

（1）通用名称：增效多菌灵+水杨酸+冰醋酸、carbendazim+salicylicacid+ Acetic Acid。

（2）化学名称：苯并咪唑-2-基氨基甲酸甲酯+邻羟基苯甲酸+乙酸。

（3）毒性：低毒。

（4）产品剂型：12.5%可溶剂，另有以多菌灵与水杨酸为有效成分的增效多菌灵液剂。

（5）作用方式：同多菌灵。

（6）实用技术：

1）防治翠菊枯萎病、芦笋茎枯病、朱顶红叶斑病、球根秋海棠白粉病、文殊兰叶斑病、大花君子兰枯斑病、兰花圆斑病、凤梨黑霉病、花叶凤梨焦腐病、大王万年青佛苞花序枯萎病，可于发病初期喷洒12.5%可溶剂300倍液。

2）防治仙客来枯萎病，可用12.5%可溶剂500倍液浇灌或喷洒。

3）防治兰花枯萎病，可用12.5%可溶剂300倍液喷洒。

4）防治冬珊瑚黄萎病，可于发病初期浇灌12.5%可溶剂200~300倍液，每株100mL。

5）防治观赏棉枯萎病，可采用病株灌根法，每株灌12.5%可溶剂250倍液100mL。

4. 多菌灵盐酸盐

（1）通用名称：多菌灵盐酸盐、Anilazine。

（2）化学名称：N-（2-苯骈咪唑基）-氨基甲酸甲酯盐酸盐。

（3）毒性：低毒。

（4）作用方式：同多菌灵。

（5）产品剂型：60%可溶性粉剂，60%超微粉，60%可湿性粉剂，60%水溶性粉剂。

（6）实用技术：

1）防治翠菊菌核病，可用60%超微可湿性粉剂800倍液喷洒，每7~10d喷1次，共喷2~3次。防治紫茉莉白粉病，可用60%水溶性粉剂1 000倍液喷洒。

2）防治大叶伞假尾孢灰斑病，可于发现病株时喷60%超微可湿性粉剂800倍液，隔7~10d喷1次，共喷2次。

（7）注意事项：不可用碱性水溶解及与碱性农药混用。与粉锈宁混用效果更佳。禁止在雨天喷洒。

5. 治萎灵

（1）通用名称：多菌灵+水杨酸、carbendazim+ salicylicacid。

（2）化学名称：苯并咪唑-2-基氨基甲酸甲酯+邻羟基苯甲酸。

（3）毒性：低毒。

（4）作用方式：具有保护、治疗和内吸作用，对作物和病菌有较强的穿透作用。

(5) 产品剂型：40%多菌灵水杨酸醋酸盐（治萎灵）可湿性粉剂、10%治萎灵水剂、12.5%可溶剂、30%可湿性粉剂。

(6) 实用技术：

1) 防治仙客来、兰花枯萎病，可用10%治萎灵水剂300倍液浇灌或喷洒。

2) 防治菊花及冬珊瑚黄萎病，可于发病初期喷洒10%治萎灵300倍液，隔15d喷1次，连喷2次。

3) 防治仙客来枯萎病，可用10%治萎灵水剂300倍液，每株灌药液100~200mL，每7~10d喷1次，连防2~3次。

4) 防治瓜类枯萎病，于发病初期以12.5%治萎灵200倍液灌根，每株100mL。可防治全生育期枯萎病。

(7) 注意事项：不可与碱性农药和碳铵混用，不可浸种、拌种，以免产生药害。

6. 苯菌灵

(1) 通用名称：苯菌灵、benomyl。

(2) 化学名称：1-正丁氨基甲酰-2-苯并咪唑氨基甲酸甲酯。

(3) 毒性：低毒，对兔眼有轻微刺激。

(4) 作用方式：是一种广谱高效兼内吸性的杀菌剂，具有保护、铲除和治疗作用。

(5) 产品剂型：50%可湿性粉剂，50%苯菌·福·锰锌可湿性粉剂。

(6) 实用技术：

1) 防治地上部的叶片、茎部及瓜果病害，可在病害发生初期适用50%可湿性粉剂800~1 000倍液喷雾，病情较重时可适当增加用药量。防治果树枝干病害，可使用50%可湿性粉剂100~200倍液直接涂抹病斑，或刮病斑后涂抹。防治土传根部病害，可在定植前每亩施用50%可湿性粉剂1~2kg均匀混土；浇灌根茎部可使用50%可湿性粉剂600~800倍液，每株浇灌0.1~0.3kg药液。防治果树根部病害时，一般使用50%可湿性粉剂600~800倍液浇灌根区土壤。

2）防治梨、葡萄、苹果的白粉病，梨、苹果黑星病，桃灰星病，葡萄褐斑病，麦类赤霉病等，可用50%可湿性粉剂2 000~3 000倍液喷雾。

3）防治温室花卉土传或种传病害，每10kg种子用50%可湿性粉剂10~20g拌种；防治温室花卉叶部病害，可于发病初期开始喷50%可湿性粉剂1 000~1 500倍液，每10d喷1次，连喷2~3次；防治温室花卉灰霉病，可于发病前或发病初期喷50%可湿性粉剂800~1 000倍液。

4）防治量天尺枯萎病，可用刀挖除轻病茎节的肉质部，切口用50%可湿性粉剂200倍液涂抹；防治翠菊、菊花枯萎病用50%可湿性粉剂浇灌根际土壤；防治麦冬炭疽病、萱草炭疽病、枸杞白粉病和炭疽病、香草兰茎腐病等，可于发病初期喷50%可湿性粉剂1 500倍液；防治百合、水仙鳞茎基腐病，于种植前用50%可湿性粉剂500倍液浸种15~30min，发病后及时用800倍液浇灌根部。

5）防治翠菊枯萎病、芦笋茎枯病、朱顶红叶斑病、球根秋海棠白粉病、文殊兰叶斑病、大花君子兰枯斑病、兰花圆斑病、凤梨黑霉病、花叶凤梨焦腐病、大王万年青佛苞花序枯萎病，可于发病初期喷洒50%可湿性粉剂1 000倍液。

6）防治水仙镰刀菌基腐病，可用50%可湿性粉剂1 000倍液浸种30min。防治水仙根腐病，可用50%苯菌灵可湿性粉剂500倍液浸鳞茎，8h后再种植。

7）防治兰花根腐病，合果芋茎腐病、茎溃疡病，桑、李、栗、枫、槭等溃疡病，绿宝石喜林芋假尾孢褐斑病，菱角白绢病，荷花假尾孢褐斑病，茉莉花假尾孢褐斑病，可于发病初期喷

淋 50%可湿性粉剂 1 000 倍液。

8）防治山茶、茶梅灰斑病，冬珊瑚黄萎病，栀子花黑星病，米兰炭疽病，龙血树炭疽病及圆斑病，银线德利龙血树叶斑病，金边宝贵竹尾孢褐斑病，茶花褐斑病，可于发病初期喷洒 50%可湿性粉剂 1 000 倍液。

9）防治金边瑞香镰刀菌枯萎病，可于苗打蔫时浇灌 50%可湿性粉剂 1 000 倍液。防治由镰刀菌引起的虎刺梅根腐病定期喷洒 50%苯菌灵可湿性粉剂 1 000 倍液。

10）防治米兰枯萎病、夏威夷椰子炭疽病，可于发病初期及时浇灌 50%可湿性粉剂 800 倍液。

7. 噻菌灵

（1）通用名称：噻菌灵、thiabendazole。

（2）化学名称：2-（噻唑-4-基）苯并咪唑或 α-（4-噻唑基）-1H-苯并咪唑。

（3）毒性：低毒。

（4）作用方式：本品为高效、广谱、内吸传导性硫化苯唑类杀菌剂，兼有保护和治疗作用，抗菌谱同多菌灵。根施时能向顶传导，但不能向基传导。

（5）产品剂型：45%特克多悬浮剂，3%烟剂，40%、60%、90%可湿性粉剂，42%、45%胶悬剂。

（6）实用技术：

1）防治苗木茎腐病、梅花炭疽病、白玉兰炭疽病、杧果炭疽病、白杨叶锈病、梨黑星病、柑橘绿霉病、紫藤白粉病、草莓白粉病、米兰叶枯病、袖珍椰子斑点病、一品红灰霉病，可用 45%特克多悬浮剂 1 000~2 000 倍稀释液喷雾。

2）防治苹果和梨的青霉病、炭疽病、灰霉病、黑星病、白粉病，可于收获前每亩用有效成分 30~60g 对水喷雾。

3）防治苹果树轮纹病，用 40%可湿性粉剂 1 000~1 500 倍液

喷雾；防治葡萄灰霉病，可于收获前用900～1 350mg（a. i.）/L药液喷雾。

4）防治保护地作物灰霉病、叶霉病、白粉病、叶斑病、炭疽病等，可在发病初期每亩用3%烟剂300～400g，于日落后将烟剂放在干地面上，均匀摆布，用火柴点燃后紧闭门窗，次日清晨开窗透气。

5）防治仙客来灰霉病，可用45%悬浮剂4 000倍液进行叶面喷雾。

（7）注意事项：对鱼有毒，不要污染池塘和水源。避免与其他药剂混用。

二、托布津类

甲基硫菌灵

（1）通用名：甲基硫菌灵、thiophanate-methyl。

（2）化学名称：1，2-二（3-甲氧基羰基-2-硫脲基）苯。

（3）毒性：低毒，对皮肤、黏膜刺激性低。

（4）作用方式：本品是一种取代苯类高效、低残留、广谱、内吸性杀菌剂，具有保护、治疗和预防作用。

（5）产品剂型：50%、70%可湿性粉剂，50%胶悬剂，10%、36%、50%悬浮剂，70%水分散粒剂，4%膏剂，3%糊剂。

（6）实用技术：

1）防治枝干病害时，直接用4%膏剂或3%糊剂按3.75～4.5g/m^2直接在病斑表面涂抹。

2）防治灰霉病、白粉病、炭疽病、褐斑病、叶霉病等，用70%可湿性粉剂500～700倍液，隔7～10d喷1次，共喷2～3次，有良效；用种子重量的0.3%～0.4%进行拌种处理，或用70%可湿性粉剂500倍液灌根。

3）防治龙血树、香龙血树炭疽病，可用75%可湿性粉剂1 000倍液加75%百菌清可湿性粉剂1 000倍液于发病初期喷洒。

4）防治仙客来枯萎病，可浇灌或喷洒70%可湿性粉剂700倍液。每株100~200mL，每7~10d喷1次，共喷2~3次。

5）防治天竺葵褐斑病、大王万年青佛焰苞花序枯萎病，可于发病初期喷洒75%可湿性粉剂500倍液，间隔10d喷1次，共2~3次。防治金铃花炭疽病、兰花根腐病在8月中下旬发病初期喷洒70%可湿性粉剂600倍液。

6）防治兰花枯萎病、龙船花假尾孢叶斑病、肉桂炭疽病、文殊兰叶斑病，可于发病初期喷洒36%悬浮剂600倍液。

7）防治由假蜜环菌引起的根腐病、鳞秕泽米根颈腐病，可浇灌50%可湿性粉剂600倍液。

8）防治桂花壳针孢叶斑病、桂花拟盘多毛孢灰斑病，可喷洒36%悬浮剂800倍液。防治蜡梅盾壳霉叶斑病，可于发病初期喷洒70%超微可湿性粉剂800倍液，隔15d喷1次，共3~4次。

9）对大丽花花腐病、月季褐斑病、海棠灰斑病、君子兰叶斑病，各种炭疽病、白粉病及茎腐病，在发病初期用70%可湿性粉剂60~90g（a. i. 41. 7~62. 5g）对水喷雾，隔10d喷1次，共喷3~5次。

（7）注意事项：不可与含铜制剂混用。

第八章　酰胺类杀菌剂

酰胺类化合物作用机制比较复杂，该类杀菌剂在寄生组织内抑制菌丝生长和吸器形成，是通过阻止尿苷掺入合成细胞内核苷酸的三种 RNA 聚合酶有选择性抑制作用，其中对合成 γ-RNA 的聚合酶 A 的毒力最大，使核糖体不能正常发挥作用。

一、苯基酰胺类

N-苯基酰胺类化合物具有内吸双向传导作用，以向顶性输导为主，具有保护、治疗和铲除作用。其作用机制主要是抑制了病原菌中核酸的生物合成（主要是 RNA 的合成）。与三唑类杀菌剂互补，主要包括酰基丙氨酸类、丁内酯类、硫代丁内酯类和噁唑烷酮类，以酰基丙氨酸类、噁唑烷酮类等。

1. 甲霜灵

（1）通用名称：甲霜灵、metalaxyl。

（2）化学名称：D，L-N-（2，6-二甲基苯基）-N-（2-甲氧基乙酰）丙氨酸甲酯。

（3）毒性：低毒。

（4）作用方式：本品属酰基丙氨酸类内吸性杀菌剂，该药具有良好的保护、双向内吸传导治疗和铲除作用。

（5）产品剂型：35%拌种剂（阿普隆），35%阿普隆乳化种

衣剂，25%可湿性粉剂，5%颗粒剂，25%乳油，58%甲霜灵锰锌（进口产品为瑞毒霉锰锌 RidomilMZ58%WP）可湿性粉剂，50%瑞毒霉加铜可湿性粉剂，58%瑞毒霉锰锌粉剂，40%细菌快猎克WP（瑞毒霉）等。

（6）实用技术：

1）种子处理，用有效成分 3~5g/kg 拌种，对霜霉菌、疫霉菌引起的猝倒病及烂种的保护达 4 周；土壤处理用有效成分 2~5g/m²，防效能维持 20~25 周。

2）防治凤梨心腐病，可用 25%甲霜灵可湿性粉剂 500 倍液浸种苗基部 10~15min，倒置晾干后栽植。防治兰花疫病，可于发病初期喷洒或浇灌 25%甲霜灵可湿性粉剂 800 倍液。

3）防治葡萄霜霉病，于发病初期用 25%可湿性粉剂 300~500 倍液灌根；对成株可用 25%可湿性粉剂 700~1 000 倍液喷雾，间隔 10~15d，连喷 3~4 次。

4）防治苹果树和梨树树干茎部疫腐病，将根茎发病部位树皮刮除，或用刀尖沿病斑纵向划道，深达木质部，道间距 0.3~0.5cm，边缘超过病部边缘 2cm 左右，再用 25%可湿性粉剂 30 倍液充分涂抹。

5）防治柑橘脚腐病，于 3~4 月喷 25%可湿性粉剂 250~300 倍液，15~20d 后再喷 1 次。

6）防治荔枝霜霉病，在花蕾期、幼果期、成熟期各喷 1 次 25%可湿性粉剂 400~500 倍液。防治草莓疫腐病，于发病初期，往植株基部喷 25%可湿性粉剂 800~1 000 倍液，间隔 7~10d 喷 1 次，连喷 2~3 次。

7）防治瓜类霜霉菌、疫霉菌和腐霉菌引起的病害。在田间初发病时，可用 25%甲霜灵可湿性粉剂 600~800 倍液喷雾，以后隔 10~15d 喷 1 次，共喷 2~3 次；防治瓜类疫病，用 25%可湿性粉剂 1 000 倍液，15d 灌根 1 次。

8）防治槐树腐烂病可用25%瑞毒霉300倍液加适量泥土敷于病部。

9）防治百合疫病，于发病初期，用25%可湿性粉剂600~700倍液，全株喷洒。防治观赏茄褐纹病、绵疫病，可于发病初期喷25%可湿性粉剂700~1 000倍液，要与其他药剂交替使用或用甲霜灵的混剂。

10）该药单剂使用易产生抗药性，应与其他杀菌剂复配使用。

2. 精甲霜灵

（1）通用名称：精甲霜灵、Metalaxy-M。

（2）化学名称：N-（2-甲氧基乙酰基）-N-（2，6-二甲苯基）-D-丙氨酸甲酯。

（3）毒性：低毒。

（4）作用方式：精甲霜灵是普通甲霜灵的R异构体，是一种具有预防和治疗功效的高效内吸杀菌剂。

（5）产品剂型：68%水分散粒剂。

（6）实用技术：防治各种草坪草腐霉枯萎病，同时兼治多种根腐、叶斑病等，可用金雷68%水分散粒剂500~2 000倍液；使用剂量：0.1~0.4g/m^2。

3. 噁霜灵

（1）通用名称：噁霜灵、Oxadixy。

（2）化学名称：2-甲氧基-N-（2-氧化-1，3-噁唑烷-3-基）乙酰氨基-2，6-二甲苯。

（3）毒性：低毒。

（4）作用方式：本品具有接触杀菌和内吸性传导、保护、治疗和铲除作用，通过抑RNA聚合酶抑制RNA的生物合成。

（5）产品剂型：25%可湿性粉剂，98%可溶性粉剂（草病灵3号），其他均为复配剂。

（6）实用技术：草病灵3号可用作土壤和种子处理消毒剂，防治镰刀菌、夏季斑病菌、丝核菌、腐霉菌及丝囊菌、伏革菌等多种病原真菌引起的病害。用于草坪使用浓度：1 000~3 000倍；使用剂量：0. 09~0. 25g/m^2；灌根：0. 2~0. 6g/m^2。

4. 噁霜锰锌

（1）通用名称：噁霜锰锌（噁霜灵+代森锰锌）、oxadixyl+mancozeb。

（2）化学名称：N-甲氧乙酰基-N-［2-氧代-1，3-（口噁）唑烷-3-基］2，6-二甲基苯胺+乙撑双二硫化氨基甲酸锰和锌离子配位化合物

（3）毒性：低毒。

（4）作用方式：本品具有较强内吸传导性，杀菌谱广等特点。其特有成分能有效抑制菌体内丙酮酸的氧化。

（5）产品剂型：64%（含噁霜灵8%，代森锰锌56%）、72%可湿性粉剂。

（6）实用技术：

1）防治苏铁叶斑病、鹅掌柴褐斑病、龙血树圆斑病及疫病、乳茄褐腐病及花叶病、凤梨焦腐病、兰花疫病、兰花圆斑病、大花君子兰疫病、芍药褐斑病，可用64%可湿性粉剂500倍液。

2）防葡萄霜霉病、黑腐病，瓜类白粉病、霜霉病，可于发病初期喷64%杀毒钒可湿性粉剂400~500倍液，间隔10d喷1次，可喷洒2~3次。

3）防治各种草坪草腐霉枯萎病，使用浓度为400~1 200倍；使用剂量为0. 17~0. 5g/m^2。

5. 苯霜灵

（1）通用名称：苯霜灵、benalaxyl（BSI，ISO）。

（2）化学名称：N-苯乙酰基-N-2，6-二甲苯基-DL-丙氨酸甲酯。

（3）毒性：低毒。

（4）作用方式：本品为内吸性杀菌剂。

（5）产品剂型：5%颗粒剂。

（6）实用技术：

1）防治葡萄霜霉病，可用本剂120～150kg+代森锰锌1～1.3g/L喷雾。

2）防治观赏植物丝囊霉菌和花烟草霜霉病，可用200～250mg+代森锰锌1.6～1.95g/L喷雾。

6. 甲呋酰胺

（1）通用名称：甲呋酰胺、ofurace（BSI，ISO，ANSI）。

（2）化学名称：（±）-a-2-氯-N-2，6-二甲苯基乙酰氨基-γ-丁内酯；2-氯-N（2，6-二甲基苯基）-N-（四氢-2-氧代-3-呋喃基）乙酰胺；DL-3［N-氯乙酰基-N-（2，6-二甲基苯基）氨基］-γ-丁内酯。

（3）毒性：低毒，对兔皮肤有轻微刺激，对眼睛有严重刺激作用。

（4）作用方式：本品为内吸性双向传导杀菌剂，主要是抑制孢子的萌发和阻碍菌丝的形成。

（5）产品剂型：50%百德福可湿性粉剂（含甲呋酰胺和代森锰锌2种有效成分）。

（6）实用技术：

1）防治龙血树疫病、醉蝶花霜霉病、白鹤芋疫病、瓜类皮椒草根颈腐病、丽穗凤梨心腐病、大花君子兰疫病、大野芋疫病，可用70%百德福可湿性粉剂600倍液，10d喷1次，共喷2~3次。

2）防治斑马姬凤梨疫病、金边凤梨心腐病，可喷洒70%百德福可湿性粉剂500～700倍液。

3）防治扶桑疫腐病，可于发病后喷洒70%百德福可湿性粉剂700倍液。

4）防治由腐霉菌引起的沤根，可喷淋70%百德福可湿性粉剂600倍液。

5）防治葡萄霜霉病和茄类晚疫病，在病害初期可用500~700倍液喷雾，以后间隔7~10d用药1次，效果最佳。

二、烯酰吗啉和氟吗啉

烯酰吗啉和氟吗啉属肉桂酸衍生物，作用机制是干扰细胞壁的形成及抑制孢子萌发，对霜霉属、疫霉属等卵菌引起的病害有特效，对早熟禾类白粉病等没有作用效果。

1. 烯酰吗啉

（1）通用名称：烯酰吗啉、dimethomorph。

（2）化学名称：（E，Z）-4-［3-（4-氯苯基）3-（3，4-二甲氧基苯基）丙烯酰］吗啉。

（3）毒性：低毒。

（4）作用方式：本品是一种具有强内吸性的肉桂酸衍生物杀菌剂，具有保护、治疗和抗孢子活性作用，主要是干扰破坏细胞壁的形成，引起孢子囊壁的分解，使菌体死亡。

（5）产品剂型：20%烯酰吗啉悬浮剂（品克）、30%烯酰吗啉可湿性粉剂、69%安克锰锌可湿性粉剂、69%安克锰锌水分散粒剂、50%可湿性粉剂（安克、科克）、50%金科克高悬浮率可湿性粉剂、50%烯酰吗啉水分散粒剂、55%烯酰吗啉-福可湿性粉剂、20%干悬浮剂、69%烯酰吗啉（心喜）、80%烯酰吗啉（运城绿康）、爱诺易得施可湿粉剂、霜疫必克可湿粉剂、100~180g/L乳油、25%烯酰吗啉可湿性粉剂（宝标）。

（6）实用技术：

1）防治作物苗期病害，可于发病初期用50%烯酰吗啉水分散粒剂600倍液喷雾。

2）防治兰花疫病，可于发病初期喷洒或浇灌60%安克可湿性粉剂800倍液。

3）防治瓜类霜霉病，十字花科霜霉病，观赏椒疫病，葡萄霜霉病，花烟草黑胫病，可在发病之前或发病初期喷洒60%安克可湿性粉剂500~600倍液，每隔7~10d喷1次，连喷3~4次。

4）50%金科克在葡萄上施用4 000~4 500倍液，或4 500倍液与保护剂混合施用，均匀周到喷药；发病严重时，3 000倍液与保护剂混合施用；在连续下雨天气的雨水间歇期，施用1 000~1 500倍液喷雾（带雨水或露水喷雾），作为特殊天气条件下的紧急措施。

5）用30%烯酰吗啉防治瓜类霜霉病、观赏椒疫病、葡萄霜霉病、烟草黑胫病、十字花科温室花卉霜霉病、荔枝霜疫霉病等，可用10 000~15 000倍液喷雾。

2. 安克·锰锌

（1）通用名称：烯酰吗啉+代森锰锌、dimethomorph+ mancozeb。

（2）化学名称：（E，Z）4-［3-（4-氯苯基）-3-（3，4-二甲氧基苯基）丙烯酰］吗（E/Z=2. 63/2. 73）+代森锰和锌离子配位化合物。

（3）毒性：低毒，对眼有轻微刺激。

（4）作用方式：本品是一种具有较强内吸性的肉桂酸衍生物杀菌剂，具有保护、治疗和抗孢子活性作用，主要是干扰破坏细胞壁的形成，引起孢子囊壁的分解，使菌体死亡。

（5）产品剂型：69%安克锰锌可湿性粉剂，69%安克锰锌水分散粒剂，69%烯酰锰锌可湿性粉剂（有效成分：9%烯酰吗啉+60%代森锰锌），50%可湿性粉剂。

（6）实用技术：

1）防治大岩桐、非洲紫罗兰、大野芋、大花君子兰、斑马

姬凤梨、白鹤芋疫病，丽穗凤梨心腐病，可于发病初期或雨季到来后喷洒69%安克·锰锌可湿性粉剂800倍液。

2）防治西瓜皮椒草根颈腐病，可用69%安克·锰锌可湿性粉剂1 000倍液于发病初期喷洒。

3）防治吊兰、紫叶草等根腐病及扶桑疫腐病、变叶木根腐病，防治发生沤根或根腐、由疫霉菌引起的基腐病或由腐霉菌引起的茎腐病或根腐病，可用69%安克锰锌可湿性粉剂800倍液喷淋。

4）防治由隐地疫霉引起的根腐病、散尾葵芽腐病，可于发病初期喷洒69%安克锰锌可湿性粉剂800倍液。

5）防治红花猝倒病，于发病初开始喷69%可湿性粉剂1 000倍液，7~10天喷1次，共2~3次。

6）用于早熟禾、黑麦草、高羊茅、剪股颖、狗牙根、结缕草等多种草坪防治腐霉枯萎病等病害，可于发病初期用69%可湿性粉剂对水稀释600~800倍液喷雾；发病盛期对水稀释600倍液喷雾或灌根。

7）防治观赏椒疫病、葡萄霜霉病、烟草黑胫病、荔枝霜疫霉病，可于发病初期喷洒69%安克锰锌可湿性粉剂800倍液。

3. 氟吗啉

（1）通用名称：氟吗啉、flumorph。

（2）化学名称：4-［3-（3，4-二甲氧基苯基）-3-（4-氟苯基）丙烯酰］吗啉。

（3）毒性：低毒。

（4）作用方式：本品具有良好的内吸、保护和治疗活性。其治疗作用和抑制孢子萌发作用优于烯酰吗啉。

（5）产品剂型：20%可湿性粉剂。

（6）实用技术：

1）施用浓度为50~200mg/L。作为保护剂使用，浓度为50~

100mg/L；作为治疗剂使用，浓度为 100~200mg/L。

2）防治温室花卉霜霉病可用 20%可湿性粉剂按 75~150g/hm^{2}或 25%氟吗·唑菌酯悬浮剂 100~200g/hm^2 喷雾。

（7）注意事项：勿与铜制剂或碱性药剂混用。

三、羧酰苯胺类

以氧硫杂环二烯为主，还有噻吩、噻唑、呋喃、吡唑、苯基等衍生物，该类杀菌剂的主要作用部位是线粒体呼吸电子传递链中从琥珀酸到辅酶 Q 之间的氧化还原体系，即复合体Ⅱ。

1. 噻氟菌胺

（1）通用名称：噻氟菌胺、thifluzamide。

（2）化学名称：2′，6′-二溴-2-甲基-4′-三氟甲氧基-4-三氟甲基-1，3-噻唑-5-甲酰胺。

（3）毒性：低毒。

（4）作用方式：属噻唑酰胺类琥珀酸酯脱氢酶抑制剂、广谱内吸传导性杀菌剂，通过抑制琥珀酸酯脱氢酶的合成起作用。

（5）产品剂型：25%可湿性粉剂、20%悬浮剂、50%悬浮剂、0. 85%干粉剂、15%种衣剂。

（6）实用技术：

1）用于棕榈类植物等禾谷类作物和草坪等茎叶处理，使用剂量为 125~250g（a. i.）/hm^2。

2）防治白绢病和冠腐病，可按每亩用 4. 6~18. 69 g（a. i.）施用。早期施药 1 次可以抑制整个生育期的白绢病，若于晚期施药需多次施药才可奏效。

3）该药对立枯丝核菌引起的草坪褐斑病有很好防效。防治观赏棉苗期立枯丝核菌与溃疡病菌共同引起的立枯病，与五氯硝基苯相比不仅效果好，而且用量仅为 1/5~1/3。

2. 氟酰胺

（1）通用名称：氟酰胺、flutolanil（SIO，BSI）。

（2）化学名称：N-［3-（1-甲基乙氧基）苯基］-2-（三氟甲基）苯甲酰胺。

（3）毒性：低毒，对兔眼睛有轻微刺激性。

（4）作用方式：是一种具有保护和治疗活性的羧酰苯胺类内吸性杀菌剂，是呼吸作用于电子传递链中的琥珀酸脱氢酶抑制剂，作用于复合体Ⅱ中的一种固膜蛋白。

（5）产品剂型：20%、25%、50%可湿性粉剂（福多宁），1.5%粉剂，20%胶悬剂。

（6）实用技术：

1）防治日本梨锈病、温室花卉幼苗立枯病等，每亩用20%可湿性粉剂100~125g对水75kg喷雾。

2）防治兰花白绢病可用50%可湿性粉剂3 000倍灌根。

3）防治草坪褐斑病可用20%可湿性粉剂270~335g/hm^2喷雾。

3. 萎锈灵

（1）通用名称：萎锈灵，carboxin。

（2）化学名称：5，6-二氢-3-甲基-1，4-氧硫杂芑-2-甲酰替苯胺。

（3）毒性：低毒。

（4）作用方式：是一种具有内吸作用的杂环类杀菌剂。其影响呼吸链电子传递，作用于琥珀酸到辅酶Q之间的还原酶系的特定部位—非血红铁硫蛋白组分。

（5）产品剂型：20%萎锈灵乳油，25%可湿性粉剂。

（6）实用技术：

1）防治芍药锈病，可用20%萎锈灵乳油或25%可湿性粉剂500倍液。

2）防治鸢尾锈病、唐菖蒲锈病，可于发病初期喷20%萎锈灵乳油400倍液。

3）防治萱草、贴梗海棠、大花美人蕉、月季锈病，可于发病初期喷洒20%萎锈灵乳油400倍液，每10~15d喷1次，连续喷2次。

4）防治茶花饼病，可于此病流行期间喷洒20%萎锈灵乳油1 000倍液，间隔7~10d喷1次，连续防治2~3次。

（7）注意事项：不能与酸性药剂混用。

4. 氧化萎锈灵

（1）通用名称：氧化萎锈灵、Oxycarboxin。

（2）化学名称：2，3-二氢-6-甲基-5-苯基氨基甲酰-1，4-氧硫杂芑-4，4-二氧化物。

（3）毒性：低毒。

（4）作用方式：同萎锈灵。

（5）产品剂型：75%可湿性粉剂。

（6）实用技术：

1）氧化萎锈灵拌种用有效成分0.33g/kg种子，几乎可完全铲除麦类秆黑粉病菌。

2）防治花卉锈病可于新叶展开后喷75%氧化萎锈灵3 000倍液。

四、新型吡唑酰胺类化合物

吡唑甲酰胺类化合物含有吡唑基和酰胺基两种高活性的结构，吡唑环上的4个取代位点使其具有结构多样性，使其具有不同活性。与三唑类及丙烯甲酰胺类杀菌剂具有类似的杀菌谱。

1. 吡噻菌胺

（1）通用名称：吡噻菌胺，Penthiopyrad。

（2）化学名称：（RS）-N-［2-（1，3-二甲基丁基）-3-噻酚基］-1-甲基-3-（三氟甲基）-1H-吡唑-4-甲酰胺。

（3）毒性：低毒。

（4）作用方式：是吡唑酰胺类呼吸抑制类杀菌剂。

（5）产品剂型：20%、15%悬浮剂。

（6）实用技术：该药剂通常使用的有效成分剂量为100~200g/hm^2。其被广泛应用于果树、蔬菜、草坪等众多作物，防治锈病、菌核病、灰霉病、霜霉病、苹果黑星病和白粉病。

2. 氟吡菌胺

（1）通用名称：氟吡菌胺、fluopicolide。

（2）化学名称：2，6-二氯-N-［（3-氯-5-三氟甲基-2-吡啶基）甲基］苯甲酰胺。

（3）毒性：低毒。

（4）作用方式：是吡唑酰胺类广谱杀菌剂。通过抑制真菌线粒体中的琥珀酸的氧化作用，从而避免立枯丝核菌丝体分离，而对真菌线粒体还原型烟酰胺腺嘌呤二核苷酸（NADH）的氧化作用无影响。对担子菌纲的大多数病菌如白绢病等有特效。对卵菌纲真菌病菌也有很高的生物活性。该药具有保护和治疗作用及较强的渗透性。

（5）产品剂型：687.5g/L氟吡菌胺·霜霉悬浮剂（银法利）。

（6）实用技术：防治温室花卉卵菌纲病害，按618.8~773.4g/hm^2（折成该悬浮剂商品制剂60~75g/亩）药量，加水稀释后于发病初期叶面喷雾。

五、其他酰胺类杀菌剂

1. 氟啶胺

（1）通用名称：氟啶胺、boscalid。

(2) 化学名称：2-氯-N-(4′-氯联苯-2一基)烟酰胺。

(3) 毒性：低毒。

(4) 作用方式：为苯胺类线粒体氧化磷酰化解耦联杀菌剂，具有保护、治疗作用。通过阻断病菌能量（ATP）的形成，从而使病菌死亡。

(5) 产品剂型：0.5%可湿性粉剂，50%悬浮剂，50%水分散粒剂。

(6) 实用技术：

1) 防治白纹羽病和紫纹羽病，可围绕着树干挖一个半径为50~100cm，深度为30cm的坑，移去坏死的根和根表面的菌丝，再在坑中灌入50~100L氟啶胺1 000mg/L稀释液，并培入足量的土壤与之混匀。

2) 以50~100g（a. i.）/L剂量可防治由灰葡萄孢引起的病害，防治园林植物灰霉病、菌核病、疮痂病可用50%悬浮剂1 000~1 500倍液喷雾。

3) 防治苹果树斑点落叶病、疮痂病、黑斑病、褐斑病，防治梨污点病、白斑病、斑点病、环腐病，防治山楂白根霉病、灰色叶斑病，可用50%悬浮剂2 000~2 500倍液叶面喷雾；防治苹果树环腐病、花腐病可用50%悬浮剂2 000倍液喷雾。

4) 防治桃树褐霉病，葡萄熟腐病、炭疽病、茎瘤病、霜霉病、灰霉病可用50%悬浮剂2 000倍液于花期叶面施用。

2. 霜脲氰

(1) 通用名称：霜脲氰、cymoxanil。

(2) 化学名称：1-(2-氰基-2-甲氧基亚氨基)-3-乙基脲；2-氰基-N-[(乙氨基)羰基]-2-(甲氧基亚氨基)乙酰胺。

(3) 毒性：低毒，对眼睛有轻微刺激作用。

(4) 作用方式：本品为取代脲类具有局部内吸作用的广谱

性杀菌剂。有抑制病菌产孢和孢子侵染的能力。

（5）产品剂型：72%霜脲氰锰锌可湿性粉剂（克绝锰锌，8%霜脲氰+64%代森锰），72%Curzate-M_8 可湿性粉剂（克露）。

（6）实用技术：

1）防治温室花卉霜霉病、茄类或马铃薯晚疫病，瓜类猝倒病，可用72%可湿性粉剂600~750倍液喷雾。

2）防治红花猝倒病、百合疫病，可喷72%可湿性粉剂700~1 000倍液。

3）防治葡萄霜霉病喷72%可湿性粉剂500~700倍液，每7~10d喷1次。

3. 双炔酰菌胺

（1）通用名称：双炔酰菌胺、mandipropamid。

（2）化学名称：（RS）-N-2-（4-氯苯基）-N-［2-（3-甲氧基-4-丙炔-2-基氧基苯基）乙基］-2-丙炔-2-基氧基乙酰胺。

（3）毒性：低毒。

（4）作用方式：本品是酰胺类杀菌剂。通过干扰致病真菌的磷脂和细胞壁沉积物生物合成，达到抑制孢子的萌发、形成和菌丝体的生长。具有预防、治疗及抗产孢活性作用。

（5）产品剂型：25%双炔酰菌胺悬浮剂（瑞凡）。

（6）实用技术：用于防治瓜类疫病、观赏椒疫病晚疫病和荔枝霜疫霉病等，用25%双炔酰菌胺悬浮剂1 800~2 500倍液喷雾防治。

4. 苯酰菌胺

（1）通用名称：苯酰菌胺、zoxamide。

（2）化学名称：（RS）-3，5-二氯-N-（3-氯-1-乙基-1-甲基-2-氧代丙基）对甲基苯甲酰胺。

（3）毒性：低毒。

(4) 作用方式：本品是一种作用机制不同于其他卵菌纲杀菌剂的高效保护性杀菌剂，是通过微管蛋白β-亚基的结合和微管细胞骨架的破裂来抑制菌核分裂。

(5) 产品剂型：24%悬浮剂、80%可湿性粉剂。

(6) 实用技术：主要用于茎叶处理，使用剂量为100~250g (a. i.) /hm^2。宜在发病前使用，用药间隔时间通常为7~10d。实际应用时常和代森锰锌以及其他杀菌剂混配使用，不仅扩大杀菌谱，而且可提高药效。

5. 硅噻菌胺

(1) 通用名称：硅噻菌胺、silthiopham。

(2) 化学名称：N-烯丙基-4，5-二甲基-2-（三甲基硅烷基）噻吩-3-甲酰胺。

(3) 毒性：低毒。

(4) 作用方式：本品是含硅的噻吩酰胺类具有良好的内吸、保护和治疗作用的杀菌剂，作用机制可能是ATP能量抑制剂。

(5) 产品剂型：12.5%硅噻菌胺悬浮剂（全蚀净），20%、25%可湿性粉剂。

(6) 实用技术：防治葡萄霜霉病、晚疫病，瓜类霜霉病，用100~250g (a. i.) /hm^2 对水喷雾。防治麦类全蚀病，使用剂量为5~40g/kg种子拌种。

6. 噻酰菌胺

(1) 通用名称：噻酰菌胺、tradinil。

(2) 化学名称：3′-氯-4，4′-二甲基-1，2，3-噻二唑-5-甲酰苯胺。

(3) 毒性：低毒。

(4) 作用特点方式：本品为内吸性杀菌剂，可通过根部吸收迅速传导到其他部位。主要是阻止病菌菌丝侵入邻近的健康细胞，并能诱导产生抗病基因。

（5）产品剂型：6%颗粒剂、24%悬浮剂、80%可湿性粉剂。

（6）实用技术：用于防治园林植物白粉病、锈病、晚疫病或疫病、霜霉病等，按 100～250g（a. i.）/hm^2 对水喷雾。

7. 氟啶酰菌胺

（1）通用名称：氟啶酰菌胺、Fluopicolide。

（2）化学名称：2，6-二氯-N-｛［3-氯-5-（三氟甲基）-2-吡啶］甲基｝苯甲酰胺。

（3）毒性：低毒。

（4）作用方式：本品为新型酰胺类内吸性杀菌剂，可抑制孢子形成和菌丝体的生长。

（6）实用技术：用于葡萄和园艺作物防治卵菌纲病害。

8. 环丙酰菌胺

（1）通用名称：环丙酰菌胺或加普胺，Cyclopropanesulfonamide、Carpropamid。

（2）化学名称：2，2-二氯-N-［1-（4-氯苯基）乙基］-1-乙基-3-甲基环丙羧酸酰胺。

（3）毒性：低毒。

（4）作用方式：本品是一种环丙烷羧酰胺内吸、保护性杀菌剂。无杀菌活性，不抑制病原菌丝的生长，以预防为主，治疗活性较弱。

（5）产品剂型：30%悬浮剂。

（6）实用技术：常作种子、育苗箱处理剂。主要用于防治纹枯病，用药量为 75～400g/hm^2，在育苗箱中应用剂量为 400g（a. i.）/hm^2，茎叶处理剂量为 75～150g（a. i.）/hm^2，种子处理剂量为 300～400g（a. i.）/1 000kg 种子。

9. 环酰菌胺

（1）通用名称：环酰菌、Fenhexamid。

（2）化学名称：N-（2，3-二氯-4-羟基苯基）-1-甲基环

己烷甲酰胺。

（3）毒性：低毒。

（4）作用方式：本品为内吸、保护性杀菌剂。与现有杀菌剂不同，无杀菌活性，不抑制病原菌菌丝的生长。

（5）产品剂型：50%水分散粒剂、50%悬浮剂、50%可湿性粉剂。

（6）实用技术：适宜葡萄、草莓、柑橘、蔬菜等。对作物、人类、环境安全，是理想的治理用药。

第九章　氨基甲酸酯类杀菌剂

氨基甲酸酯类杀菌剂是高效、低毒、易被生物全部降解利用的内吸性杀菌剂，其化学结构母体为氨基甲酸，如缬氨酰胺、N-磺酰代、苯基取代、萘基取代缬氨酸衍生物以及N-环丙基羰基氨基酸酰胺、N-（2-氯代异烟肼）氨基酸酰胺等。该类杀菌剂通过影响氨基酸的代谢，抑制孢子囊芽管的生长、菌丝体的生长和芽孢的形成，从而达到对作物的保护、治疗作用。除乙霉威外均是防治卵菌纲病害的药剂。

1. 霜霉威

（1）通用名称：霜霉威、霜霉威盐酸盐，propamocarb。

（2）化学名称：N-［3-（二甲基氨基）丙基］氨基甲酸丙酯盐酸盐。

（3）毒性：低毒，对天敌及有益生物无害。

（4）作用方式：本品是一种低毒、高效、安全的内吸传导性脂肪族类氨基甲酸酯类广谱杀菌剂。通过抑制病原菌细胞膜成分的磷脂和脂肪酸的生物合成，抑制菌丝生长、孢子囊的形成和孢子萌发。

（5）产品剂型：35%、36%、40%、66.5%、72.2%、81.8%水剂，72%盐酸盐可溶性水剂，72.2%水溶性液剂，30%高渗水剂，50%热雾剂。

（6）实用技术：

1）防治霜霉病、疫病等在发病前或初期，每亩用72.2%水剂60~100mL加30~50L水喷雾，每隔7~10d喷药1次。

2）防治瓜类猝倒病、疫病，在病害发生前，按每平方米苗床用66.5%水剂7mL，加适量水，进行床面喷淋。防治瓜类霜霉病、甜椒疫病，在发病前或病害发生初期，用66.5%水剂0.9~1.5L/hm^2对水喷雾，或用72.2%水剂900~1 500mL/hm^2加675~750kg水喷雾，间隔7~10d喷药1次。

3）防治红花猝倒病，于出苗后发病前喷72.2%水剂500倍液。

4）防治大岩桐疫病，于雨季到来后或发病初期喷洒72.2%水剂600倍液。

5）防治鸡冠花立枯病与猝倒病混合发生病害可喷洒72.2%水剂800倍液加50%福美双可湿性粉剂800倍液。

6）防治葡萄霜霉病、草莓疫病，可用66.5%水剂600~800倍液喷雾。

7）防治温室花卉苗期猝倒病、立枯病和疫病，播种前、播种后或移栽前，用72.2%水剂5~7.5mL/m^2加水2~3kg，稀释后喷淋苗床；或在播种前或移栽前，用66.5%水剂400~600倍液浇灌苗床，出苗后发病，可用66.5%水剂600~800倍液喷淋或灌根，每7~10d喷1次，连施2~3次。

2. 乙霉威

（1）通用名称：乙霉威、diethofencarb（PSI，ISO-E）。

（2）化学名称：3，4-二乙氧苯基氨基甲酸异丙酯。

（3）毒性：低毒。

（4）作用方式：本品是具有保护和治疗作用的广谱内吸性杀菌剂，在胚芽管中抑制灰霉菌细胞分裂及芽孢纺锤体的形成，可与病菌的细胞纺锤丝的变异氨基酸结合。

(5) 产品剂型：66%、65%可湿粉剂，6.5%粉剂。

(6) 实用技术：

1) 如防治瓜类灰霉病、茎腐病，可用12.5mg（a.i.）/L喷雾。

2) 防治温室花卉等灰霉病、叶霉病、黑星病，从发病初期始，可用65%可湿性粉剂800～1 250倍液喷雾，间隔10d喷1次，共喷3次。

3) 防治茄果类灰霉病可用65%可湿性粉剂每公顷1 200～1 875g，对水750kg喷雾，每隔10d喷1次。

(7) 注意事项：不能与铜制剂及酸碱性较强的农药混用。最好与腐霉利交替使用，以免诱发抗性产生。

3. 异丙菌胺

(1) 通用名称：异丙菌胺，缬霉威，iprovalicarb。

(2) 化学名称：2-甲基-1-［（1-对甲基苯基乙基）氨基甲酰基］-（S）-丙基氨基甲酸异丙酯。

(3) 毒性：低毒。

(4) 作用方式：本品通过影响氨基酸的代谢，抑制孢子囊胚芽管的生长、菌丝体的生长和芽孢形成，从而发挥对作物的保护、治疗作用。

(5) 产品剂型：95%原药。

(6) 实用技术：

1) 防治葡萄霜霉病使用剂量为120～150g（a.i.）/hm^2。

2) 防治茄类晚疫病、瓜类霜霉病、烟草黑胫病使用剂量为180～220g（a.i.）/hm^2。

4. 菌毒清

(1) 通用名称：菌毒清、Dioctyl divinyltriamino glycine。

(2) 化学名称：二［辛基胺乙基］甘氨酸盐。

(3) 毒性：低毒，对有些人可能有皮肤发红等过敏现象。

（4）作用方式：本品属甘氨酸类复合杀菌剂、杀病毒剂，是一种内吸渗透性杀菌剂，通过凝固病菌蛋白质，破坏病菌细胞膜，抑制病菌呼吸和酵素菌活动，使病菌酶系统变性而起抑菌和杀菌作用。

（5）产品剂型：5%水剂，20%可湿性粉剂。

（6）实用技术：

1）防治果树根部病害如由紫纹羽病、白纹羽病及镰刀菌引起的根病，可在春季果树萌芽期和 7 月用 5%菌毒清 200～300 倍液灌根，能控制病害发展。

2）防治苹果树腐烂病，可用刀在病疤周围深划一长椭圆圈，在中部交叉划数刀，深达健康组织或木质部，再用 5%水剂 50～100 倍液涂刷病疤使其渗透于发病部位，每块病疤涂药液 10～15mL。为防病害传染，在修剪后或冬春季节，亦可在早春果树发芽前用 5%水剂 100～200 倍液喷洒树体枝干，药液用量控制在滴水程度，可铲除苹果树腐烂病、干腐病、轮纹病，桃流胶病侵入枝干内的病菌。为防止腐烂病等枝干病害复发，可用 5%菌毒清水剂 30～50 倍液，在刮治后的病斑上涂抹 2 次（间隔 7～10d），可促进伤口愈合。

3）防治柑橘流胶病、脚腐病、树脂病，枇杷枝干腐烂病等，用刀刮除病皮，再用 5%水剂 50～100 倍液涂抹病斑；防治瓜类枯萎病，于移栽缓苗后对发病植株用 5%水剂 400 倍液灌根。

4）防治君子兰、仙客来、仙人掌、令箭荷花、虎皮兰、万年青和鸢尾等花卉细菌性软腐病，可于发病初期喷 5%水剂 400 倍液。

5）防治茄类和观赏椒的病毒病，西葫芦的花叶病、病毒病，菊花、百合等的病毒病，在初发病时用 5%菌毒清水剂 200～300 倍液喷雾。

（7）注意事项：不宜和其他农药混用，特别不能与高锰酸

钾混用。

5. 辛菌胺

（1）通用名称：辛菌胺醋酸盐。

（2）化学名称：N，N-二正辛基二乙烯三胺三醋酸盐。

（3）毒性：低毒。

（4）作用方式：本品是一种具有极强渗透性的环保型氨基酸类高分子聚合物广谱杀菌剂，具有双向输导作用。辛菌胺其杀菌机制是在水溶液中能产生电离，其亲水基部分含有强烈的正电性，吸附通常呈负电的各类细菌、病毒，从而抑制了细菌、病毒的繁殖，凝固病菌蛋白质，使病菌酶系统变性，加上聚合物形成的薄膜堵塞了这部分微生物的离子通道，使其立即窒息死亡，从而达到最佳的杀菌效果。

（5）产品剂型：30%、40%辛菌胺母液，5%辛菌胺，1.2%、1.26%、1.8%、1.9%辛菌胺醋酸盐水剂。

（6）实用技术：

1）防治细菌、病毒引起的病害可用1.8%辛菌胺1 000倍液喷雾。

2）防治林木腐烂病可用1.2%、1.26%水剂，或1.8%水剂按500~1 000mg/kg涂抹或喷雾。

3）对枝干有冻伤的树体，可在冻伤部位用刀或锯轻轻划道后涂抹“辛菌胺”，以促进伤口愈合，防止腐烂病、干腐病菌的侵染。

6. 苯噻菌胺

（1）通用名称：苯噻菌胺，benthiavalicarb-isopropyl。

（2）化学名称：{[（6-氟苯并噻唑-2-基）-乙基氨基甲酰基]-2-甲基丙基}氨基甲酸异丙酯。

（3）毒性：低毒。

（4）作用方式：本品具有预防、治疗、渗透活性，对卵菌

纲真菌病有很好的活性，可抑制孢子囊的形成、萌发，但对游动孢子的释放和游动孢子的移动没有作用。

（5）产品剂型：Swing Gold 胶悬剂（133g/L 醚菌胺+氟环唑 50g/L）。

（6）实用技术：防治茄类的晚疫病、葡萄和其他作物的霜霉病，可用25~75g（a. i.）/hm^2。

（7）注意事项：为达广谱活性和低残留，可将苯噻菌胺与其他杀菌剂配成混剂施用。苯噻菌胺按规定的剂量施药对植物不产生毒性。可与代森锰锌和灭菌丹等制成混剂。

第十章　酰亚胺类杀菌剂

酰亚胺类杀菌剂是化学结构中含有酰亚胺结构的有机化合物。有环状亚胺类（如克菌丹、灭菌丹、敌菌丹、灭菌磷）和二甲酰亚胺类（如乙烯菌核利、异菌脲、腐霉利等）杀菌剂，后者在结构上均具有N，3，5-二氯苯基，并具有内吸活性，对由核盘菌属、链核盘菌属、小核菌属菌引起的苹果、梨、枫树、球根类的菌核病，以及由葡萄孢属菌引起的果实、瓜类、茄类、豌豆、玉蜀黍等的灰霉病有防效。前者内吸活性小，主要用来杀灭种子上病原菌和叶面病原菌。还可用来防治茄类叶和果实的病害枯萎病等。

一、二甲酰亚胺类杀菌剂

1. 腐霉利

（1）通用名称：速克灵，procymidone。

（2）化学名称：N-（3，5二氯苯基）-1，2-二甲基环丙烷-1，2-二羰基亚胺。

（3）毒性：低毒。

（4）作用方式：本品是一种接触性具有保护、治疗作用的弱内吸性杀菌剂，其对孢子萌发抑制作用强于对菌丝生长的抑制，对在低温、高湿条件下发生的灰霉病、菌核病有较好的防效。

（5）产品剂型：50%可湿性粉剂，20%悬浮剂，10%、15%烟剂。

（6）实用技术：

1）防治由核盘菌和灰葡萄孢菌引起的灰霉病、菌核病等病害，一般在发病初期，用50%速克灵可湿性粉剂495～750g/hm^{2}加水750kg喷雾，隔7～10d喷1次，共喷2～3次。

2）防治大虎纹凤梨链格孢叶斑病、扶桑黑斑病，可于发病初期喷50%速克灵可湿性粉剂1 500倍液，每7～15d喷1次，共2～3次。

3）防治百合叶枯病，枸杞霉斑病，落葵紫斑病，葡萄、草莓灰霉病，苹果斑点落叶病，枇杷花腐病等，于发病初期开始喷50%可湿性粉剂1 000～1 500倍液，每7d喷1次，连喷2～3次。

4）防治苹果、桃、樱桃褐腐病，于发病初期开始喷50%可湿性粉剂1 000～2 000倍液，每10d喷1次，共2～3次。

5）防治柑橘灰霉病，在开花前喷50%可湿性粉剂2 000～3 000倍液。

6）防治十字花科、菊科、豆科、茄科等花卉的菌核病，在刚发现中心病株时喷50%可湿性粉剂1 000倍液，重点喷植株中下部及地面。

7）防治保护地灰霉病可用灰核灵250～350g/667m^{2}点燃放烟。

（7）注意事项：该药不宜与碱性药剂混用，也不宜与有机磷农药混用。宜在发病前或发病初期使用。

2. 乙烯菌核利

（1）通用名称：乙烯菌核利，vinclozolin（BSI，ISO，JMAF），vinclozoline（ISO）。

（2）化学名称：3-（3，5-二氯苯基）-5-甲基-5-乙烯基-1，3-噁唑烷-2，4-二酮。

（3）毒性：低毒。

（4）作用方式：本品具有预防和治疗作用，主要是干扰细胞核功能，并对细胞膜和细胞壁有影响，改变膜的渗透性，使细胞破裂。

（5）产品剂型：50%农利灵水分散粒剂，50%、75%可湿性粉剂，50%干悬浮剂。

（6）实用技术：

1）防治花卉灰霉病，在发病初期用50%可湿性粉剂500倍液喷雾，每次间隔7～10d，共喷药3～4次。

2）防治长春花灰霉病，可用50%可湿性粉剂1 000倍液。

3）防治一品红灰霉病，可于发病初喷洒50%农利灵可湿性粉剂1 200倍液。

4）防治葡萄、草莓灰霉病，桃和樱桃褐斑病，苹果花腐病，可于发病时开始喷50%可湿性粉剂1 000～1 500倍液，间隔7～10d喷1次，连喷3～4次。

5）防治向日葵菌核病、茎腐病，可用50%可湿性粉剂按12g/kg种子拌种。在花期可用50%可湿性粉剂1 500倍液喷雾。

6）防治茄类、观赏椒、菜豆、观赏茄的灰霉病、菌核病，葫芦科温室花卉的灰霉病、茎腐病等，每亩用50%可湿性粉剂75～100g对水50kg喷雾。

3. 菌核利

（1）通用名称：菌核利，dichlozoline（ISO，BSI，JMAF）。

（2）化学名称：3-（3，5-二氯苯基）-5，5-二甲基-1，3-噁唑啉-2，4-二酮。

（3）毒性：低毒。

（4）作用方式：本品通过抑制侵入植株组织的菌丝体的生长发育而起作用，具有保护杀菌作用。

（5）产品剂型：20%、30%可湿性粉剂，90%烟雾剂。

（6）实用技术：防治茄类和葡萄的菌核病、灰霉病、灰星病、立枯病，可用20%可湿性粉剂600倍液或30%可湿性粉剂1 000倍液喷雾，还可用上述药剂加细土、草木灰等，在有露水时撒施。在使用该药时避免和碱性强的农药混用。

4. 异菌脲

（1）通用名称：异菌脲咪唑霉，iprodione（ISO，ANSI，BSI）。

（2）化学名称：3-（3，5-二氯苯基）-1-异丙基氨基甲酰基乙内酰脲，或3-（3，5-二氯苯基）-N-异丙基-2，4-二氧代咪唑啉-1-羧酰胺。

（3）毒性：低毒。

（4）作用方式：本品是一种具触杀、保护和治疗作用的广谱性杀菌剂，主要是抑制细胞蛋白激酶，干扰细胞内碳水化合物正常进入细胞组分。

（5）产品剂型：50%可湿性粉剂，25%、25.5%、50%悬浮剂，25.5%油悬剂，10%高渗乳油，50%可溶性粉剂等。

（6）实用技术：

1）防治园林植物灰霉病，芍药叶斑病、合果芋叶斑病、大虎纹凤梨链格孢叶斑病、春羽黑斑病、喜林芋类轮斑病及黑斑病，可用50%可湿性粉剂1 000倍液，隔7d喷1次，共喷2~3次。

2）防治四季秋海棠及球根秋海棠灰霉病，可用50%可湿性粉剂1 200倍液于发病后及时喷治。防治秋海棠褐斑病可于发病初期及早期喷50%可湿性粉剂1 500倍液，每10d喷1次，共2~3次。

3）防治金边瑞香灰霉病、扶桑黑斑病、含笑链格孢叶斑病、龙血树或金边富贵竹链格孢叶斑病、金边瑞香黑斑病、天竺葵黑斑病及灰霉病，可喷洒50%可湿性粉剂1 000倍液，每10d喷1次，共喷2~3次。

4）防治白兰黑斑病、鹅掌柴褐斑病、肉桂（平安树）链格

孢黑枯病、肉桂叶斑病、桂花链格孢叶斑病，可于发病前或发病初期喷洒50%可湿性粉剂1 000倍液。

5）防治广玉兰链格孢灰斑病、苹果树斑点落叶病、轮纹病、褐斑病，梨黑斑病，柑橘疮痂病，以及佛手菌核病、百合和肉桂的叶枯病、海芋白绢病，可于发病初期喷洒50%可湿性粉剂1 000~1 500倍液，隔10d喷1次，防治3~4次。

6）防治核果果树花腐病、灰星病、灰霉病等用50%可湿性粉剂1 000~1 500mL/hm^2，对水75~100kg于果树始花期和盛花期各喷施1次药。

7）在温室花卉育苗前或在棚室定植前，用50%可湿性粉剂或悬浮剂800倍液进行棚内消毒。在温室花卉生长期，于发病初期开始喷50%可湿性粉剂或悬浮剂1 000~1 500倍液，间隔7~10d喷1次，连喷3~4次。

（7）注意事项：不能与强酸、强碱药剂混用，不能与速克灵、农利灵等作用方式相同的药剂混用。

5. 菌核净

（1）通用名称：菌核净，dimetachlone。

（2）化学名称：N-（3，5-二氯苯基）丁二酰亚胺。

（3）毒性：低毒，对皮肤、眼有刺激作用。

（4）作用方式：本品是一种具有内吸、渗透、治疗作用的杂环广谱性杀菌剂，有内吸、传导双重作用。

（5）产品剂型：2%、3%粉剂，40%、50%可湿性粉剂。

（6）实用技术：

1）防治天竺葵菌核病可于发病前或发病初，用40%菌核净可湿性粉剂500倍液注入。

2）防治油菜菌核病每667m^{2}用40%可湿性粉剂100~150g，加水75~100kg，在油菜盛花期第1次用药，隔7~10d再以相同剂量处理1次，喷于植株中下部。

3）防治棕榈类植物纹枯病，每亩用40%可湿性粉剂200~250g，对水100kg，于发病初期开始喷药，间隔7~10d喷1次，共喷2~3次。

（7）注意事项：遇碱和日光照射易分解，要避免和碱性强的农药混用，应储存于遮光阴凉的地方。

二、环状亚胺类杀菌剂

1. 灭菌丹

（1）通用名称：灭菌丹，folpet。

（2）化学名称：N-（三氯甲硫基）邻苯二甲酰亚胺。

（3）毒性：低毒。

（4）作用方式：本品为一种广谱保护性的有机硫二甲酰亚胺类杀菌剂，具有良好的预防和保护作用。

（5）产品剂型：50%可湿性粉剂。

（6）实用技术：

1）防治早熟禾类白粉病、锈病、赤霉病，烟草炭疽病，棕榈类植物纹枯病等，可用0.2%浓度药液喷雾。

2）防治金花茶赤枯病、白斑病，茶梅轮斑病，可于发病初期喷施25%灭菌丹400倍液。

2. 敌菌丹

（1）通用名称：敌菌丹，captafo。

（2）化学名称：N-四氯乙硫基四氢酞酰亚胺。

（3）毒性：低毒。

（4）作用方式：本品是一种多作用点的广谱杀菌剂。药剂有附在植物表面的能力，不易被雨水冲掉，雨水反而能帮助其散布。

（5）产品剂型：50%、80%可湿性粉剂，40%悬浮剂。

（6）实用技术：

1）防治扶桑、丁香等黑斑病，可在发病前喷洒40%大富丹可湿性粉剂400倍液，隔7~10d喷1次，共2~3次。

2）防治石榴枝孢黑霉病、棕竹细盾霉叶枯病，可于点片发生阶段及时喷洒50%可湿性粉剂500倍液。

3）防治梨黑斑病，可在花期前后及接近果实成熟期用80%可湿性粉剂500倍液喷雾。

4）防治菊花黑斑病、斑点病，可于发病初期喷洒80%可湿性粉剂500倍液，每隔7d喷1次。

5）防治菊花炭疽病，可于发病初期喷洒80%敌菌丹可湿性粉剂800倍液。

第十一章　取代苯类杀菌剂

一、取代苯类保护性杀菌剂

取代苯类杀菌剂化学结构中含有苯环，且苯环上氢原子被其他基团（如$-NO_2$、低级烷基-R、$-NH_2$、-X、-SCN）取代，以百菌清（chlorothalonil）为代表，其主要作用机制在于和含—SH的酶反应，抑制了含—SH 基团酶的活性，特别是磷酸甘油醛脱氢酶的活性。磷酸甘油醛脱氢酶催化糖酵解途径中，从3-磷酸甘油醛到1，3-二磷酸甘油酸的反应。其催化机制是磷酸甘油醛脱氢酶活性位置上半胱氨酸残基的—SH 基是亲核基团，它与醛基作用形成中间产物，可将羟基上的氢移至与酶紧密结合的NAD^+上，从而产生 NADH 和高能硫酯中间产物。NADH 从酶上解离，另外的NAD^+与酶活性中心结合，磷酸攻击硫酯键从而形成1，3-二磷酸甘油。百菌清和该酶的—SH 结合，抑制其活性，中断糖酵解，从而影响 ATP 的生成。此外，百菌清也和含—SH 的谷胱甘肽反应，破坏了谷胱甘肽（谷胱甘肽在菌体内对外源物的解毒反应中有主要作用）。

1. 百菌清

（1）通用名称：百菌清，chlorothalonil。

（2）化学名称：2，4，5，6-四氯-1，3-苯二甲腈。

（3）毒性：低毒，对兔眼结膜和角膜有严重刺激作用，该

药对鱼类毒性较大。

（4）作用方式：本品是一种氯苯酞类非内吸传导性的广谱性杀菌剂，通过与真菌细胞中的3-磷酸甘油醛脱氢酶酶体中的半胱氨酸的蛋白质结合，破坏酶的活力，使真菌细胞的新陈代谢受到破坏而丧失生命力。具有治疗作用和预防作用，但对进入植物体内的病菌作用很小。

（5）产品剂型：40%、50%、60%、75%可湿性粉剂，40%、50%悬浮剂，10%油剂，5%粉剂，2.5%、10%、20%、28%、30%、40%、45%烟剂，75%水分散粒剂，720g/L悬浮剂，5%粉尘剂，2%百菌清，2%代森锰锌混合粉剂。

（6）实用技术：

1）防治天竺葵黑斑病，喜林芋类轮斑病及黑斑病，龙血树、香龙血树、白蝉褐斑病，含笑链格孢黑斑病，以及金边富贵竹链格孢叶斑病、夏威夷椰子茎枯病、冬青卫矛灰斑病、杜鹃花叶枯病，可喷洒40%悬浮剂500倍液，每7~10d喷1次，共2~3次。

2）防治龙血树、香龙血树褐斑病、圆斑病，大茎点霉叶斑病，串珠镰孢叶斑病、疫病，富贵竹褐斑病、叶斑病，铃兰叶枯病，大虎纹凤梨链格孢叶斑病，以及扶桑黑斑病、金边瑞香叶斑病、米兰炭疽病及叶枯病、栀子花丝核菌叶斑病、维奇露兜树叶斑病、酒瓶兰灰斑病、丝兰轮纹斑病，可于发病初期喷洒75%可湿性粉剂600倍液，每10d喷1次，共3~4次。

3）防治女贞叶斑病及褐斑病、百子莲红斑病、兰花叶枯病、兰花同心盾壳霉叶斑病、大野芋圆斑病、凤梨黑霉病，可于发病初喷洒75%可湿性粉剂700倍液。

4）防治由蜜环菌引起的根腐病，可浇灌75%可湿性粉剂700倍液。

5）防治朱顶红紫斑病、扶桑炭疽病，可于叶片长出至开花前定期喷洒75%可湿性粉剂600倍液，每10d喷1次，连续5~6次。

6）防治荷花烂叶病，可于发病初期用75%可湿性粉剂1 000倍液+50%多菌灵可湿性粉剂1 000倍液喷洒。

7）防治十大功劳壳二孢叶斑病、肉桂叶枯病、八角金盘灰斑病、茶花灰斑病、肉桂斑点病，可于发病初期喷洒75%百菌清可湿性粉剂500倍液。

8）防治茶花褐斑病，可于花蕾形成期喷洒75%可湿性粉剂600倍液。防治桂花赤斑病，可从6月下旬开始喷洒40%悬浮剂500倍液。防治桂花壳针孢叶斑病，可喷洒75%达科宁可湿性粉剂800倍液或40%悬浮剂600倍液。防治桂花壳二孢叶斑病、大茎点霉褐斑病、桂花链格孢叶斑病，可喷洒75%可湿性粉剂600倍液。

9）防治鹅掌柴拟盘多毛孢灰斑病、白兰花灰斑病、白兰花盾壳霉叶斑病、广玉兰链格孢叶斑病及灰斑病，可于发病初喷洒75%可湿性粉剂800倍液。防治白兰黑斑病、发财树叶枯病，可于发病前喷洒40%悬浮剂500倍液，每10d喷1次，共3~4次。防治枸杞炭疽病、灰斑病和霉斑病，女贞叶斑病，菊花白粉病，麦冬、萱草、红花、量天尺炭疽病，百合基腐病等，可于发病初期开始喷75%可湿性粉剂500~800倍液，每10d喷1次，共2~3次。防萱草叶枯病、叶斑病，于发病初期及时喷75%可湿性粉剂600~800倍液。

10）防治杉木赤枯病、松枯梢病，喷75%可湿性粉剂600~1 000倍液；防治大叶合欢、相思树、柚木锈病等，用75%可湿性粉剂400倍液喷洒，间隔半个月喷1次，共喷2~3次。

2. 敌磺钠

（1）通用名称：敌磺钠，fenaminosulf（ISO－E，BSI）、phenaminosulf（ISO-F）。

（2）化学名称：对二甲氨基苯重氮磺酸钠。

（3）毒性：中等毒性，对皮肤有刺激作用。

(4) 作用方式：本品有一定内吸渗透作用的重氮磺酸盐土壤有机硫杀菌剂，以保护作用为主，兼具治疗作用，具有强内吸性。

(5) 产品剂型：50%、55%、75%、95%敌可松可湿性粉剂，55%敌可松膏剂，70%根腐宁可溶性粉剂，50%、70%敌磺钠可溶性粉剂，40%根腐灵，1%、1.2%、1.5%、45%、50%湿粉，5%水剂。

(6) 实用技术：

1）防治根腐病、枯萎病、白绢病等根部病害用70%敌磺钠可溶性粉剂600~800倍液，于发病前灌根，发病初期喷雾并结合灌根，每次间隔7~10d。

2）防治黄萎病、青枯病、枯萎病等土传侵染病害，可用75%敌克松可湿性粉剂的1 000倍液浇洒土壤。

3）林木苗床土壤消毒，按每平方米用50%可溶性粉剂6~8g与4 000倍的细沙土拌匀，播前撒施于播种沟内约1cm厚，播种后再用剩余的药土盖种；或用50%可溶性粉剂500~600倍液浇灌或喷施于播种沟内。

4）在花卉、苗木等植物移栽前，将根腐灵用细土拌匀，均匀撒在植物种植区域内（2.5~7g/m^2），在植物移栽后，可将根腐灵稀释600~800倍灌根。当植物发生枯萎、立枯、青枯、猝倒、黑茎、根腐病初期时，将根腐灵稀释500~600倍灌根或喷施于地表，连续使用3~4次即可预防多种土传病害。

5）防治松杉苗立枯病、根腐病，每100kg种子用95%可溶性粉剂150~350g拌种，或用95%可溶性粉剂650~1 200倍液于苗床发现病害时喷雾。

6）防治君子兰、兰花、万寿菊、郁金香等多种花卉植物的白绢病，万寿菊茎腐病（疫霉菌），可用70%可溶性粉剂按每平方米6~10g与适量细土拌匀撒入土壤内或施于种植穴内，再行种植。

7）防治四季秋海棠茎腐病，可用70%可湿性粉剂600~800倍液喷施茎基部。

8）防治仙人掌类茎腐病（尖镰孢菌、茎点霉菌、长蠕孢菌等），定期用70%可溶性粉剂800~1 000倍液喷雾。

9）防治菊花根腐病、白绢病可按每亩用70%根腐灵可溶性粉剂50~80g，对水50kg均匀喷雾。

（7）注意事项：不能与碱性物质及抗生素混用。敌磺钠溶解较慢，可先加少量水搅拌均匀后，再加水稀释溶解。

二、芳烃类保护性杀菌剂

这类保护性杀菌剂有六氯苯、四氯硝基苯、五氯硝基苯、氯硝胺、氯硝散等。

1. 五氯硝基苯

（1）通用名：五氯硝基苯，quintozene。

（2）化学名称：五氯硝基苯。

（3）毒性：低毒。

（4）作用特点：本品是一种无内吸性、具有保护性的解耦联杀菌剂，主要是影响菌丝细胞的有丝分裂。对丝核菌引起的病害有较好的防效，但对腐霉属、疫霉属和镰刀菌引起的病害无效。

（5）制剂：20%、40%、70%粉剂，75%可湿性粉剂。

（6）实用技术：

1）对多种花卉的猝倒病、立枯病、白绢病、基腐病、灰霉病等有效，可用40%粉剂按每10kg种子用药30~50g拌种，或每平方米用40%粉剂8~9g，与适量细土拌匀后施于播种沟或穴内；对于疫霉病，在拔除病株后再施药土。

2）防治冬珊瑚黄萎病、水仙线虫可用40%五氯硝基苯粉剂

按每平方米 7~9g 进行土壤消毒。

3）防治大花君子兰白绢病、金边瑞香基腐病可于发病初期浇灌 40%五氯硝基苯粉剂 500 倍悬浮液。

4）防治兰花白绢病可用 0.2%的 40%五氯硝基苯对兰花根进行消毒。

5）防治苹果、梨的白纹羽病和白绢病，用 40%粉剂 500g 与细土 15~30kg 混拌均匀后施于根际。每株大树用药 100~250g。

6）防治柑橘立枯病，在砧木苗圃，亩用 40%粉剂 250~500g，与细土 20~50kg 混匀撒施于苗床；当苗木初发病时，喷雾或泼浇 40%粉剂 800 倍液。

（7）注意事项：大量的药剂与作物幼芽接触时易产生药害；用作土壤处理时，遇重黏土壤，要适当增加药量，苗床在施药后适当多喷（浇）水，防止产生药害。

2. 五氯酚钠

（1）通用名：五氯酚钠、PCP-Na。

（2）化学名称：五氯酚钠。

（3）毒性：中等毒性，对黏膜有刺激作用，溶液浓度超过1%时，对皮肤有刺激作用。该药无积累中毒作用。对水生动物有毁灭性破坏作用，有致畸、致残、致突变的风险。

（4）作用特点：该药低浓度时是杀菌剂，可引起菌体内氧化磷酸化过程断耦联，使细胞氧化率增加，氧化过程产生的能量不能通过磷酸化转变为三磷腺苷或磷酸肌酸，以致能量不能贮存而散发热能，导致代谢亢进。可防治立枯病、猝倒病及多种叶茎部病害；防治林木根部病害效果良好；常用作铲除剂和根部病害治疗剂。高浓度时为触杀型灭生性除草剂。

（5）制剂：65%、75%、80%五氯酚钠可湿性粉剂。

（6）实用技术：

1）防治月季黑斑病可于休眠期喷洒 80%五氯酚钠可湿性粉

剂 2 000 倍五氯酚钠水溶液，以杀死残体上的越冬病原。

2）防治石榴褐斑病可于初春时，用 80%五氯酚钠 1 500 倍液喷洒地面和植株，以防病害发生。

3）防治苹果树腐烂病、炭疽病、轮纹病和白粉病，可于早春发芽前喷施 65%五氯酚钠可湿性粉剂 100 倍液加石硫合剂 3~5 波美度液铲除越冬病菌。对苹果树白纹羽病、紫纹羽病和白绢病可用 65%可湿性粉剂 200 倍液灌根，灌后注意覆盖。

4）防治各种林木病害可在发芽前喷布 65%五氯酚钠 100 倍液，加石硫合剂 3~5 波美度液，可防治黑星、轮纹、炭疽、黑斑、灰霉、缩叶等病害。

5）在葡萄冬季清园过程中，每亩可用 1kg 80%五氯酚钠对 100kg 水加石硫合剂 6 包（注意首先将石硫合剂用开水溶化后放入桶内，再将五氯酚钠溶液倒入石硫合剂溶液中，千万不能将石硫合剂溶液往五氯酚钠溶液中倒，否则易产生像豆花状的东西，药液打不出去）喷雾，不仅可杀死越冬病虫害，对霜霉病、白腐病具有一定的防效。

6）使用五氯酚钠防治金叶贞病害时，浓度过高会对嫩梢造成伤害。常用作落叶树休眠期喷射剂，以防治褐腐病。

第十二章　有机磷、砷、锡杀菌剂

一、有机磷杀菌剂

有机磷杀菌剂是指在化学结构中含有“COP”键的抗菌化合物，有机磷杀菌剂主要有三类：一类是硫代磷酸酯类，包括硫赶磷酸酯类杀菌剂，如稻瘟净、异稻瘟净、克瘟散、硫逐磷酸酯类杀菌剂，如甲基立枯灵；一类是磷酰胺类有机磷杀菌剂，如三唑磷胺；另一类是金属有机磷化合物，仅有乙膦铝。该类药剂具有药效高、用途广、易分解和不残留的优点。

1. 三乙膦酸铝

（1）通用名称：三乙膦铝，phosethy-Al。

（2）化学名称：三-（乙基膦酸）铝。

（3）毒性：低毒。

（4）作用方式：本品是内吸兼具保护和治疗作用的广谱杀菌剂，具双向传导及增强植物免疫力的作用。

（5）产品剂型：40%、80%可湿性粉剂，30%胶悬剂，90%可溶性粉剂，50%乙膦铝+25%灭菌丹复配的75%混剂，44%乙膦铝+26%代森锰锌的复配70%混剂。

（6）实用技术：

1）防治草本花卉霜霉病、月季霜霉病、金鱼草疫病、百合疫病等，可用80%可湿性粉剂400~800倍液喷雾，间隔7~10d

喷 1 次，共喷 2~3 次。

2）防治菊花、鸡冠花、凤仙花、紫罗兰、石竹、马蹄莲等多种花卉幼苗猝倒病，在发病初期喷洒 80%可湿性粉剂 400~800 倍液，间隔 7~10d 喷 1 次，共喷 2~3 次。

3）防治非洲菊等花卉的根腐病，用 80%可湿性粉剂 500~800 倍液灌根。

4）防治茶花锈藻病，于 4~5 月籽实体形成期，用 40%可湿性粉剂 190g/亩，对水 400 倍喷洒茎叶，间隔 10d 喷 1 次。

5）防治由腐霉菌引起的茶苗绵腐性根腐病（茶苗猝倒病），每亩用 90%可溶性粉剂 150~175g，对水 75kg，对茎基部喷雾，每 10d 喷 1 次，连喷 2~3 次。或用 90%可溶性粉剂 100~150 倍液浇灌土壤，也可每株扦插苗用药 0.5g 对水淋灌土壤。防治油梨根腐病，用 80%的可湿性粉剂 80~150g 注射茎干，或用 200 倍液淋灌根颈部。

6）防治凤梨心腐病，在苗期和花期用 80%可湿性粉剂 500~600 倍液喷雾。防治葡萄霜霉病，于发病初期用 80%可湿性粉剂 400~600 倍液喷雾，每 10d 喷 1 次，共喷 3~4 次。防治苹果轮纹病，于苹果谢花 10d 降雨后，用 80%可湿性粉剂 700~800 倍液+50%多菌灵可湿性粉剂 800 倍液喷施。以后根据降雨情况间隔 10~15d喷 1 次，无雨不喷，至 8 月底、9 月初结束。

7）防治苹果干基部的疫腐病、梨树颈腐病，可用刀尖划道后，涂抹 80%可湿性粉剂 50~100 倍液；防治苹果黑星病，在刚发病时喷 80%可湿性粉剂 600 倍液。

8）防治柑橘苗期病害，在雨季发病初期，用 80%可湿性粉剂 200~400 倍液喷雾；防治柑橘脚腐病，春季用 80%可湿性粉剂 200~300 倍液喷布叶面；防治柑橘溃疡病，于夏秋嫩梢抽发期，用 80%可湿性粉剂 300~600 倍液各喷雾 1 次。

9）防治温室花卉霜霉病，用 90%可溶性粉剂 500~1 000 倍

液喷雾，或80%可湿性粉剂400~800倍液喷雾，或40%可湿性粉剂200~400倍液喷雾，间隔7~10d喷1次，共喷3~4次。

（7）注意事项：三乙膦铝连续使用，易产生耐药性，如遇药效明显降低时，应更换其他药剂，应与其他杀菌剂交替使用，可与代森锰锌、克菌丹、灭菌丹等混合使用，或与其他杀菌剂轮换使用；不能与酸性、碱性农药混用，以免分解失效。

2. 甲基立枯磷

（1）通用名称：甲基立枯磷，tolclofos-methyl。

（2）化学名称：O-（2，6-二氯-4甲苯基）O，O-二甲基硫逐磷酸酯或O，O-二甲基-O-（2，6-二氯-对-甲苯基）硫代磷酸酯。

（3）毒性：低毒。

（4）作用方式：本品为有机磷硫逐磷酸酯类广谱内吸性杀菌剂，主要起保护作用，可使病菌孢子不能形成或萌芽，破坏肌丝功能，影响游动孢子游动和导致体细胞分裂不正常。

（5）产品剂型：20%乳油，50%可湿性粉剂，5%、10%、20%粉剂，25%胶悬剂。

（6）实用技术：

1）防治鸡冠花立枯病、长春花基腐病、兰花枯萎病、芍药立枯病、玉簪白绢病、大花君子兰白绢病，可于发病初期喷淋20%甲基立枯磷乳油（利克菌）1 000倍液。

2）防治彩叶草、三色堇等立枯病，可用20%甲基立枯磷乳油1 200倍液喷雾。

3）防治兰花白绢病，可用20%乳油900倍液喷雾。

4）防治茉莉花白绢病，可喷洒20%乳油1 000倍液，隔7~10d喷1次，共2次。或于发病初期施用50%甲基立枯磷可湿性粉剂1份，对细土100~200份撒在病部根茎处。

5）防治栀子花丝核菌叶斑病、杜鹃花立枯病，可于发病初

期喷洒 20%甲基立枯磷乳油 1 200 倍液。防治丝兰白绢病，可于病穴或病株邻近淋灌 20%甲基立枯磷乳油 1 000 倍液。防治散尾葵假蜜环菌根腐病、朱蕉丝核菌根腐病、夏威夷椰子丛赤壳根腐病，可于发病初期喷淋 20%甲基立枯磷乳油 1 000 倍液。

6）防治红花猝倒病，可用 20%乳油 1 000 倍液，与细土 100kg 拌匀撒于直播的种子上，再覆土。

7）防治佩兰白绢病，于发病初期用 20%乳油与细土 40~80 倍拌匀，撒施于病部根茎处，或喷 20%乳油 1 000 倍液，7d 后再喷 1 次。

（7）注意事项：在病害发生前或发生初期用药。不能与碱性农药混用。

3. 百枯净

（1）通用名称：甲基立枯磷+棉隆、tolclofos-methyl+dazomet。

（2）化学名称：O-（2，6-二氯-4 甲苯基）O，O-二甲基硫逐磷酸酯或 O，O-二甲基-O-（2，6-二氯-对-甲苯基）硫代磷酸酯+四氢化-3，5-二甲基-2H-1，3，5-噻二嗪-2-硫酮。

（3）毒性：低毒。

（4）作用方式：本品为高效、内吸性兼具预防和治疗作用的广谱杀虫杀菌剂。

（5）产品剂型：11%、14%可湿性粉剂，14%毒土处理剂，6%乳油。

（6）实用技术：

1）大面积毒土处理时，可用 14%毒土处理剂每亩用 1~1.5kg 拌 10kg 细土，在播种或移栽前，均匀撒施于苗圃或植穴（沟）内，并将毒土翻入 20cm 深的土层中，沟施在未来播种处，先开 20cm 深沟，施药后即覆土压实表土、密闭封杀、松土透气，可一次性完全铲除土壤中所有的病菌、地下害虫及杂草，后按间隔期 10~15d 播种或移栽。

2）经14%毒土处理剂处理后的作物保护地，移栽定植的香蕉、瓜类与观赏棉等在个别植株发病前，可用11%、14%粉剂或6%乳油250倍液喷雾与淋根，每植株淋施药液0.25~1.0kg，间隔10~15d淋施1次，连淋3~4次。对危害茎、叶、花、果的经济作物以11%、14%可湿性粉剂或6%乳油200~300倍液喷雾保护，每10d喷1次，连喷3次。

3）进行种子消毒，或在种植时使用百枯净土壤处理剂，每亩用量为1~1.25kg，对柑橘、橙、柚、瓜果、菜、蕉等作物可用14%土壤处理剂进行苗床土壤消毒，对防治苗立枯病、茎枯病、苗疫病等有显著的防治效果，还可以在植物结果前或个别植株发病前用，均匀喷药3次，可控制病害发生。

4）用14%可湿性粉剂1 300倍液均匀喷洒湿透土壤（务必使药液渗透湿润耕作层20cm）及遗留在田间的病残体如地下球茎、假茎及病叶，可杀灭枯萎病侵染源。

5）在石榴3月中下旬春梢萌动前、4月花芽分化现蕾期、5月始花到7月谢花后、9月跨10月果实期、11月上旬落叶到休眠期（母枝繁花），可用14%可湿性粉剂1 000~1 200倍液喷施，间隔15~20d喷1次，连施4~5次，可高效防治石榴早期落叶病、果实干腐病和煤污病及毒杀蚜虫、介壳虫侵染源。

6）在兰花疫病、炭疽病、白绢病及叶枯病，在发病期（4月中旬至11月），用14%可湿性粉剂1 500倍液+40%生物营养液肥500倍液+生物肥剂50~100mL，对水15kg均匀喷洒湿透兰花植株，介质盆钵及苗床周围地面1次，连施5~6次，施药间隔20~35d喷1次，高温雨季病毒严重时施1~2次，每次药后清理病残体等侵染源。

4. 敌瘟磷

（1）通用名称：敌瘟磷，edifenphos。

（2）化学名称：O-乙基-S，S-二苯基二硫代磷酸酯。

（3）毒性：中等毒性。

（4）作用方式：本品为保护性有机磷二硫代磷酸酯类（硫赶磷酸酯类）杀菌杀虫剂。

（5）产品剂型：30%、40%、50%乳油，1.5%、2.0%、2.5%粉剂。

（6）实用技术：

1）防治早熟禾类赤霉病，可在齐穗期至始花期喷第1次药，间隔5~7d喷第2次药，药剂为40%乳油1 000倍液。

2）防治桃缩叶病、李袋果病等，可用40%克瘟散1 000倍液喷雾。

5. 克菌壮

（1）通用名称：克菌壮，AmmoniumO，O-diethylphosphorodithioate。

（2）化学名称：O，O-二乙基二硫代磷酸铵盐。

（3）毒性：低毒。

（4）作用方式：本品为保护性杀菌剂，有刺激植物生长作用。

（5）产品剂型：90%克菌壮可湿性粉剂。

（6）实用技术：防治柑橘溃疡病，可用90%克菌壮可湿性粉剂1 000~1 500倍液喷雾。

（7）注意事项：不要在强日光下喷药，以免引起药害，一般在下午4时后施药。施药后6h内遇雨，需重新施药。不可与强酸和强碱物质混用。喷洒要均匀，否则易产生药害。

二、有机砷杀菌剂

有机砷杀菌剂主要包括烷基胂酸盐类和二硫代氨基甲酸胂类，其中烷基胂酸盐类只是砷原子对生物体内氧化磷酸化反应有

解耦联作用。而二硫代氨基甲酸胂类则由其化合物分子的阴离子部分和砷原子同时起毒性作用。砷剂是丝核菌病害的特效药，但由于砷在人、畜体内有累积毒性和在土壤中积累破坏土壤性质的缺点，这类药剂的使用现已受限制，正处在被取代的地位。

1. 田安

（1）通用名称：田安，fammonium iron methane arsenate。

（2）化学名称：甲基胂酸铁。

（3）毒性：低毒。

（4）作用方式：属烷基胂酸盐类，具有治疗、保护作用，作用机制为砷原子作用于菌体内的丙酮酸，使菌体发生变异。

（5）产品剂型：5%水剂。

（6）实用技术：

1）防治丝兰、菊花、量天尺白绢病，可于病株及其邻近植株淋灌 5%田安水剂 500~600 倍液。

2）防治郁金香叶腐病，可于发病初喷洒 5%田安水剂 500~600 倍液，并灌根。

2. 福美甲胂

（1）通用名称：福美甲胂、Urbacid。

（2）化学名称：双-二甲基二硫代氨甲酸甲胂。

（3）毒性：中等毒性。

（4）作用方式：本品属二硫代氨基甲酸胂类，是一个广谱保护性杀菌剂。在我国极少单独使用，主要是作为退菌特的一个重要组分。

（5）产品剂型：50%、80%可湿性粉剂。

（6）实用技术：

1）防治麦类白粉病，松苗、杉苗立枯病，果树炭疽病，可用 80%可湿性粉剂 1 500 倍液喷洒茎基部或撒施 1∶50 的毒土。

2）防治菊花白粉病，可在发病初期，每亩用 50%退菌特可湿性粉剂 50~60g，加水 50kg 喷雾，隔 7d 喷 1 次，连用 2~3 次。

3）防治苹果、梨等炭疽病、轮纹病等，可在发病初期用 50%可湿性粉剂按 600~800 倍液喷雾。

三、有机锡杀菌剂

有机锡杀菌剂是指化学结构中含金属锡的有机合成杀菌剂。该类杀菌剂的抗菌能力优于代森类杀菌剂和铜制剂。其大多数对温血动物具有中等急性毒性，但在动物体内易代谢分解成无毒锡。该类药剂对某些害虫有一定的忌避和拒食作用。主要品种有薯瘟锡、毒菌锡。

1. 薯瘟锡

（1）通用名称：薯瘟锡，fentin acetate。

（2）化学名称：三苯基乙酸锡、乙酸三苯基锡、乙酰氧基三苯基锡。

（3）毒性：中等毒性。

（4）作用方式：薯瘟锡可有效地防治对铜杀菌剂敏感的各种菌害，而且效率比铜杀菌剂高 10~20 倍。

（5）产品剂型：45%百螺敌可湿性粉剂、45%克螺宝可湿性粉剂。

（6）实用技术：

1）防治豆类炭疽病、黑点病、褐纹病、紫斑病，可与多菌灵一起混用，药效很好，每亩用商品量一般为 40~70g，对水喷雾。

2）防治棕榈类植物纹枯病、条斑病，百合黑斑病，豆类炭疽病，每亩用商品量一般为 40~70g，对水喷雾。

2. 毒菌锡

（1）通用名称：毒菌锡，fentinhydroxide 或 hydroxytriphenyl-

stannane。

（2）化学名称：三苯基氢氧化锡。

（3）毒性：中等毒性。

（4）作用方式：是高效、广谱性非内吸性杀菌剂。

（5）产品剂型：19%、47.5%可湿性粉剂。

（6）实用技术：以有效成分28～35g/hm^{2}剂量，可防治马铃薯早疫和晚疫病；以有效成分35～42g/hm^{2}剂量，可防治棕榈类植物纹枯病；以有效成分1.2kg/hm^{2}剂量，可防治咖啡浆果病害。

第十三章　甲氧丙烯酸酯类杀菌剂

甲氧丙烯酸酯类杀菌剂按其活性基的不同大致可分为：①甲氧基丙烯酸酯类，包括嘧菌酯、啶氧菌酯、烯肟菌酯、苯醚菌酯、丁香菌酯、UBF-307和嘧螨酯（杀螨剂）；②甲氧基氨基甲酸酯类，如唑菌胺酯；③肟基乙酸酯类，有醚菌酯和肟菌酯；④肟基乙酰胺类，有苯氧菌胺、醚菌胺、肟醚菌胺和烯肟菌胺；⑤唑烷二酮类，有唑菌酮；⑥咪唑啉酮类，有咪唑菌酮；⑦肟基二嗪类，有氟嘧菌酯。其中的活性基团β-甲氧基丙烯酸酯，通过交换与双键结合的苯基、嘧啶基等，以使其亲水亲油性平衡，从而提高化合物的渗透性。这些活性基团基本处于同一活性水平，并优于其他活性基，当其几何异构体由反式E变为顺式Z时，活性骤减；当羰基C ═O变为硫代羰基C ═S时，活性亦大减。其中甲氧基丙烯酸酯类、肟基乙酸酯及肟基乙酰胺类化合物占主导地位。常用的主要包括：嘧菌酯、醚菌酯、肟菌酯、苯氧菌胺、啶氧菌酯、唑菌胺酯、氟嘧菌酯、烯肟菌酯。

该类杀菌剂几乎对所有的真菌病害，包括子囊菌纲、担子菌纲、卵菌纲和半知菌纲都具有很好的活性。具有良好的保护、治疗、内吸、渗透作用，可用作茎叶喷雾、水面施药、处理种子等。其通过作用细胞色素（cytochrome）b的Q0中心，阻止电子从细胞色素b到细胞色素C1之间的电子传递［复合体Ⅲ（即细胞色素b和细胞色素C1复合体）］，阻碍ATP的合成而影响真

菌的能量循环，抑制线粒体呼吸而发挥抑菌作用。除了对病原菌的保护和治疗作用外，还能够诱导许多作物的生理和形态发生变化，如可影响植物病原真菌的性成熟阶段、增长绿叶组织保绿期和提高产量等。

对甾醇抑制剂（如三唑类）、苯基酰胺类、二羧酰胺类和苯并咪唑类产生抗性的菌株有效。

一、甲氧基丙烯酸酯类

1. 嘧菌酯

（1）通用名称：嘧菌酯或腈嘧菌酯，azoxystrobin。

（2）化学名称：（E）-2-｛2-［6（2-氰基苯氧基）嘧啶-4-基氧］苯基｝-3-甲氧基丙烯酸酯。

（3）毒性：低毒，对兔皮肤和眼睛有轻微刺激作用。

（4）作用方式：本品为具有保护、治疗、铲除作用及良好的内吸、渗透活性杀菌剂，通过同线粒体的细胞色素 b 结合，抑制细胞色素 b 和 C1 间电子转移来抑制线粒体的呼吸。

（5）产品剂型：25%、50%、80%水分散粒剂，22.9%悬浮剂，30%可湿性粉剂，25%悬浮剂（绘绿），23%亚托敏水悬剂，250g/L 悬浮剂。

（6）实用技术：

1）防治兰花炭疽病，可用 23%水悬剂 2 000 倍喷雾。防治大花蕙兰镰刀菌根腐病，可在大花惠兰定植、移苗或换盆后用 25%悬浮剂 6 000 倍灌根处理 1~2 次；在营养生长的中后期每隔 14~21d 用 25%悬浮剂 6 000 倍液和卉友 4 000 倍液轮换灌根 2~3 次。

2）防治梨黑星病、黑斑病、轮纹病，桃褐腐病，核桃黑星病，葡萄霜霉病、白粉病及煤烟病等，用 25%悬浮剂 500~800 倍液喷雾。

3）防治草坪枯萎病、褐斑病，可用25%悬浮剂或50%水分散粒剂按200~400g/hm^{2}喷雾。防治观赏菊花锈病，可用50%水分散粒剂100~200g/hm^{2}喷雾。

4）防治柑橘疮痂病、炭疽病，可用250g/L悬浮剂200~300mg/kg喷雾。防治丝瓜霜霉病，可用250g/L悬浮剂180~300g/hm^{2}喷雾。防治菊科和蔷薇科观赏花卉白粉病，可用250g/L悬浮剂100~250mg/kg喷雾。防治芒果炭疽病、荔枝霜疫霉病，可用250g/L悬浮剂150~200mg/kg喷雾。

5）防治葡萄霜霉病，可用250g/L悬浮剂1 000~2 000倍液喷雾。防治葡萄白腐病、黑痘病可用250g/L悬浮剂200~300mg/kg喷雾。防治枣树炭疽病可用250g/L悬浮剂100~166.7mg/kg喷雾。

6）绘绿用于各种草坪草，防治草坪褐斑病、腐霉枯萎病、夏季斑病、币斑病、锈病及各种叶枯（根腐）病等，使用浓度加水1 000~2 500倍；使用剂量：0.08~0.2g/m^2。

（7）注意事项：对丽格海棠、苹果树和樱桃树的一些品种敏感；注意切勿与硅制剂混用，以免发生药害。

2. 烯肟菌酯

（1）通用名称：烯肟菌酯，enestroburin。

（2）化学名称：3-甲氧基-2-｛2-［（1-甲基-3-（4′-氯苯基）-2-丙烯基-亚氨基-氧基-甲基］苯基｝丙烯酸甲酯。

（3）毒性：低毒，对眼睛有轻度刺激。

（4）作用方式：为广谱、高活性杀菌剂，具有预防及治疗作用，其通过锁住细胞色素b和细胞色素C1之间电子传递，破坏其能量合成而抑制病原菌细胞线粒体的呼吸作用。

（5）产品剂型：25%乳油，25%可湿粉（混剂），28%可湿粉（混剂），18%悬浮剂（混剂）。

（6）实用技术：

1）烯肟菌酯在 100～200μg/mL 的处理剂量下，施药 2～3 次，间隔 7～10d，可有效地防治葡萄霜霉病的危害，并有提高产量和品质的作用。

2）25%乳油用于防治马铃薯晚疫病的有效剂量为 100～200g（a. i）/hm^2，一般施药 2～3 次，间隔 7～8d。

3）防治瓜类霜霉病，每亩用有效成分 6. 7～15g（折成 25%乳油用量为 26. 7～53g），于发病前或发病初期喷雾，用药 3～4 次，间隔 7d 喷 1 次。

3. 啶氧菌酯

（1）通用名称：啶氧菌酯，picoxystrobin。

（2）化学名称：（E）-3-甲氧基-2-{2-［6-（三氟甲基）-2-吡啶氧甲基］苯基}丙烯酸甲酯。

（3）毒性：低毒。

（4）作用方式：为广谱内吸性兼具熏蒸活性的杀菌剂，通过在细胞色素 b 和 C1 间电子转移抑制线粒体的呼吸。该药比嘧菌酯和肟菌酯有更好的治疗活性。对 C14-脱甲基化酶抑制剂、苯甲酰胺类、三羧酰胺类和苯并咪唑类产生抗性的菌株有效。

（5）产品剂型：22. 5%悬浮剂。

（6）实用技术：

1）防治早熟禾类叶枯病，可用 22. 5%悬浮剂茎秆喷雾，使用剂量为 250g（a. i.）/hm^2。

2）防治多种作物灰霉病，可用 22. 5%悬浮剂 97. 5～135g/hm^2 喷雾。

3）防治温室作物霜霉病，可用 22. 5%悬浮剂 113～150g/hm^2 喷雾。

4）防治枣树锈病，葡萄霜霉病、黑痘病，可用 22. 5%悬浮剂 130～170mg/kg 喷雾。

5）防治瓜类蔓枯病、炭疽病等可用22.5%悬浮剂按130~170g/hm² 喷雾。

4. 苯醚菌酯

（1）通用名称：苯醚菌酯。

（2）化学名称：（E）2-［2-（2，5-二甲基苯氧基甲苯）-苯基］-3-甲氧基丙烯酸甲酯。

（3）毒性：低毒。

（4）作用方式：具有保护和治疗作用。

（5）产品剂型：10%水悬浮剂。

（6）实用技术：防治作物白粉病、霜霉病、炭疽病，可用10%悬浮剂5 000~10 000倍液于发病初期喷雾，每7d喷1次，连喷2~3次。

5. 丁香菌酯

（1）通用名称：丁香菌酯，coumoxystrobin。

（2）化学名称：（E）-2-｛2-［（3-丁基-4-甲基-香豆素-7-基氧基）甲基］苯基｝-3-甲氧基丙烯酸甲酯。

（3）毒性：低毒。

（4）作用方式：属甲氧基丙烯酸酯类广谱杀菌剂，该药活性高，具有保护治疗和铲除作用。通过与细胞色素bcI复合体的结合抑制线粒体的电子传递，从而破坏病菌能量合成而起杀菌作用。

（5）产品剂型：20%悬浮剂（武灵士）及复配制剂、40%丁香菌酯·戊唑醇悬浮剂。

（6）实用技术：

1）防治苹果树腐烂病，可用20%悬浮剂500~1 500mL/L液刮除腐烂病病斑后涂抹，对伤口愈合有促进作用。

2）防治其他树木腐烂病，可在树体休眠期，用20%悬浮剂400~600mg/L浓度对发病枝干喷雾，以减少腐烂病菌的越冬菌

源量；或在春季树体萌动前刮除病疤，注意刮掉和清除病疤与健康接合部位的树皮，然后用浓度为20%悬浮剂1 000~2 000mg/L，即20%悬浮剂对水稀释100~200倍液涂抹。要将刮掉树皮的部位全部涂抹均匀，并保证6h内没有强降雨，否则重复涂抹1次。

3）防治瓜类枯萎病，可用20%悬浮剂1 000~4 000倍拌土，优于咪鲜胺和代森锰锌。

4）对苹果树腐烂病、水稻稻瘟病等有较好防效，也具有抗病毒及植物生长调节作用。

二、甲氧基氨基甲酸酯类及肟基乙酸酯类

1. 吡唑醚菌酯

（1）通用名称：吡唑醚菌酯，pyraclostrobin。

（2）化学名称为：N-［2-［［1-（4-氯苯基）吡唑-3-基］氧甲基］苯基］-N-甲氧基氨基甲酸甲酯。

（3）毒性：中等毒性。

（4）作用方式：属甲氧基氨基甲酸酯类，具有保护治疗作用及内吸渗透传导性。通过阻止病菌细胞中细跑色素b和C1间电子传递而抑制线粒体呼吸作用。

（5）产品剂型：20%粒剂（商品名Cabrio，用于水果和温室花卉）、200g/L浓乳剂（商品名Headline，用于大田作物）、20%水分散性粒剂（商品名Inslgnla，用于草坪）、25%乳油。20%颗粒剂、20%可湿性粉剂、250g/L乳油、200g/L浓乳剂、20%水分散粒剂。

（6）实用技术：

1）防治葡萄白粉病、霜霉病、黑腐病、褐枯病、枝枯病等，可用100g（a. i. ）/hm^2，施药5~7次，施药间隔期为12~14d。

2）防治枇杷角斑病，可用25%乳油1 000~3 000倍液喷雾，

间隔 10~15d 喷 1 次，连喷 2~3 次。

3）防治柑橘疮痂病、树脂病、黑腐病等，可用 50g（a. i.）/hm^2 施药 2~3 次，施药间隔期为 34~58d，有很好的防治效果。若同其他药剂交替使用，还能改善柑橘品质。

4）防治草坪褐斑病、茶树炭疽病、杧果树炭疽病，可用 25%乳油 125~250mg/kg 喷雾。防治草坪病害如立枯病、疫病、白绢病、雪腐病等，可用 250~560g（a. i.）/hm^2，施药 3~5 次，间隔 14d。

5）防治大花蕙兰、蝴蝶兰、凤梨等疫病，康乃馨、大花蕙兰、蝴蝶兰等根腐病，海棠、吊兰、凤梨等炭疽病、叶斑病，玫瑰、康乃馨等锈病，玫瑰、百合、郁金香、康乃馨等枯萎病，使用 25%凯润乳油倍数：1 500~3 000 倍。

6）葡萄黑痘病、白粉病、炭疽病，在高温、高湿气候条件下最容易发生蔓延，应采取预防和治疗相结合的方法，即在发病前喷 1 次，相隔 7~10d 视病情发展、气候条件情况再喷 2~3 次，可有效预防多种葡萄病害的发生。使用 25%乳油浓度为 1 500~3 000 倍液均匀细致地细喷雾。

7）防治各种草坪腐霉枯萎病、夏季斑病、币斑病、镰刀枯萎、白粉病等病害，使用 25%乳油 1 500~3 000 倍。

8）对蚕有影响，对附近有桑园地区使用时应严防飘移。梨树上使用时，在开花始期及落花的 20d 左右时间内，为防止药害应尽量避免施用。

2. 醚菌酯

（1）通用名称：醚菌酯，Kresoxim-methyl。

（2）化学名称：（E）-2-甲氧亚氨基-［2-（邻甲基苯氧基甲基）苯基］乙酸甲酯。

（3）毒性：低毒。

（4）作用方式：属肟基乙酸酯类，是一种新型半内吸性高

效、广谱杀菌剂，作用于病菌线粒体膜上细胞色素 b 和 C1 复合体。通过阻断病菌线粒体呼吸链的电子传递过程，而抑制病菌细胞能量供应，使病菌细胞因缺乏能量而死亡。

（5）产品剂型：50%干悬浮剂、50%水分散粒剂、30%可湿性粉剂。

（6）实用技术：

1）防治黄瓜白粉病，可用 50%干悬浮剂 13.4~20g/亩，对水常规喷雾；防治甜瓜白粉病，可用 30%可湿性粉剂 100~150g/亩，对水常规喷雾，隔 6d 再喷 1 次。

2）防治苹果树黑星病，可用 50%干悬浮剂 5 000~7 000 倍液喷洒；防治梨黑星病，在发病初期喷 2 000~3 000 倍液，隔 7d 喷 1 次，连喷 3 次，对叶和果实上的黑星病防效均好。

3. 肟菌酯

（1）通用名称：肟菌酯，trifloxystrobin。

（2）化学名称：［（2Z）-2-甲氧基亚氨基-2-［2-［1-［3-(三氟甲基）苯基］亚乙基氨基］氧甲基］苯基］乙酸甲酯。

（3）毒性：低毒。

（4）作用方式：为含氟类高效内吸广谱性线粒体呼吸抑制剂，具有保护、治疗、铲除、渗透、快速分布、向上传导内吸等性能。对 C14-脱甲基化酶抑制剂、苯甲酰胺类、二羧胺类和苯并咪唑类产生抗性的菌株有效。

（5）产品剂型：7.5%、12.5%乳油，25%、45%干悬浮剂，25%、50%悬浮剂，45%可湿性粉剂，50%水分散粒剂。

（6）实用技术：100~187g（a. i.）/hm^2 可有效地防治早熟禾类病害如白粉病、锈病等；50~140g（a. i.）/hm^2 可有效地防治果树、温室花卉各类病害。

三、肟基乙酰胺类

1. 苯氧菌胺

（1）通用名称：苯氧菌胺，metominostrobin。

（2）化学名称：（E）-苯氧菌胺。

（3）毒性：低毒，是一种对人、畜安全的药剂。

（4）作用方式：具有保护、治疗、铲除、渗透、内吸活性的广谱性杀菌剂。通过在细胞色素 b 和 C1 间电子转移抑制线粒体的呼吸起作用。对 14-脱甲基化酶抑制剂、苯甲酰胺类、二羧酰胺类和苯并咪唑类产生抗性的菌株有效。

（5）产品剂型：颗粒剂、可湿性粉剂。

（4）实用技术：防治棕榈类植物纹枯病有特效，在纹枯病未感染或发病初期施用，使用剂量为 1.5～2.0kg（a. i.）/hm^2。

2. 烯肟菌胺

（1）通用名称：烯肟菌胺。

（2）化学名称：（E，E，E）-N-甲基-2-｛［1-甲基-3-（2，6-二氯苯基）-2-丙烯基］亚氨基-氧基-甲基）苯基｝-2-甲氧基亚氨基乙酰胺。

（3）毒性：低毒，对兔眼有中毒刺激性。

（4）作用方式：具有治疗及保护预防作用的广谱高活性杀菌剂，通过与线粒体电子传递链中复合物Ⅲ（Cytbc1 复合物）的结合，阻断电子由 Cytbc1 复合物流向 Cytc，破坏真菌的 ATP 合成。

（5）产品剂型：5%乳油（高扑），20%悬浮剂。

（6）实用技术：

1）防治瓜类白粉病，可用 40～80mg（a. i.）/L；防治瓜类霜霉病，可用 100～200mg（a. i.）/L；防治瓜类炭疽病，可用

60~100mg（a.i.）/L；防治观赏椒白粉病，可用 40~80mg（a.i.）/L；防治观赏椒疫病，可用 100~200 mg（a.i.）/L。在田间出现零星病株或病害易发时期，进行叶面喷雾处理，2~3次，间隔 7~10d。

2）防治苹果半点落叶病、锈病，梨黑星病，可用 60~100mg（a.i.）/L；防治苹果白粉病，可用 40~80mg（a.i.）/L，在苹果（或梨）的盛花期后 7d 开始喷药，处理方式为叶面喷雾，3~5 次，间隔 10~15d。最佳的施药方式是与代森锰锌或苯醚甲环唑交替使用。

3. 氯啶菌酯

（1）通用名称：氯啶菌酯，tricyclopyricarb。

（2）化学名称：N-甲氧基-N-2-{[（3，5，6-三氯吡啶-2-基）氧]甲基}苯基氨基甲酸甲酯。

（3）毒性：低毒。

（4）作用方式：本品为高效广谱低毒杀菌剂，具有预防及治疗作用。

（5）产品剂型：15%乳油、15%水乳剂。

（6）实用技术：用于防治油菜菌核病及麦类白粉病，用药量 90~148.5g/hm^2。

四、肟基二噁嗪类

氟嘧菌酯

（1）通用名称：氟嘧菌酯，fluoxastrobin。

（2）化学名称：{2-[6-（2-氯苯氧基）-5-氟嘧啶-4-基氧]苯基}（5，6-二氢-1，4，2-二噁嗪-3-基）甲酮 O-甲基肟。

（3）毒性：低毒，对兔眼有刺激性。

（4）作用方式：本品是新型、广谱二氢噁嗪类内吸性茎叶处理用杀菌剂，通过在细胞色素 b 和 C1 间电子转移抑制病菌线粒体的呼吸。是具有良好内吸活性及保护和治疗作用的广谱性杀菌剂。

（5）产品剂型：10%乳油。

（6）实用技术：

1）防治咖啡锈病，可按 75～100g（a. i.）/hm^2 的剂量进行茎叶喷雾。

2）防治观叶植物叶斑病、霜霉病，茄类早疫病、晚疫病等，可按 100～200g（a. i.）/hm^2 的剂量进行茎叶喷雾。

第十四章　噻唑类杀菌剂

一、噻唑类杀菌剂

噻唑类杀菌剂是分子结构中含有噻唑环的一类杀菌剂，该类杀菌剂作用机制复杂，可有效防治细菌性病害。如拌种灵含有苯胺基甲酰基，其作用机制主要是干扰菌体呼吸过程中线粒体呼吸链上复合物处琥珀酸—辅酶 Q 之间氧化还原酶系，抑制生物能量的合成。烯丙异噻唑在离体条件下几乎没有抑菌活性，只有施用在植物上才能表现防病效果；敌枯唑在离体和活体上表现不同的作用机制。

1. 噻霉酮

（1）通用名称：噻霉酮、benziothiazolinone。

（2）化学名称：1，2 苯并异噻唑啉-3-酮。

（3）毒性：低毒。

（4）作用方式：噻霉酮是一个具有内吸传导作用的高效、低毒、广谱杀菌剂，对真菌性病害具有保护、预防和治疗作用。通过抑制病原孢子的萌发产生、控制菌丝体的生长而起作用，对病原真菌生活史中的各发育阶段均有很强的抑杀作用。

（5）产品剂型：1.5%水乳剂，3%水分散粒剂，3%可湿性粉剂，5%悬浮剂，1.6%涂抹剂，27%戊唑·噻霉酮水乳剂，12%苯醚·噻霉酮水乳剂，23%嘧菌·噻霉酮悬浮剂，菌立灭 1、

2、3号，细刹3%噻霉酮干悬浮剂，易除1.6%噻霉酮涂抹剂。

（6）实用技术：

1）菌立灭1号花期专用型可于盛花期用600~800倍稀释液喷施，能显著地防治霉心病，对轮纹病、炭疽病也有很好防效。

2）菌立灭2号可于发芽前用200~250倍稀释液喷施；防治腐烂病、轮纹病可将病斑刮除后，在病斑处纵横各划数道，深达木质部，然后用菌立灭2号3~5倍液涂抹；在生长期防治霉心病、黑星病、轮纹病、炭疽病、果锈等可用600~800倍液喷雾。

3）防治生长期早期落叶病可用菌立灭3号600~800倍液喷雾；防治果树根腐病可用菌立灭3号与氨基酸2∶1混合液150~300mL稀释800~1 000倍，进行灌根。

4）发现的腐烂病新发病斑，轻刮治（树皮表面微露黄绿色即可）后用1.6%噻霉酮涂抹剂按1.28~1.92g/m^{2}涂抹病斑，可有效防止腐烂病的进一步侵染和扩展。

5）防治细菌性角斑病可用3%可湿性粉剂按30~40g/hm^{2}喷雾；防治细菌性条斑病可用5%悬浮剂按26~37g/hm^{2}喷雾；防治烟草花野火病可用3%水分散粒剂按30~40g/hm^{2}喷雾。

6）防治瓜类霜霉病可用1.5%水乳剂按30~40g/hm^{2}喷雾。

7）防治梨树黑星病、苹果树轮纹病，可用1.5%水乳剂按20~25mg/kg喷雾。

8）防治苹果树斑点落叶病，可用27%戊唑·噻霉酮水乳剂按54~68mg/kg喷雾。

2. 噻唑菌胺

（1）通用名称：噻唑菌胺、Ethaboxam。

（2）化学名称：（RS）-N-（a-氰基-2-噻吩基）-4-乙基-2-（乙氨基）1，3-噻唑-5-甲酰胺，或N-（氰基-2-噻吩基甲基）-4-乙基-2-（乙氨基）-5-噻唑甲酰胺。

（3）毒性：微毒。

（4）作用方式：本品为新型噻唑酰胺类内吸性杀菌剂，抑制疫霉菌菌丝体生长和孢子的形成，具有良好的预防、治疗和内吸活性。

（5）产品剂型：25%可湿性粉剂，20%可湿性粉剂。

（6）实用技术：

用于防治卵菌纲病害，使用剂量为200～250g/hm^2。间隔期为7～10d。

3. 叶枯唑

（1）通用名称：叶枯唑、Bismerthlazol。

（2）化学名称：N，N′-亚甲基-双（2-氨基-5-硫基-1，3，4-枯唑）或N，N′-甲撑-双（2-氨基-5-巯基-1，3，4，-噻二唑）。

（3）毒性：低毒。

（4）作用方式：具有保护、治疗和预防作用及很强的内吸渗透性，是通过噻二唑干扰病原菌的氨基酸代谢的酯酶系统，破坏蛋白质的生物合成，抑制菌丝的生长和造成细胞颗粒化，使病原菌失去繁殖和侵染能力，从而达到杀死病原菌和防治病害的目的。

（5）产品剂型：25%可湿性粉剂，龙牌超微精品20%叶枯唑可湿性粉剂（叶青双超微粉），20%猛克菌（叶枯唑）可湿性粉剂，20%叶枯唑可湿性粉剂（细美），20%噻枯唑可湿性粉剂。

（6）实用技术：

1）防治棕榈类植物细菌性条斑病、叶枯病，可用20%可湿性粉剂100～150g/亩，对水40～50kg喷雾。

2）防治细菌性条斑病，可用25%可湿性粉剂500～750倍，或用20%可湿性粉剂400～500倍稀释液喷雾。

（7）注意事项：不可与碱性农药混用，以免分解失效。

4. 氯唑灵

（1）通用名称：氯唑灵、Etridiazole。

（2）化学名称：5-乙氧基-3-三氯甲基-1，2，4-噻二唑。

（3）毒性：低毒。

（4）作用方式：本品为保护、治疗、触杀性杀菌剂，土壤杀菌剂和种子处理剂。

（5）产品剂型：20%可湿性粉剂、35%克土菌（依得利）。

（6）实用技术：

1）防治疫病，可用2 000倍于播种当日及10d或15d后灌药各1次，若发病时每10d灌1次。

2）防治软腐病，可用2 500倍液于发病初期开始灌药，灌液量3L/m^2，每10d灌1次。

3）防治猝倒病或立枯病，按2g（a. i.）/m^2或20%可湿性粉剂稀释1 500倍灌根。

4）防治非洲菊基腐病，在生长季节或发病初期，喷洒20%可湿性粉剂1 500倍液。

5）防治兰花猝倒病、立枯病，可用35%克土菌1 500倍液灌根，灌液量2L/m^2。

5. 苯噻硫氰

（1）通用名称：苯噻氰、TCMTB。

（2）化学名称：2-（硫氰基甲基硫代）苯并噻唑。

（3）毒性：低毒。

（4）作用方式：苯噻硫氰是一种广谱性种子保护剂，具有预防和治疗作用。

（5）产品剂型：倍生30%乳油（Busan）。

（6）实用技术：

1）防治棕榈类植物苗期叶瘟病、徒长病、胡麻叶斑病、叶枯病等，用30%乳油1 000倍液浸种。

2）防治胡麻叶斑病、纹枯病，甘蔗凤梨病，柑橘溃疡病等，用30%乳油50mL对水喷雾，每隔7~14d喷1次。

3）防治瓜类猝倒病、蔓割病、立枯病等，可用30%乳油200~375mg/L药液灌根。

4）防治温室花卉真菌性枯萎病，可用苯噻氰（倍生）1 200倍液浸种20min。发病后，可用苯噻氰（倍生）1 200倍液灌根。

6. 噻菌茂

（1）通用名称：噻菌茂、Saijunmao。

（2）化学名称：2-苯甲酰肼-1，3-二噻茂烷。

（3）毒性：低毒。

（4）作用特点：是一种具有广谱、内吸性的有机硫类杀菌剂，兼有预防和治疗作用。

（5）产品剂型：20%可湿性粉剂。

（6）实用技术：防治观赏烟草青枯病、野火病、角斑病等，在发病初期，每亩用20%可湿性粉剂600倍液，采用灌根或茎基部喷淋或根区土壤喷淋，共施药2~3次，间隔期为15d。

7. 噻唑锌

（1）通用名称：噻唑锌、Zincthiazole、Zn-thiodiazole。

（2）化学名称：2-氨基-5-巯基-1，3，4-噻二唑锌或双(6-氯代-苯并噻唑-2-硫醚）锌。

（3）毒性：低毒。

（4）作用方式：噻唑锌是一种高效、低毒的噻唑类有机锌杀菌剂，具有良好的内吸保护和治疗作用。

（5）产品剂型：20%悬浮剂（捍绿）。

（6）实用技术：

1）防治棕榈类植物叶枯病，用20%悬浮剂225g（a. i.）/hm^2喷雾。防治棕榈类植物细菌性条斑病，用20%悬浮剂300g（a. i.）/hm^2喷雾。

2）防治柑橘溃疡病，用20%悬浮剂400~667g（a. i.）/hm^2喷雾。

3）预防柑橘疮痂病、炭疽病等病害，可在柑橘春芽刚萌动至1cm长时使用20%悬浮剂500~600倍液喷雾，每隔10~15d喷1次，连喷2~3次。

8. 噻森铜

（1）通用名称：噻森铜。

（2）化学名称：N，N′-甲撑-双（2-氨基-5-巯基-1，3，4-噻二唑）铜。

（3）毒性：低毒。

（4）作用方式：噻唑类高效广谱有机铜杀菌剂。

（5）产品剂型：20%、30%悬浮剂。

（6）实用技术：防治柑橘溃疡病可用20%悬浮剂或30%悬浮剂按400~667mg/kg喷雾。

9. 噻酰菌胺

（1）通用名称：噻酰菌胺、tradinil。

（2）化学名称：3′-氯-4，4′-二甲基-1，2，3-噻二唑-5-甲酰苯胺。

（3）毒性：低毒。

（4）作用方式：为内吸性杀菌剂，可通过根部吸收迅速传导到其他部位。主要是阻止病菌菌丝侵入邻近的健康细胞，并能诱导产生抗病基因。

（5）产品剂型：单剂6%颗粒剂，24%悬浮剂、80%可湿性粉剂。

（6）实用技术：防治瓜类霜霉病，可用噻酰菌胺200mg（a. i.）/kg叶面喷雾。

二、噁（咪）唑类

噁（咪）唑类（或噁唑烷酮类）杀菌剂与苯基酰胺类杀菌剂均是线粒体呼吸抑制剂，但不同于β-甲氧基丙烯酸酯类杀菌剂。与苯基酰胺类杀菌剂甲霜灵无交互抗性。品种有噁唑菌酮、氰唑磺菌胺、咪唑菌酮（恶霉灵的作用机制与其他不同）。

1. 噁霉灵

（1）通用名称：噁霉灵、hymexaxol。

（2）化学名称：3-羟基-5-甲基异噁唑。

（3）毒性：低毒，对皮肤、眼睛有轻度刺激作用。

（4）作用方式：噁霉灵是一种新型异噁唑类内吸性杀真菌剂和植物生长调节剂。噁霉灵可与土壤中的铁铝离子结合，抑制病原菌中核酸的生物合成，主要是抑制了对α-鹅膏蕈碱不敏感的RNA聚合酶A，从而阻碍了rRNA前体的转录；在植物体内主要代谢产生O-葡糖苷及N-葡糖苷，其中O-葡糖苷具有和噁霉灵同样的抗微生物活性，N-葡糖苷无抗微生物活性，但可促进作物的生理活性，提高幼苗的抗寒性。

（5）产品剂型：15%、8%、30%土菌消水剂，70%、90%土菌消可湿性粉剂，95%绿亨一号。

（6）实用技术：

1）用于苗床消毒，可预防苗期猝倒病、立枯病、枯萎病、根腐病、茎腐病等多种病害的发生。在播种前用95%绿亨一号3 000~5 000倍液喷洒苗床土壤。

2）防治草坪腐霉枯萎病，可用30%水剂按300~600mg/kg喷雾。

3）可预防枯萎病、根腐病、茎腐病、疫病、黄萎病、纹枯病等病害的发生，可在花卉等作物幼苗定植时或秧苗生长期，用

95%绿亨一号 3 000~5 000 倍喷洒。

4）防治吊兰、吊竹梅、冬青卫矛等根腐病，白鹤芋疫病，天竺葵茎基腐病，栀子花丝核菌叶斑病，朱蕉丝核菌根腐病，杜鹃花立枯病，可于发病后及时喷淋 95%绿亨一号精品 3 000 倍液。

5）防治由立枯丝核菌引起的金边瑞香基腐病可于生长期喷洒 95%绿亨一号精品 4 000 倍液。

6）防治红花猝倒病，移栽时用 15%水剂 450 倍液灌穴；防治烟草猝倒病、立枯病，发病初喷 70%可湿性粉剂 3 000~3 300 倍液。

7）防治茶苗猝倒病、立枯病，在种植前用 70%可湿性粉剂 100g/亩，对水喷洒地面。

（7）注意事项：不宜同碱性农药混用，苗后喷药后需用清水洗苗。

2. 噁唑菌酮

（1）通用名称：噁唑菌酮、famoxadone。

（2）化学名称：3-苯氨基-5-甲基-5-（4-苯氧基苯基）-1，3-唑啉-2，4-二酮。

（3）毒性：低毒。

（4）作用方式：是新型噁唑啉二酮类，具有保护、治疗、铲除、渗透、内吸活性的高效广谱杀菌剂。是线粒体电子传递抑制剂，主要表现在阻断细胞色素 b 和细胞色素 C 之间的电子传递通道中的 ADP—ATP 的氧化磷酸化作用。其对病原菌生长过程所释放出的孢子的萌发和菌丝的伸长也有一定的阻碍作用。

（5）产品剂型：98%、98.5%原药，78.5%母药，25%乳油。

（6）实用技术：

1）防治多种植物灰霉病，用 200~400g（a.i.）/hm^2 对水喷雾。

2）防治马铃薯、茄类晚疫病，用100~200g（a. i.）/hm^2对水喷雾。

3）防治葡萄霜霉病，用50~100g（a. i.）/hm^2对水喷雾。

4）防治瓜类灰霉病，用125~500mg（a. l.）/L喷雾。

3. 易保

（1）通用名称：噁唑菌酮+代森锰锌、famoxadonemancozeb。

（2）化学名称：3-苯氨基-5-甲基-5-（4-苯氧基苯基）-1，3-唑啉-2，4-二酮+乙撑双二硫代氨基甲酰锰和锌的络盐。

（3）毒性：低毒。

（4）作用方式：该药具有保护、治疗、铲除、渗透、内吸活性。

（5）产品剂型：68.75%水分散粒剂（噁唑菌酮6.25%+代森锰锌62.5%）。

（6）实用技术：

1）苹果用68.75%水分散粒剂1 200~1 500倍液，在春梢和秋梢各喷药2~3次，可防治苹果斑点落叶病。

2）葡萄在病害发生前或发病初期，用68.75%水分散粒剂1 200~1 500倍液，间隔7~10d喷药1次，连续喷2~3次，可防治葡萄霜霉病。

3）防治多种作物炭疽病、黑星病、黑斑病、叶斑病、霜霉病、早疫病、晚疫病、灰霉病、白粉病等多种病害，在发病初期用易保1 000~1 500倍液喷雾，7~10d喷1次，连喷3~4次。

（7）注意事项：不宜与强碱性药剂混用。

4. 万兴

（1）通用名称：噁唑菌酮+氟硅唑。

（2）化学名称：3-苯氨基-5-甲基-5-（4-苯氧基苯基）-1，3-唑啉-2，4-二酮+双（4-氟苯基）甲基（1H-1，2，4-唑-1-基亚甲撑）硅烷。

（3）毒性：低毒。

（4）作用方式：该药具有保护、治疗、铲除、渗透、内吸活性。

（5）产品剂型：20.67%杜邦万兴乳油，20.67%可湿性粉剂。

（6）实用技术：

1）防治葡萄黑痘病、黑腐病、白腐病、白粉病，梨树黑星病、白粉病、锈病、轮纹病，花卉白粉病、锈病、叶斑病等，可用20.67%杜邦万兴乳油2 000~3 000倍在发病初期叶面喷雾，以后视不利天气和病害发展情况每隔15d再喷1次。

2）防治冬枣锈病，可喷洒20.67%万兴乳油3 000倍液，兼治黑斑病和轮纹病等烂果病。

3）防治枣黑腐病，可用20.67%万兴乳油2 500~3 000倍液喷雾。

（7）注意事项：不能与强酸和强碱的农药混用。

5. 氰唑磺菌胺

（1）通用名称：氰霜唑、cyazofamid。

（2）化学名称：4-氯-2-氰基-5-对甲基苯基-咪唑-1-N，N-二甲基磺酰胺或4-氯-2-氰基-N，N-二甲基-5-对甲苯基咪唑-1-磺酰胺。

（3）毒性：低毒。

（4）作用方式：氰霜唑是一种保护性杀菌剂，具有一定的内吸和治疗活性，是线粒体呼吸抑制剂，是细胞色素b和C1中Qi抑制剂。

（5）产品剂型：10%氰霜唑悬浮剂（科佳）、10%悬浮剂、40%颗粒剂。

（6）实用技术：防治瓜类霜霉病、茄类晚疫病，用10%悬浮剂1 100~1 500倍液于发病前或发病初期喷洒，间隔7~10d喷

1 次，连喷 3~4 次。

6. 咪唑菌酮

（1）通用名称：咪唑菌酮、fenamidone。

（2）化学名称：（S）-1-苯胺-4-甲基-2-甲硫基-4-苯基咪唑啉-5-酮。

（3）毒性：低毒。

（4）作用方式：咪唑菌酮是一种具有内吸传导作用的杀菌剂。通过影响细胞色素 C 氧化还原酶水平而阻滞电子转移来抑制线粒体呼吸。

（5）产品剂型：50%悬浮剂。

（6）实用技术：咪唑菌酮主要用于叶面处理，使用剂量为 75~150g（a. i.）/hm^2。同三乙膦酸铝等一起使用具有增效作用。此外对一些非藻菌类病原菌也有很好的效果。

第十五章　喹啉类脲类及嘧啶胺类杀菌剂

一、喹啉类及脲类杀菌剂

1. 二噻农

（1）通用名称：二噻农、Dithianon（BSI，CSA，MAFJ）。

（2）化学名称：2，3-二腈基-1，4-二硫代蒽醌。

（3）毒性：低毒。

（4）作用方式：二噻农是一种广谱高效的保护性和治疗性杀菌剂。可通过与含硫基团反应和干扰细胞呼吸而抑制一系列真菌酶，最后导致病害死亡。对炭疽病的菌丝体、分生孢子、受精丝等都有较强的杀灭作用，并能抑制孢子形成，阻断病菌再侵染。

（5）产品剂型：75%可湿性粉剂，70%水分散粒剂，66%水分散粒剂，22.7%二氰蒽醌悬浮剂。

（6）实用技术：

1）防治苹果、梨黑星病，苹果轮纹病，樱桃叶斑病、锈病、炭疽病和穿孔病，桃、杏缩叶病、褐腐病、锈病，柑橘疮痂病、锈病，草莓叶斑病等，使用剂量为525g（a. i.）/hm^2，防治葡萄霜霉病，使用剂量为560g（a. i.）/hm^2。

2）防治炭疽病可用22.7%二氰蒽醌悬浮剂600~800倍液喷雾。防治观赏椒炭疽病可用66%水分散性粒20~30g/亩喷雾。

（7）注意事项：不可与碱性农药及矿物油雾剂混用。

2. 苯氧喹啉

（1）通用名称：苯氧喹啉、Quinoxyfen。

（2）化学名称：$C_{15}H_8Cl_2FNO$。

（3）毒性：低毒。

（4）作用方式：苯氧喹啉为内吸性、保护性杀菌剂，具有蒸气相活性，移动性好，可以抑制细胞生长。

（5）产品剂型：25%、50%悬浮剂。

（6）实用技术：防治早熟禾类白粉病使用剂量为100~250g（a.i.）/hm^2。防治葡萄白粉病使用剂量为50~75g（a.i.）/hm^2。

3. 喹菌酮

（1）通用名称：喹菌酮、Oxolinic Acid。

（2）化学名称：5-乙基-5，8-二氢-8-氧代（1，3）-二噁茂-（4，5，8）-喹啉-7-羧酸。

（3）毒性：低毒。

（4）作用特点：喹菌酮具有保护和治疗作用，作用机制是抑制细菌脱氧核苷酸的合成。

（5）产品剂型：1%超微粉剂，20%可湿性粉剂。12.5%、25%可湿性粉剂，烟剂，粉剂。

（6）实用技术：用20%可湿性粉剂1 000倍液，防治棕榈类植物苗期菌性立枯病、叶鞘褐条病，软腐病，溃疡病，在发病初期喷药，每隔5~7d喷1次，连喷3~4次。防治苹果、梨火疫病、软腐病，每隔7~10d喷1次，连喷2~3次。防治鸢尾细菌性软腐病，可于发病初喷洒20%可湿性粉剂1 500倍液喷植株基部，每隔10d喷1次，共喷2~3次。防治兰花细菌性软腐病，可用20%可湿性粉剂1 000倍喷雾或浇灌，每3~5d喷1次，共3次。防治兜兰软腐病可用20%喹菌酮可湿性粉剂1 500倍液喷雾。

4. 霜脲氰

(1) 通用名称：霜脲氰、Cymoxanil。

(2) 化学名称：1-（2-氰基-2-甲氧基亚氨基）-3-乙基脲。

(3) 毒性：低毒，对眼睛有轻微刺激作用。

(4) 作用方式：霜脲氰是一种高效、低毒脲类杀菌剂，具有保护、治疗、接触渗透和局部内吸作用。主要是阻止病原菌孢子萌发，对侵入寄主内病菌也有杀伤和抑制作用。

(5) 产品剂型：80%霜脲氰水分散粒剂，72%霜脲锰锌WP（进口的为72%克露WP，国产的为72%克绝锰锌WP），36%霜脲锰锌WP（混配药剂因霜脲氰含量低，建议按照保护性杀菌剂施用）。

(6) 实用技术：

1）防治瓜类等霜霉病，在病害发生之前或发病初期用80%霜脲氰水分散粒剂600倍液隔7~10d喷1次，连喷2~3次，可兼治疫病与其他的叶斑类病害。

2）防治茄类早、晚疫，用80%霜脲氰水分散粒剂500倍液喷雾，隔7~10d喷1次，连喷2~3次。

3）在葡萄园施用霜脲氰，建议施用纯的霜脲氰制剂，如80%霜脲氰水分散粒剂，施用2 000~3 000倍液，也可以3 000~4 000倍液与保护性杀菌剂（如喷克、喷富露等）混合施用。

5. 戊菌隆

(1) 通用名称：戊菌隆、pencycuron。

(2) 化学名称：1-（4-氯苄基）-1-环戊基-3-苯基脲。

(3) 毒性：低毒。

(4) 作用方式：戊菌隆是一种新型的苯基脲类非内吸性、具有保护作用和持效期长特性的接触性杀菌剂，对防治由丝核菌引起的病害具有专一活性，对立枯丝菌引起的病害有特殊作用。

(5) 产品剂型：25%可湿性粉剂，1.5%粉剂，12.5%干拌种剂和20%戊菌隆+50%克菌丹的复合制剂，95%戊菌隆原药混剂；GauchoM（戊菌隆+吡虫啉+福美双）、Monceren（戊菌隆+抑霉唑）、Prestlge（戊菌隆+吡虫啉）。

(6) 实用技术：

1) 防治马铃薯、棕榈类植物、观赏棉、红叶甜菜病害，用量为15~25g（a.i.）/100kg。

2) 防治棕榈类植物纹枯病，茎叶处理使用戊菌隆剂量为150~250g（a.i.）/hm^2，或1 500~2 000倍液。或在纹枯病初发生时喷第1次药，20d后再喷第2次。每次用25%戊菌隆可湿性粉剂50~66.8g（a.i.12.5~16.7g）/亩对水100kg喷雾。

3) 用于防治佐佐木薄膜革菌，每公顷用150~250g有效成分喷雾2次。

二、嘧啶胺类杀菌剂

嘧啶胺类杀菌剂的作用机制独特，该类药剂在离体条件下对病菌的抗菌性很弱，但用于寄主植物上却表现很好的防治效果，该类药剂能抑制病菌甲硫氨酸的生物合成和细胞壁降解酶的分泌，从而影响病菌侵入寄主植物。如甲基嘧菌胺和嘧菌胺的作用机制是抑制病原菌蛋白质分泌，包括降低一些水解酶水平，据推测这些酶与病原菌进入寄主植物并引起寄主组织的坏死有关。环丙嘧菌胺是蛋氨酸生物合成的抑制剂，同三唑类、咪唑类、吗啉类、二羧酰亚类、苯基吡咯类杀菌剂无交互抗性，对敏感或抗性病原菌均有优异的活性。该类药剂对灰葡萄孢菌所致的各种病害有特效，且与二甲酰亚胺类杀菌剂无交互抗性。

目前对甲基嘧菌胺及嘧菌胺等杀菌剂的作用机制主要有两种解释：一是抑制细胞壁降解酶的分泌（如甲基嘧菌胺对孢子萌发

和附着孢的形成没有影响，对病原菌的早期入侵阶段几乎没有影响，但能显著地减少入侵点周围寄主细胞的死亡）。病原菌依靠分泌的各种细胞壁降解酶（如果胶酶、纤维素酶等）的作用裂解破坏寄主细胞，并获得自身发展所需营养。甲基嘧菌胺和嘧菌胺对病菌细胞壁降解酶的分泌有抑制作用。二是干扰甲硫氨酸（蛋氨酸）的生物合成。在寄主植物和病原菌体内，甲硫氨酸是由天冬氨酸合成的。甲基嘧菌胺和嘧菌胺抑制了甲硫氨酸生物合成途径中次末端-β胱硫醚裂解酶（β-cyctathionase）的活性从而抑制了甲硫氨酸的合成。

1. 甲基嘧菌胺

（1）通用名称：甲基嘧菌胺、pyrimethanil。

（2）化学名称：N-（4，6-二甲基嘧啶-2-基）苯胺。

（3）毒性：低毒。

（4）作用方式：甲基嘧菌胺具有保护、叶片穿透及根部内吸活性。抑制病原菌蛋白质分泌，包括降低一些水解酶水平。

（5）产品剂型：40%甲基嘧菌胺悬浮剂。

（6）实用技术：防治葡萄、草莓、茄类、洋葱、菜豆、豌豆、黄爪、观赏茄等作物以及观赏植物的灰霉病和苹果黑腥病，使用剂量为200~800g（a. i.）/hm^2。

2. 嘧菌胺

（1）通用名称：嘧菌胺、Mepanipyrim。

（2）化学名称：4-甲基-N-笨基-6-（1-丙炔基）-2-嘧啶胺。

（3）毒性：低毒。

（4）作用方式：嘧菌胺具有保护、治疗、铲除、渗透、内吸活性。其通过作用于细胞色素b和C1间电子转移抑制线粒体的呼吸；抑制病原菌蛋白质分泌，降低一些水解酶水平。

（5）产品剂型：30%嘧菌胺（施美特）悬浮剂。

（6）实用技术：防治苹果和梨黑星病，瓜类、葡萄、草莓和茄类灰霉病，桃、梨等褐腐病等，使用剂量为 200～750g（a. i.）/hm^2。防治瓜类、玫瑰、草莓白粉病，使用剂量为 140～600g（a. i.）/hm^2。防治温室花卉灰霉病，可用 30%嘧菌胺悬浮剂 1 000 倍液喷雾。

3. 嘧菌环胺

（1）通用名称：嘧菌环胺、Cyprodinil（BSI，ISO）。

（2）化学名称：4-环丙基-6-甲基-N-苯基嘧啶-2-胺。

（3）毒性：低毒。

（4）作用方式：嘧菌环胺是蛋氨酸生物合成抑制剂，可抑制真菌水解酶分泌和蛋氨酸的生物合成，抑制破坏植物体中病原菌菌丝体的生长。具有长效的保护、治疗作用及叶片穿透与根部内吸活性。

（5）产品剂型：30%悬浮剂，50%和瑞水分散性粒剂，75%水分散性粒剂。

（6）实用技术：叶面喷雾剂量为 150～750g（a. i.）/hm^2，种子处理剂量为 5g（a. i.）/100kg 种子。防治观赏百合灰霉病，可用 30%悬浮剂按 225～675g/hm^2 喷雾。防治葡萄、草莓、观赏椒灰霉病等，可用 50%和瑞 60～90g/亩，或稀释 625～1 000 倍于发病初期叶面均匀喷雾，间隔 7～10d 喷 1 次。一季作物最多使用 3 次。葡萄盛花期慎用。防治油菜菌核病，可用 50%和瑞水分解性粒剂 800 倍液，喷施植株中下部。

4. 氟嘧菌胺

（1）通用名称：氟嘧菌胺、diflumetorim。

（2）化学名称：（RS）-5-氯-N-｛1-［4-（二氟甲氧）苯基］丙基｝-6-甲基嘧啶-4-基胺。

（3）毒性：低毒。

（4）作用方式：氟嘧菌胺为苄氨基嘧啶类化合物，氟嘧菌胺从分生孢子萌发至分生孢子梗及附着孢的形成的任何真菌生长期，都能立即抑制生长。

（5）产品剂型：10%乳油，23.5%氟嘧菌胺悬浮剂。

（6）实用技术：防治禾本科植物白粉病、麦类锈病、玫瑰白粉病、菊花锈病等，可用50~100mg（a.i.）/L喷雾。防治玫瑰白粉病推荐浓度50mg（a.i.）/L喷雾，防治菊花锈病推荐浓度100mg（a.i.）/L喷雾。

5. 嘧霉胺

（1）通用名称：嘧霉胺、Pyrimethanil（ISO，BSI）。

（2）化学名称：N-（4，6-二甲基嘧啶-2-基）苯胺。

（3）毒性：低毒。

（4）产品剂型：20%、30%、37%、40%悬浮剂，20%、25%、40%可湿性粉剂，12.5%乳油，80%水分散粒剂。

（5）作用方式：嘧霉胺具有保护和治疗作用，同时具有内吸和熏蒸作用，药效快而稳定，且受气温影响很小，在较低温度下仍可施用。其杀菌机制是通过抑制病菌侵染酶的分泌从而阻止病菌侵染，并杀死病菌（通过抑制病原体蛋白质的分泌，降低某些水解酶的含量，然后渗透到寄主组织中使之坏死）。

（6）实用技术：

1）防治观赏菊花灰霉病，可用80%水分散粒剂400~800mg/kg喷雾。防治水仙褐斑灰霉病，可用40%嘧霉胺悬浮剂1 000倍液喷洒。防治香石竹灰霉病，可喷洒40%嘧霉胺悬浮剂1 200倍液。防治四季秋海棠及球根秋海棠灰霉病、球根球海棠花腐病及仙客来、吊兰、吊竹梅灰霉病，可选用40%施佳乐悬浮剂1 500倍液喷洒。

2）防治凤梨、马利安万年青灰霉病，可于发病初期喷洒40%施佳乐悬浮剂1 200倍液。防治天竺葵、扶桑灰霉病，可于发病初期喷洒40%施佳乐悬浮剂1 200倍液。防治金边瑞香灰霉

病，可于发病初期喷洒40%施佳乐悬浮剂1 200倍液，每10d喷1次，共3~4次。防治葡萄灰霉病，喷40%悬浮剂或可湿性粉剂1 000~1 500倍液，当一个生长季节需施药4次以上时，应与其他杀菌剂交替使用，以免产生耐药性。

3）防治瓜类、茄类灰霉病，在发病前或发病初期开始喷药，一般用有效成分25~37.5g/亩，折合40%悬浮剂、可湿性粉剂63~94g，或20%悬浮剂、可湿性粉剂125~188g，或30%悬浮剂、可湿性粉剂85~125g，每7~10d喷1次，共喷2~3次。

（7）注意事项：直接在作物上施加原药药效维持时间短。可与多数农药混用，但不可与碱性农药混用。晴天上午8时至下午5时、空气相对湿度低于65%时使用；气温高于28℃时应停止施药。

第十六章　卤素类及季铵盐类杀菌剂

一、含氯杀菌消毒剂

凡是能溶于水，产生次氯酸的消毒剂统称含氯消毒剂。该类消毒剂分为以氯胺类为主的有机氯和以次氯酸为主的无机氯，前者杀菌作用慢、性能稳定；后者杀菌作用快、性能不稳定。含氯消毒剂的杀菌机制：一是次氯酸能通过扩散到带负电荷的菌体表面，并通过细胞壁穿透到菌体内部起氧化作用，破坏细菌的磷酸脱氢酶，使糖代谢失衡而致细菌死亡；二是次氯酸分解产生氧，将菌体蛋白质氧化；三是氯原子通过与细胞膜蛋白质结合，形成氮氯化合物，从而干扰细胞的代谢，引起细菌的死亡。

1. 漂白粉

（1）通用名称：次氯酸钙、calcium hypochlorite。

（2）化学名称：Ca（ClO）$_2$。

（3）毒性：微毒。

（4）作用方式：次氯酸钙很不稳定，遇水即分解放出次氯酸和氯气，次氯酸随即分解生成氯化氢和新生氧，将菌体蛋白质氧化。

（5）产品剂型：70%颗粒、70%片剂。

（6）实用技术：常用颗粒或片剂配制浓度 1.4g/L 或 7.0g/L 的溶液，其有效氯浓度分别为 1.0g/L 和 5g/L。防治仙人球腐烂

病，可将仙人球烂肉清除后撒上一层次氯酸颗粒。本品可用于消毒。

2. 二氧化氯

（1）通用名称：二氧化氯、chlorine dioxide。

（2）化学名称：二氧化氯。

（3）毒性：低毒。

（4）作用方式：二氧化氯是高选择性的氧化剂，能破坏病原菌的酶系统并与氨基酸和蛋白质发生氧化反应。二氧化氯具有预防、治疗、铲除作用。

（5）产品剂型：36%~38%粉剂。

（6）实用技术：防治保护地白粉病可用1 000倍液喷雾。

3. 二氯异氰尿酸钠

（1）通用名称：二氯异氰尿酸钠、sodium dichloroisocyanurate。

（2）化学名称；二氯异氰尿酸钠。

（3）毒性：低毒。

（4）作用方式：二氯异氰尿酸钠为高活性具有保护、治疗、铲除作用的广谱消毒杀菌剂，通过释放次氯酸产生的氧抑制线粒体的呼吸作用。

（5）产品剂型：20%、40%、50%可溶性粉剂，20%、25%可湿性粉剂、片剂、水悬浮剂（喷克菌），15%、30%、68%粉剂。

（6）实用技术：

1）防治芦荟根腐病、龙舌兰褐斑病，可于发病初期用20%可溶性粉剂300~400倍液浇灌。

2）防治杜鹃褐斑病，于发病初期喷洒20%可湿性粉剂1 000倍液。

3）防治桑漆斑病，在发病初喷洒50%可溶性粉剂2 000倍

液，7~10d 后再喷 1 次。

4）防治草坪的腐霉枯萎病、镰刀枯萎病、币斑病、褐斑病（蛙眼病）、白粉病、锈病（黄粉病），在发病前或初期选无风晴天，每亩草坪使用坪安 10 号 15~20mL，对水 25~30kg 喷雾，或每亩草坪使用喷克菌 15~20mL，对水 25~30kg 喷雾。

5）防治草坪根茎部病害，如枯萎病、白绢病、蘑菇圈（仙环病）、根腐病，可在发病前或初期选无风晴天，使用 50%可溶性粉剂 1 500 倍液进行叶面喷雾，间隔 10~15d，连喷 3 次。防治玉兰炭疽病，可用 25%水悬浮剂 7. 5~10mL，对水 12. 5~15kg 喷雾。

6）防治大叶黄杨叶部病害，于发病中后期，可以使用 25%水悬浮剂 2 000~3 000 倍液，每隔 7~10d 喷洒 1 次，连续 2~3 次。

7）预防温室花卉各种病害时，可用 25%水悬浮剂稀释 1 000~1 500 倍液；用于治疗时，稀释 800~1 000 倍液，进行叶面喷施，7~10d 后重喷 1 次，连续喷药 2~3 次。

4. 农思得

（1）通用名称：二氯异氰尿酸钠、sodium dichloroisocyanurat。

（2）化学名称：二氯异氰尿酸钠、$C_3O_3N_3Cl_2Na$。

（3）毒性：低毒。

（4）作用方式：农思得是一种极强的消毒剂、氧化剂和氯化剂。作为杀菌剂通过释放出的新生态原子氧，氧化微生物的原浆蛋白活性基团，使蛋白质中氨基酸氧化分解，杀灭病原微生物。

（5）产品剂型：40%可溶性粉剂。

（6）实用技术：

1）苗床处理：按 10~15g/m^2 用量，均匀施于苗床内，可有效防治由床土带菌引起的各种作物的苗期病害。

2）种子处理：用 40%可溶粉剂 600~800 倍液进行浸种或拌种，可有效防治由种子带菌引起的各种作物的苗期病害。

3）土壤处理：按每亩500~800g用量，拌土撒施，可有效防治青枯病、枯萎病、黄萎病、根腐病等各种作物的土传病害。

4）叶面喷施：用40%可溶粉剂1 000~3 000倍液进行叶面喷施，可有效防治由细菌、真菌、病毒引发的瓜类霜霉病、角斑病，苹果斑点落叶病、轮纹病、腐烂病、炭疽病，桃树流胶病、穿孔病，梨树黑星病；葡萄霜霉病、黑痘病、白腐病、炭疽病、锈病等各种作物病害。

5）灌根：按每亩200~500g用量，随灌溉冲施或穴施，可防治各种作物根部的病害。

5. 三氯异氰尿酸

（1）通用名称：三氯异氰尿酸、Trichloros Triazine Trione。

（2）化学名称：三氯-均三嗪-2，4，6三酮，简称TCCA。

（3）毒性：低毒。

（4）作用方式：三氯异氰尿酸是一种新型、高效的杀菌消毒漂白剂，具有触杀和内吸治疗作用。其消毒杀菌和漂白原理同二氯异氰尿酸钠。

（5）产品剂型：42%可湿性粉剂，36%可湿性粉剂、粉剂、精细粉末，27%、30%粉剂，粒剂（8~30目/20~60目），片剂1g/片、5g/片、15g/片、20g/片、100g/片、200g/片等。

（6）实用技术：

1）防治园林花卉立枯病（死苗、烂秧），在幼苗4片叶期后用36%粉剂1 500倍液喷雾，间隔5~7d喷1次，连用2次。

2）防治花卉枯萎病、黄萎病，可在发病初期用36%粉剂1 000~1 500倍液喷雾，间隔7~10d喷1次，连用2~3次。

3）防治纹枯病，可用36%粉剂2 000倍喷雾。

4）防治细菌性病害、病毒病可在发病前或发病初期用36%粉剂1 000~1 500倍液喷雾，间隔7~10d喷1次，连用2~3次。

5）用于种子消毒，可用36%粉剂500~1 000倍液浸种4~

6h，可切断种传病害。

6）用于土壤消毒，可用36%粉剂1 000~1 500倍液灌根或土壤喷雾、泼浇，可杀灭土传病害。

7）用42%可湿性粉剂杀灭土壤病菌时，可按以下方法使用：土壤温度须在5℃以上，将土地翻耕20~40cm深时，用42%可湿性粉剂1 000涪液，均匀喷至翻耕处，喷后即可平整，再在平整的土壤表层喷雾1次，每亩用量为500~1 000g，4h后即可播种或栽植。拌土撒施杀菌消毒方法：翻耕土地20~40cm深时，用42%可湿性粉剂500g拌细土10kg，均匀直接撒入翻耕土壤层面，撒后即可平整土地，每亩用量为500~1 000g，4h后即可播种或栽植。浇灌杀菌消毒方法：用足够清水稀释后，可采用喷灌、滴灌、微灌、直接浇灌的方式，可直接对土壤靶标目标实施杀菌消毒，每亩用量为500~1 000g。培养土病菌杀菌消毒时：每立方米培养土（基肥）施42%可湿性粉剂100g，拌匀后用薄膜覆盖1~2d，揭膜后待药味挥发掉即可。

8）27%粉剂用法：在地温5℃以上时，将土地翻耕20~40cm深时，用喷雾器将1 000倍稀释液均匀喷至翻耕处并平整，再在平整的土壤表层喷雾1次，即可达到杀菌消毒的目的，每亩用量500~1 000g；或翻耕土地20~40cm深时，将地菌消500g拌细土10kg，均匀直接撒入翻耕土壤表面，撒后平整土地，每亩用量为500~1 000g；或27%粉剂用足够清水稀释后，采用喷灌、滴灌、微灌、直接浇灌的方式，直接对土壤靶标目标实施杀菌消毒，每亩用量500~1 000g；或每立方米培养土（基肥）施27%粉剂100g，拌匀后用薄膜覆盖1~2d，揭膜后待药味挥发掉即可。

（7）注意事项：严禁与有机磷农药直接混用。如需混用，必须先将该药充分稀释后（二次稀释），再加入其他农药，否则易发生危险。禁止与碳铵、硫酸铵、氯化铵、尿素等含有氨、铵、胺的无机盐和有机物混合和混放，否则易发生危险。

6. 杀菌王

（1）通用名称：氯溴异氰脲酸、chlorobromoisocyanuric acid。

（2）化学名称：氯溴异氰脲酸。

（3）毒性：低毒。

（4）作用方式：该药为广谱、高效、具内吸和保护作用的广谱杀菌剂，能快速杀灭细菌、病毒，并对真菌性病害有强烈抑制作用。喷施于作物表面后缓慢释放次溴酸（HOBr）杀灭细菌、真菌、病毒、芽孢。喷在作物或土壤中，释放次溴酸后的母体形成三嗪二酮（DHT）和均三酮（ADHT）（或三嗪），因而具有强烈的杀病毒作用。

（5）产品剂型：28%、30%、50%水溶性粉剂。

（6）实用技术：

1）防治花叶美人蕉瘟病，凤梨德氏霉叶斑病、焦腐病，可用50%水溶性粉剂1 000倍液。

2）防治仙客来枯萎病，可喷洒或浇灌50%水溶性粉剂1 000倍液，或每株灌药液100～200mL，间隔7～10d喷1次，共2～3次。

3）防治大花君子兰烂根病、叶枯病，喜林芋类炭疽病、叶斑病，扶桑疫腐病、栀子花灰斑病、栀子花根腐病、龙血树茎腐病、朱顶红叶斑病、兰花疫病，春羽灰斑病、叶斑病，可于发病初期喷淋50%水溶性粉剂1 000倍液。

4）防治茉莉花根茎腐病，可于发病初喷淋50%水溶性粉剂1 200倍液。

5）防治金边瑞香镰刀菌枯萎病，可于苗出现打蔫时浇灌50%水溶性粉剂1 000倍液。

6）防治由疫霉菌引起的基腐病，由腐霉菌引起的虎刺梅根腐茎腐病、香石竹枯萎病，可用50%杀水溶性粉剂1 000倍液喷雾。

7）防治杜鹃花假尾孢褐斑病、杜鹃花根腐病，可浇灌50%

可溶性粉剂 1 000 倍液。

8）防治桂花壳二孢叶斑病、桂花链格孢叶斑病及黑霉病混合病害，可于发病初期喷洒 50%可溶性粉剂 1 000 倍液。

9）防治肉桂褐斑病、褐根病，可于发病初喷洒 50%可溶性水剂 1 000 倍液，每 10d 喷 1 次，共 3~4 次。

10）防治果树黑星病、褐斑病、腐烂病、轮纹病、穿孔病、流胶病，可用 50%水溶性粉剂 1 000~1 500 倍液喷雾。

11）防治葡萄黑痘病、白腐病、灰霉病、褐斑病，柑橘疮痂病、溃疡病、腐烂病、炭疽病，可用 50%水溶性粉剂 1 000~1 500 倍液喷雾。

12）防治苹果、梨、柑橘等黑星病、腐烂病、溃疡病及香蕉、桃、葡萄等疮痂病、穿孔病、穗轴褐枯病、轮纹病、叶斑病、黑痘病，可用 50%水溶性粉剂 1 000 倍液喷雾。

13）防治温室花卉软腐病、霜霉病、病毒病，瓜类等角斑病、腐烂病、霜霉病、病毒病、枯萎病、根腐病，可用 50%水溶性粉剂 1 500 倍液喷雾。

二、含碘、溴杀菌剂

碘能氧化细菌细胞质蛋白质的活性基团，并与蛋白质的氨基结合，使其变性，能杀死细菌、真菌、病毒和阿米巴原虫。二价碘是主要的抗微生物剂，它可以破坏维系蛋白质细胞的键，抑制蛋白质合成。通常，游离碘元素和次碘酸是有效破坏微生物作用的活性剂。

1. 平腐灵

（1）通用名称：平腐灵。

（2）化学名称：碘。

（3）毒性：微毒。

(4) 作用方式：平腐灵对真菌、细菌、病毒、芽孢等引起的各种病害都有治疗作用。不易产生抗性。对蜡质、树脂、胶质、脂肪、磷脂、多糖类、蛋白质、核酸等具有极强的渗透作用。

(5) 产品剂型：1%碘水剂、精碘168、博医（783）。

(6) 实用技术：

1) 防治果树花腐病，可在芽膨大期树上喷博医（783）900倍液。防治果树黑星病、黑斑病、腐烂病、轮纹病、锈病、花腐病、花芽冻害可于花序分离期（4月下旬至5月初）喷淋博医（783）30倍液。

2) 防治苹果树、枣、梨树、樱桃树的腐烂病、粗皮病，桃树、李树、樱桃树流胶病，南方果树树脂病等，可直接用1%碘水剂30~50倍液涂抹病部。

2. 蓓乐秀

(1) 通用名称：倍乐溴。

(2) 化学名称：吡咯烷酮均聚物+溴。

(3) 毒性：低毒。

(4) 作用方式：蓓乐秀为具有内吸传导作用的广谱杀菌活性络合态溴。其可通过所带正电荷与微生物细胞膜上带负电荷基团成键，在细胞膜上产生应力，产生溶菌作用，导致细胞的死亡；也可透过细胞膜进入微生物体内，导致微生物代谢异常，致使细胞死亡。当喷施在作物表面，高含量溴素能慢慢地释放活性是次氯酸四倍的次溴酸（HOBr），杀灭细菌、真菌。

(5) 产品剂型：油乳粉杀菌剂。

(6) 实用技术：防治温室花卉类病害，每亩用50~80g对水45~60kg喷雾。防治瓜类苗期病害用3 000倍液喷雾。防治苹果等果树病害，用2 000倍液喷雾。

3. 铀碘霉素

（1）通用名称：铀碘霉素。

（2）化学名称：碘。

（3）毒性：低毒。

（4）作用方式：铀碘霉素由碘与多种杀菌剂、有机硅增效剂等组合而成，杀菌更强劲，可杀灭真菌、细菌、病毒，可用于多种植物控制枯黄萎、死苗、立枯、烂根症状。

（5）产品剂型：3.6%乳油。

（6）实用技术：防治多种作物的多种病害可用制剂 15mL 对水 15~20kg 喷雾。

三、季铵盐杀菌剂

季铵盐杀菌剂是一类含阳离子的季铵盐聚合物，属于外膜活性化合物，具有表面活性剂的表面吸附、降低表面张力及在溶液中聚集等基本特性，以及抑制和杀灭微生物等生物效应。季铵盐类抗菌剂既能抑制细菌生长，又能杀菌。这是由于：①细菌表面通常带负电，季铵盐类有一个很容易吸附在带负电荷的细菌表面能改变细胞膜的阳离子基因。②季铵盐的亲油基能通过细胞壁损伤细胞壁和原生质膜。③季铵盐也能通过细胞壁，进入菌体内部，与蛋白质或酶起反应，使微生物的代谢异常。④季铵盐可以侵害微生物细胞质膜中的磷酯类物质，引起细胞自溶而死亡。季铵盐类化合物大多混合使用，也经常与醇类等其他杀菌剂联合使用。季铵盐类化合物对繁殖的细菌和含脂类病毒具有良好活性。

1. 甲羟鎓

（1）通用名称：甲羟鎓。

（2）化学名称：聚 N，N-二甲基-2-羟基丙基鎓氯化物。

（3）毒性：低毒。

（4）作用方式：甲羟鎓是新型高效内吸、具有治疗和铲除作用的传导性广谱季铵盐类杀菌剂，通过阻断植物线粒体的呼吸而破坏真菌的能量合成。

（5）产品剂型：50%甲羟鎓水剂。

（6）实用技术：

1）防治气生兰（卡特兰）圆斑病、万带兰叶斑病、风信子褐腐病、菊花斑枯病，可用50%甲羟鎓水剂1 500倍液，隔10~15d喷1次，共喷2~3次。

2）防治水塔花叶斑病，可于发病初期喷50%甲羟鎓水剂1 000倍液。

3）防治荷花烂叶病，可于发病初期喷50%甲羟鎓水剂1 500倍液。

4）防治荔枝芽枝霉花腐叶斑病，可喷施50%甲羟鎓水剂1 500~2 000倍液。

5）防治苏铁褐斑病，可用50%甲羟鎓水剂1 500倍液喷治。

（7）注意事项：忌与酸性农药混用。

2. 十二烷基二甲基苄基氯化铵

（1）通用名称：十二烷基苄基二甲基氯化铵、Benzalkonium Chloride。

（2）化学名称：十二烷基苄基二甲基氯化铵。

（3）毒性：低毒。

（4）作用方式：本品属季铵盐型阳离子表面活性剂非氧化性广谱、高效的杀菌剂。用于植物为保护性杀菌剂，兼有铲除作用。

（5）产品剂型：5%、10%水剂。

（6）实用技术：

1）防治苹果炭疽病，可喷洒5%水剂400~600倍液；防治苹果斑点落叶病，可喷洒10%水剂600~800倍液。

2）防治多种植物褐斑病，可喷10%水剂600倍液3次和波尔多液2次，甲基托布津1次，全年共喷药8次。

3）防治苹果霉心病，在开花前后各喷1次10%水剂800倍液。

第十七章　生物杀菌剂

一、植物源杀菌剂

植物源杀菌剂是指具有杀死某些病原菌或抑制其生长发育的植物防卫素，其中大多数化学物质如生物碱类、类黄酮类、蛋白质类、有机酸类和酚类化合物等具有抗菌活性。具体分为四大类，第一类是抗真菌植物源杀菌剂：主要有细辛、白头翁、穿心莲、大黄、大蒜、厚朴等。第二类为抗病毒植物源杀菌剂：主要有商陆、甘草、小藜、连翘、大黄、红花马齿苋、红叶藜等。第三类为杀线虫植物源杀菌剂：主要有鱼藤酮、大蒜、穿心莲、苦楝皮、常春藤、烟草等。第四类为抗细菌植物源杀菌剂：主要有大蒜、穿心莲、荆芥、洋葱、仙鹤草、半枝莲等。

植物源杀菌剂主要通过从植物中提取的活性物质对植物病菌起直接的抑制作用，同时含有一些活性物质和营养成分，既可刺激植物自身产生抗病菌活性物质和机能，又可以提高和改进植物营养生长条件而提高抗病能力。

1. 大蒜油

（1）通用名称：大蒜油、Allitridi。

（2）化学名称：三硫二丙烯。

（3）毒性：低毒。

（4）作用方式：大蒜油是一种广谱抗菌物质，具有活化细

胞、促进能量产生、增加抗菌及抗病毒能力，可用于对农作物害虫和线虫的防治。

（5）产品剂型：80%乙蒜素乳油。

（6）实用技术：防治青枯病等可用青枯立克300倍液，加大蒜油1 000倍液，对严重病株及病株周围2~3m区域植株进行灌根，连灌2次，两次间隔1d。防治叶部病害可用80%乙蒜素乳油3 000倍液，叶面均匀喷雾。

2. 绿帝

（1）通用名称：绿帝、Ludi。

（2）化学名称：邻烯丙基苯酚。

（3）毒性：低毒。

（4）作用方式：绿帝具有很强的杀菌和抑菌作用，但无内吸作用。药剂通过对病菌细胞呼吸作用，以及对病菌细胞壁胞外水解酶发生的影响而起作用。

（5）产品剂型：10%乳油，15%、20%可湿性粉剂。

（6）实用技术：

1）防治如牡丹、月季、一品红、仙客来、郁金香等的灰霉病，在发病初期，用20%可湿性粉剂600~800倍喷雾，或10%绿帝乳油300~500倍液，或15%可湿性粉剂500~700倍液。

2）防治梅花、玫瑰、蔷薇、瓜叶菊、福禄考等的白粉病，在发病初期，使用10%乳油600~1 000倍液喷雾。

3）防治白兰花、梅花、苏铁、君子兰、含笑、八仙花等的炭疽病，在发病初期，用20%可湿性粉剂600~800倍喷雾，隔5~7d喷1次，连喷2~3次。

4）防治山茶花、杜鹃花、扶桑花等的花腐病，用20%可湿性粉剂800~1 000倍液喷雾。

5）防治月季枯枝病、碧桃侵染性流胶病、唐菖蒲干腐病等，用10%乳油40~60倍液涂抹病部。

6）防治木芙蓉白粉病，可于发病初喷施10%乳油300~500倍液或15%可湿性粉剂500~700倍液。

7）防治苹果腐烂病、轮纹病，番茄灰霉病、早疫病、叶霉病，可用10%乳油300~500倍液喷雾。

（7）注意事项：对豆科花木有轻微药害，慎用；对瓜类、豆类有药害，不宜做拌种和浸种用。

3. 邻烯丙基苯酚

（1）通用名称：邻烯丙基苯酚、银果、2-allylphenol、Yinguo。

（2）化学名称：邻烯丙基苯酚。

（3）毒性：低毒。

（4）作用方式：本品为合成的拟银果提取液的植物源仿生广谱杀菌剂，以触杀、熏蒸作用为主，同时可渗透到植物组织内部，杀死病菌。具杀菌、抑菌双重作用。

（5）产品剂型：10%乳油，20%可湿性粉剂。

（6）实用技术：

1）防治枣树、苹果等果树的轮纹病、干腐病、落叶病、锈病，梨黑星病等病害，在发病初期，用600~1 000倍20%可湿性粉剂+1 000倍“天达2116”（果树专用型）喷洒树冠。

2）防治树木腐烂病、轮纹病以40~60倍液涂抹腐烂病部或在春天萌芽前，秋天果实收获后至落叶前，在病斑处烂刀划段，对3~5倍液涂抹，病皮一般4~5d干裂，愈合较快。

3）防治枇杷角斑病，可用20%可湿性粉剂600~1 000倍液，间隔10~15d喷1次，连喷2~3次。

4）防治花卉、草莓等作物的灰霉病、白粉病，用600~1 000倍20%可湿性粉剂+600倍“天达2116”（瓜茄果专用型）喷雾，每7~10d喷1次，连喷2~3次。

5）对瓜类、花生、豆类有药害，不能使用。不宜做浸种、

拌种用。

4. 银泰

（1）通用名称：银泰。

（2）化学名称：1-对羟基苯基丁酮。

（3）毒性：低毒。

（4）作用方式：银泰是一种人工模拟银杏杀菌剂，是以银杏外种皮提纯物白果酚为先导化合物，仿生合成的一种生物活性物质，是一种广谱、高效、安全、经济的仿生农用杀菌剂。

（5）产品剂型：20%银泰微乳剂。

（6）实用技术：防治葡萄霜霉病可于发病初期用20%银泰微乳剂按600~800倍液喷雾。

5. 酚菌酮

（1）通用名称：酚菌酮。

（2）化学名称：1-邻羟基苯基丁酮。

（3）毒性：低毒。

（4）作用方式：酚菌酮以银杏中具有生物活性的化合物白果酚为模板仿生合成，是一种广谱、高效、安全的农用杀菌剂。

（5）产品剂型：20%仿生安微乳剂，40%酚菌酮乳油。

（6）实用技术：防治棕榈科纹枯病，每亩可用40%酚菌酮乳油80~100mL对水喷雾。防治植物白粉病，在发病初期（病叶率20%时）每亩用40%酚菌酮乳油100mL喷雾，隔7d第2次施药。

6. 蛇床子素

（1）通用名称：蛇床子素、cnidiadin。

（2）化学名称：7-甲氧基-8-（3′-甲基-2′-丁烯基）-1-二氢苯并吡喃酮-2。

（3）毒性：低毒。

（4）作用方式：蛇床子素是从中药材伞形花科植物蛇床子

中提取的杀菌活性物质，作用机制为影响真菌细胞壁的生长导致菌丝大量断裂，同时抑制病菌菌丝的生长。

（5）产品剂型：2%蛇床子素母药、0.4%蛇床子素乳油、1%蛇床子素粉剂、2%蛇床子素乳油、1%蛇床子素水乳剂，0.4%可溶性液剂。

（6）实用技术：防治白粉病、霜霉病、灰霉病等，可用1%蛇床子素水乳剂药450倍液于发病初期每隔7~15d施药1次，发病盛期3~5d施药1次，连续施药3~5次。防治稻曲病，可用2%制剂蛇床子素15~30g/hm^{2}均匀喷雾。

7. 丁子香酚

（1）通用名称：丁子香酚、eugenol。

（2）化学名称：4-烯丙基-2-甲氧基苯酚。

（3）毒性：低毒。

（4）作用方式：丁子香酚具有触杀治疗作用，可溶解霜疫病菌丝。

（5）产品剂型：0.3%丁子香酚可溶液剂。

（6）实用技术：防治霜霉病、灰霉病等可用0.3%丁子香酚可溶液剂按4~6mg/kg喷雾。

8. 腐必清

（1）通用名称：松焦油原液、pine tar。

（2）化学名称：多酚杂环类乳油化合物。

（3）毒性：低毒。

（4）作用方式：腐必清可抑制菌丝扩展和产生孢子，具有渗透性强、耐雨水冲刷、药效长等特点，对果树上多种真菌病害有较好的预防和铲除作用。

（5）产品剂型：涂剂、乳剂。

（6）实用技术：预防苹果树腐烂病，于春季果树发芽前，先刮净病斑，再用腐必清乳剂80倍液喷洒全树；防治苹果树腐

烂病复发，将病斑刮净后，用腐必清涂剂涂抹或用腐必清乳剂对等量的水后涂抹。

9. 大黄素甲醚

（1）通用名称：大黄素甲醚、Physcion。

（2）化学名称：1，8-二羟基-3-甲氧基-6-甲基蒽醌。

（3）毒性：低毒。

（4）作用方式：大黄素甲醚是一种蒽醌类化合物，具有内吸性。其作用机制主要为抑制真细菌的糖及糖代谢中间产物的氧化、脱氢，抑制蛋白质和核酸的合成。

（5）产品剂型：8.5%母药、0.5%水剂。

（6）实用技术：用药量为 18～45g（a.i.）/hm^2（折成 0.5%水剂制剂量为每亩用 240～600g，一般加水 60kg 稀释），于白粉病发病初期开始喷药，施药次数视病情而定，一般 2～3 次，间隔 7d。

10. 速净

（1）通用名称：速净。

（2）化学名称：黄芪多糖、黄芪素≥2.3%。

（3）毒性：低毒。

（4）作用方式：为广谱纯植物源杀菌剂，对于多种半知菌群均有保护和治疗作用。

（5）产品剂型：含量≥20%水剂。

（6）实用技术：主要用于防治叶面炭疽病。在病害发生前，将该药按 500 倍液稀释喷雾，每 5～7d 喷 1 次，连喷 2～3 次。在发病时，按 300～500 倍液加大蒜油 15～20mL 喷雾，每 3d 喷 2 次，连喷 2～3 次。禁止与强酸、强碱类药剂混用。

11. 溃腐灵

（1）通用名称：溃腐灵。

（2）化学名称：苍术素、厚朴粉。

（3）毒性：低毒。

（4）作用方式：溃腐灵从十余味中草药中提取多种生物活性成分，复配而成一种高效生物杀菌涂抹剂，具有较强的触杀、渗透作用。

（5）产品剂型：≥2%水剂。

（6）实用技术：防治林木流胶病可先用刀将病部干胶和老翘皮刮除，再用刀纵横划几道（所划范围要求超出病斑病健交界处，横向1cm，纵向3cm；深度达木质部），并将胶液挤出，然后使用溃腐灵原液或5倍液+渗透剂如有机硅等，对清理后的患病部位进行涂抹，一般涂抹2次，间隔3d。

12. 苦·小檗碱·黄酮

（1）通用名称：苦·小檗碱·黄酮。

（2）化学名称：苦·小檗碱·黄酮。

（3）毒性：微毒。

（4）作用方式：本品具有直接杀菌作用，其中的生物碱、黄酮类等能提高植物自身的免疫力，调节生长发育和促进生长。

（5）产品剂型：0.3%水剂。

（6）实用技术：防治向日葵多种病害，可用该药剂300~500倍液喷雾；防治多种作物灰霉病，可用该制剂30~60倍液喷雾；防治各种白粉病、早疫病，可用该药剂120倍液喷雾；防治病毒病，可用该药剂50~100倍液药液喷雾。

13. 流胶定

（1）通用名称：流胶定。

（2）化学名称：植物源杀菌剂+氨基酸+微量元素+稀土元素+生长调节剂。

（3）毒性：微毒。

（4）作用方式：流胶定为保护和铲除性杀菌剂，涂抹树干能迅速渗透树皮内部，起到杀菌作用。

（5）产品剂型：20%乳剂，15%乳油。

（6）实用技术：防治树木流胶，可先使用800~1 000倍液喷施，然后再用浓度为500~600倍液，用毛刷均匀涂抹树干。注意在涂刷之前，先刮除流胶部位的胶状物病斑，沿主干在病部纵割数刀，深达木质部，再涂刷药液；或用废旧干净棉布剪成条状浸透药液后包于患处，然后用10cm宽薄膜包扎，10d再涂抹1次。喷雾每间隔10d进行1次，需要喷药3~4次。

14. 腐皮消

（1）通用名称：腐皮消。

（2）化学名称：植物源杀菌剂+氨基酸+微量元素+生长调节剂。

（3）毒性：微毒。

（4）作用方式：本品为保护和铲除性杀菌剂，涂抹树干能迅速渗透树皮内部，起到杀菌作用。

（5）产品剂型：30%乳剂。

（6）实用技术：4月初或9月初，在腐烂病未发生时，将药剂稀释成500~600倍液，使用毛刷均匀涂抹树干，或对树体进行全面喷雾，使树干充分着药，以不滴液为宜，10d后再重复1次；对已发病部位，先切除或刮疤，再涂抹，10d后进行第2次涂抹。

15. 灰核宁

（1）通用名称：灰核宁。

（2）化学名称：N-3，5-二氯苯基丁二酰亚胺+苯并咪唑—基氨基甲酸甲酯。

（3）毒性：低毒。

（4）作用方式：灰核宁是一种新型高效、低毒、超细微植物源杀菌剂。

（5）产品剂型：40%可湿性粉剂。

(6) 实用技术：防治油菜菌核病可在油菜初花期一周内喷施灰核宁，用量每亩100g灰核宁对水50kg喷施。不能与铜制剂及强碱制剂混用。

16. 靓果安

(1) 通用名称：靓果安。

(2) 化学名称：生物碱+栀子苷+木质素+多聚糖+多肽+氨基酸。

(3) 毒性：低毒。

(4) 作用方式：该药是一种中草药杀菌剂，具有保护作用，兼内吸、触杀和渗透作用。可通过干扰病原菌细胞壁的生物合成，抑制孢子的萌发、菌丝的发育，对病菌均有抑制、杀灭作用。

(5) 产品剂型：2.6%水剂（生物碱、栀子苷≥2.6%）。

(6) 实用技术：在发病前，按600~800倍液稀释喷洒，15d用药1次；防治重度枝干腐烂、轮纹等病害，采用重点部位刮除病斑涂抹原药或全株50倍液喷干。病情好转后，再用500~800倍液叶面喷施4~6遍。对树木已发腐烂病枝，可于晚秋1次(11月上旬)和早春(3月上旬)用刀具刮除发病组织，用5倍稀释液涂抹（注意涂抹面积应大于发病面积的1~2倍)，间隔时间7d，共用药3次。不能与强酸、强碱性农药混用，施药后4h内降雨，需重喷。

17. 小檗碱

(1) 通用名称：黄连素、Berberine Hydrochloride。

(2) 化学名称：$C_{20}H_{18}NO_4$。

(3) 毒性：低毒。

(4) 作用方式：具有良好的预防、保护、治疗和铲除作用。

(5) 产品剂型：0.5%小檗碱水剂。

(6) 实用技术：使用时每6~8g对水15kg（对水稀释2 500~

4 000 倍）叶面喷雾，间隔 10~14d 使用 1 次，花卉安全间隔期 7~10d。防治霜霉病、灰霉病等可用 400 倍液喷雾。

二、抗生素类杀菌剂

许多真菌、细菌、放线菌都可产生抗生素，但以放线菌最多。抗生素是能抑制或杀死其他有害生物的物质，对微生物、昆虫、螨类、线虫、寄生虫等在低浓度下显示特异药理作用的天然有机化合物。凡是能对植物病原微生物具有预防或治疗作用的农用抗生素称为抗生素类杀菌剂。至今已有 2 000 多种抗生素被开发应用。

抗生素类杀菌剂的抗菌机理可分为：一是干扰细胞壁的合成，如青霉素的抗细菌作用，多氧霉素的抗真菌作用；二是损伤原生质膜，如多黏菌素、制霉菌素、曲古霉素等；三是影响蛋白质合成，如链霉素、春雷霉素、氯霉素等；四是阻碍核酸的合成，如利福平、灰黄霉素、自力霉素等四大类。

1. 井冈霉素

（1）通用名称：井冈霉素、jinggangmycin。

（2）化学名称：N-［（1S）-（1，4，6/5）-3-羟甲基-4，5，6-三羟基 2-环己烯基］［0-B-D-吡喃葡萄糖基-（1-3）］-1S-（1，2，4/3，5）-2，3，4-三羟基-5-羟甲基-环己基胺。

（3）毒性：低毒。

（4）作用方式：本品具很强内吸治疗作用的是水溶性农用氨基酸糖苷类抗生素杀菌剂，其杀菌机制是通过抑制核酸和蛋白质合成进而干扰和抑制菌体细胞正常生长发育，可通过阻断菌体中海藻糖分解切断葡萄糖供应。

（5）产品剂型：1%、3%、5%、10%、20% 水剂，1%、2%、3%、4%、5%、12%、15%、17% 水溶性粉剂，3%、5%、

2%、20%可湿性粉剂，20%可溶粉剂。

（6）实用技术：

1）防治多种果树的炭疽病、梨树轮纹病，桃褐斑病、缩叶病等，可喷洒5%水剂500倍液。

2）防治郁金香叶腐病、芍药立枯病，可于发病初喷洒5%水剂1 000~1 600倍液，并灌根。

3）防治丝兰白绢病，可病株喷淋或病穴淋灌5%水剂500倍液。

4）防治朱蕉丝核菌根腐病、杜鹃花立枯病，可于发病初期喷淋5%水剂1 000倍液。

5）防治菊花白绢病，可将病株及时拔除并对病穴及其邻近植株淋灌5%水剂1 000倍液。

6）用草病灵1号（20%可溶性粉剂）500~1 500倍可防治各种草坪草褐斑病，同时可以兼治白绢病和小球菌核病，在发病盛期可用500倍液喷雾，对病斑较重的局部地块也可进行灌根或泼浇。

7）防治兰花细菌性软腐病，可用10%水剂600倍喷雾或灌根，每隔7d进行1次，连续3~5次。

（7）注意事项：常温下在中性和弱酸、弱碱介质中稳定，在强碱、强酸介质中易分解。

2. 多抗霉素

（1）通用名称：多抗霉素，polyoxin（JMAFF）。

（2）化学名称：多氧嘧啶核苷类抗生素或肽嘧啶核苷类抗生素，其主要组分：polyoxinAey、polyoxinB。

（3）毒性：低毒。

（4）作用方式：本品是一种广谱性肽嘧啶核苷类抗生素类杀菌剂，具有较好的内吸传导及保护和治疗作用，其作用机制是干扰病菌细胞壁几丁质的生物合成。

（5）产品剂型：1.5%、2%、3%、10%可湿性粉剂，65%多克菌可湿性粉剂，多抗霉素B 10%可湿性粉剂，1%、3%水剂。

（6）实用技术：

1）防治灰霉病，可用10%可湿性粉剂500~700倍喷雾。防治梨树黑斑病，柑橘脚腐病、流胶病等多种病害，可用2%可湿性粉剂使用浓度为100~400溶液。

2）防治水仙褐斑病、韭兰炭疽病，可用65%多克菌可湿性粉剂800倍液，每15d喷1次，共3~4次。

3）防治苹果树斑点落叶病，可用10%可湿性粉剂1 000倍液，于苹果显蕾期至落花10d后喷雾，连喷3次，兼治苹果霉心病。

4）防治花卉苗期猝倒病，可用10%可湿性粉剂1 000倍液土壤消毒。防治瓜类霜霉病、白粉病可用2%可湿性粉剂1 000倍液进行土壤消毒。

5）防治花卉白粉病、霜霉病，可用1.5%或3%可湿性粉剂150~200倍液喷雾。

6）防治茶树茶饼病，可用1.5%或3%可湿性粉剂100倍液喷雾。

（7）注意事项：不能与碱性药剂混合使用；对同一季作物施药应在3次以下。

3. 链霉素

（1）通用名称：链霉素、streotomycin（streptomycinsulfate）。

（2）化学名称：2-4-二胍基-3，5，6-三羟基环己基-5-脱氧-2-0-（2-脱氧-2-甲氨基-α-L-吡喃葡萄糖基）-3-C-甲酰-β-L-来苏戊呋喃糖苷。

（3）毒性：低毒。

（4）作用方式：本品是一种高效、低毒、低残留，与环境相容的环保型广谱抗生素类农药，具有内吸治疗和保护作用。

（5）产品剂型：10%、15%、20%、24%、68%、72%农用硫酸链霉素可湿性粉剂，72%硫酸链霉素可湿性粉剂和泡腾片剂，68.8%多保链微素，18.8%链微素，16.5%链土霉可湿性粉剂，1 000万U硫酸链霉素，70%、72%硫酸链霉素可溶性粉剂。

（6）实用技术：

1）防治软腐病、霜霉病、细菌性角斑病、斑点病、溃疡病等可用1 000万U硫酸链霉素加水50~100L喷雾或灌根。

2）防治君子兰、仙客来、仙人掌、令箭荷花、虎皮兰、万年青和鸢尾等花卉细菌性软腐病，可于发病初期喷72%农用硫酸链霉素可湿性粉剂800倍液。

3）防治风信子黄腐病，可用72%农用硫酸链霉素可溶性粉剂3 500倍液。防治水仙欧氏菌软腐病、大花君子兰根茎腐烂病、大王万年青细菌性叶斑病，可于发病初喷洒72%硫酸链霉素3 000倍液。防治何氏凤仙花青枯病、白鹤芋细菌性叶腐病，可于发病初期开始喷洒或浇灌72%硫酸链霉素可溶性粉剂4 000倍液；防治秋海棠类细菌性叶斑病，可于发病初期喷洒68%农用硫酸链霉素可溶性水剂3 000倍液，每10d喷1次，共2~3次。防治仙客来芽腐病及软腐病可喷洒72%硫酸链霉素2 000倍液。

4）防治天竺葵细菌性叶斑病、马利安万年青细菌性茎腐病、喜林芋类软腐病，可喷洒或涂抹68%或72%硫酸链霉素可溶性水剂2 000~3 000倍液。防治紫叶李细菌性穿孔病，于发病初期喷施15%链霉素可湿性粉剂500倍液，每10d喷施1次，连喷3~4次。防治热带兰细菌性褐腐病，可于发病初喷洒68%农用硫酸链霉素3 000倍液。

5）防治扶桑细菌性叶斑病，可于发病初期用链霉素100mg/kg喷洒嫩枝、嫩叶。防治柑橘树溃疡病可用72%可溶粉剂150~300g/hm^{2}喷雾。

6）防治杏树细菌性穿孔病72%农用链霉素可溶性粉剂3 000

倍液。

7）防治枇杷青枯病或枇杷胡麻色斑点病，于田间病害大发生时用72%农用链霉素可湿性粉剂4 000倍液喷雾或灌根。

8）防治大花蕙兰软腐病可以用68. 8%多保链微素或18. 8%链微素1 000倍液，每隔7~10d喷洒1次，连续3~4次。防治兰花细菌性软腐病可用12. 5%链霉素溶液1 000倍或16. 5%链土霉可湿性粉剂500倍或10%链四环霉素可湿性粉剂1 000倍喷雾或灌根，每3~5d喷1次，共3次。

（7）注意事项：能与杀虫剂、杀菌剂、抗生素混用，但不能与生物药剂如杀虫杆菌、青虫菌、7210等混合使用。

4. 农抗120

（1）通用名称：抗霉菌素120。

（2）化学名称：嘧啶核苷。

（3）毒性：中等毒性。

（4）作用方式：本品是一种碱性嘧啶核苷类广谱的抗真菌的内吸性抗生素杀菌剂，具有预防、保护和治疗作用。通过直接阻碍抑制病原菌的蛋白质合成而发挥杀菌作用，导致病菌死亡。

（5）产品剂型：2%、3%、4%水剂。

（6）实用技术：

1）防治花卉、蔬菜上的白粉病，用2%水剂每亩300~500mL，15~20d喷1次，连防2~3次。

2）防治瓜类、果树上的白粉病，用4%水剂400倍液喷雾，每10~15d喷1次，连防2~3次。

3）4%农抗120果树专用型600~800倍液喷雾，可防治苹果白粉病，苹果、梨锈病、炭疽病。用200倍液涂抹病疤可治疗腐烂病。

4）防治睡莲炭疽病可于发病初期喷洒2%水剂200倍液。每7~10d喷1次，共喷2~3次。

5）防治喜林芋类炭疽病，可于发病初期喷洒4%农抗-120瓜菜烟草专用型600倍液。

6）防治万年青红斑病可于发病初喷洒2%农抗120水剂200倍液。

（7）注意事项：不能与碱性农药混用。

5. 春雷霉素

（1）通用名称：春雷霉素、kasugamycin。

（2）化学名称：[5-氨基-2-甲基-6-（2，3，4，5，6-五羟基环己基氧代）吡喃-3-基] 氨基-α-亚氨醋酸。

（3）毒性：低毒。

（4）作用方式：本品是土壤放线菌春日链霉菌（小金色放线菌）产生的代谢物抗生素。具有内吸性、预防和治疗作用。其杀菌机制是干扰氨基酸代谢的酯酶系统，从而影响蛋白质的合成，抑制菌丝伸长和造成细胞颗粒化，对孢子萌发无影响。

（5）产品剂型：2%、4%、6%水剂（WP），0.4%粉剂，2%、4%、6%可湿性粉剂。

（6）实用技术：

1）防治瓜类枯萎病、炭疽病、细菌性角斑病、褐斑病、叶霉病等，可用2%水剂370~750倍液叶面喷雾；对根部病害用2%水剂50~100倍液灌根或喷根颈部。

2）防治柑橘树溃疡病，可用4%可湿性粉剂按66.7mg/kg喷雾。

3）不能与碱性农药混用。

6. 氟咯菌腈

（1）通用名称：咯菌腈，氟咯菌腈，fludioxonil。

（2）化学名称：4-（2，2-二氟-1，3-苯并二氧-4-基）吡咯-3-腈。

（3）毒性：低毒。

（4）作用方式：本品是新型吡咯类、非内吸性、广谱触杀型保护型杀菌剂。其通过抑制葡萄糖磷酰化有关的转移，来抑制病原菌菌丝体的生长，最终导致病菌的死亡。

（5）产品剂型：50%水分散粒剂，10%粉剂，50%可湿性粉剂，2.5%氟咯菌腈（适乐时）悬浮种衣剂，10%拌种用悬浮剂，12%悬浮剂。

（6）实用技术：

1）防治观赏作物、温室花卉、葡萄、核果类等植物病害，茎叶处理剂量为250~500g（a.i.）/hm²。种子处理剂量为2.5~10g（a.i.）/100kg种子。防治草坪病害茎叶处理剂量为400~800g（a.i.）/hm²。

2）防治草坪褐斑病，可用12%悬浮剂按125~375g/kg喷雾。

3）用2.5%适乐时种衣剂20g加水0.5kg拌10kg草种，晾干后播种，可防治草坪立枯病、枯萎病、锈病、白粉病等。

4）防治花卉植物的灰霉病、叶枯、叶斑、部分茎腐、根腐病，可用50%可湿性粉剂4 000~6 000倍液喷雾。

（7）注意事项：该药勿与油类或助剂一同使用。

7. 灭瘟素

（1）通用名：灭瘟素、blasticidin-S。

（2）化学名称：4-［3-氨基-5-（1-甲基胍基）戊酰氨基］-1-［4-氨基-2-氧代-1-（2H）-嘧啶基］-1，2，3，4-四脱氢-β，D赤己-2-烯吡喃糖醛酸。

（3）毒性：中等毒性，对眼睛刺激性大，会引致眼痛。

（4）作用方式：本品是选择性内吸治疗及触杀性抗生素类杀菌剂。主要是抑制氨基酸的活化，使结合成t-RNA的量减少，进而影响蛋白质的合成。

（5）产品剂型：2%WP，1%液剂，灭瘟素复盐（苄甲胺苯

磺酸盐，每克灭瘟素 10 000U）。

（6）实用技术：用 0.05μg/mL 的稻瘟散可抑制烟草花叶病 50%的形成，也能降低棕榈科植物条纹病毒的侵染率。

（7）注意事项：该药对苜蓿、观赏茄、三叶草、马铃薯、豆类、烟草花等作物有害，桑树、兰科和十字花科对此药剂亦很敏感。不宜与波尔多液等强碱性农药混施。

8. 土霉素

（1）通用名称：土霉素、Oxytetracycline。

（2）化学名称：6-甲基-4-（二甲氨基）-3，5，6，10，12，12a-六羟基-1，11-二氧代-1，4，4a，5，5a，6，11，12a-八氢-2-并四苯甲酰胺。

（3）毒性：低毒。

（4）作用方式：主要作用是抑制肽链的增长和影响细菌蛋白质的合成。

（5）产品剂型：88%可溶性粉剂。

（6）实用技术：

1）防治软腐病，用制剂每亩 35~50g 对水叶面喷雾。

2）防治翠菊黄化病，可用土霉素 4 000 倍液叶面喷雾。

3）防治扶桑细菌性叶斑病，可于发病初期用土霉素 300~500mg/kg 或 15%链霉素与 1.5%土霉素混合液的 500 倍液喷洒嫩叶、嫩梢，隔 7~10d 喷 1 次，共 3~4 次。

4）防治黄花型桑树萎缩病，可用土霉素盐酸盐有效浓度为 60mg/L，采用吊瓶输液法，从 3 月下旬输液至 4 月上旬。

9. 新植霉素

（1）通用名称：链霉素 + 土霉素、Streptomycin + Oxyteracykine。

（2）化学名称：2-4-二胍基-3，5，6-三羟基环己基-5-脱氧-2-0-（2-脱氧-2-甲胺基-α-L-吡喃葡萄糖基）-3-C-甲酰

-β-L-来苏戊呋喃糖苷+6-甲基-4-（二甲氨基）-3，5，6，10，12，12a-六羟基-1，11-二氧代-1，4，4a，5，5a，6，11，12a-八氢-2-并四苯甲酰胺。

（3）毒性：低毒。

（4）作用方式：本品具治疗和保护作用。

（5）产品剂型：90%可溶性粉剂。

（6）实用技术：

1）防治兰花细菌性条斑病，在发病初期用新植霉素1 000万U（1小包）加水50~75kg喷雾，连用3次；重病兰园，每隔10~15d喷药1次，连喷5~7次。

2）防治叶枯病，发病初期用新植霉素1 000万U（1小包），加水50~75kg喷雾，10~14d后进行第2次喷药，重病再喷药2~3次。

3）防治软腐病，在发病初期，用新植霉素4 000倍稀释液喷雾。

4）防治风信子黄腐病，用新植霉素100~200mg/kg喷洒，或于发病初期喷洒新植霉素3 000倍液。防治万年青细菌性叶斑病、白鹤芋细菌性叶腐病，可用新植霉素4 000倍液每7~10d喷1次，连续2~3次。

5）防治天竺葵细菌性叶斑病，可于发病初及时用新植霉素4 000倍液进行叶面喷雾，每隔7~10d用药1次，连续喷施3~4次。

6）防治唐菖蒲角斑病，于发病初及时用新植霉素200~250mg/L溶液进行叶面喷雾，每隔7~10d用药1次，连续喷施3~4次。

（7）注意事项：不能和碱性农药、农用抗生素及有机磷农药混用。

10. 氯霉素

（1）通用名称：氯霉素、chloramphenicolum。

（2）化学名：左旋-苏-1-（对硝基苯基）-2-二氯乙酰氨基-1，3-丙二醇。

（3）毒性：中等毒性。

（4）作用方式：本品为广谱性抗生素，其抗菌机制是通过抑制细菌菌体蛋白质的合成发挥抑菌作用。

（5）产品剂型：98%农用氯霉素原粉。

（6）实用技术：防治风信子黄腐病，可用氯霉素 50～100mg/kg 喷雾；防治白菜病毒病，可于发病初期喷施氯霉素 50～100mg/kg。

（7）注意事项：遇强碱性及强酸性溶液，易被破坏失效。

11. 青霉素钠

（1）通用名：农用青霉素钠、Benzylpenicillin sodium。

（2）化学名称：6-苯乙酰胺基青霉烷酸钠。

（3）毒性：低毒。

（4）作用方式：本品通过干扰菌体蛋白质合成、干扰菌体细胞壁合成，使菌体失去活性。

（5）产品剂型：99.6%原药，含 8 000IU/g，90%农用青霉素可湿性粉剂。

（6）实用技术：

1）防治花卉、草坪病害根腐病、基腐病，可用 8 000IU/g 1 500～2 000 倍液喷雾。

2）防治苹果、梨轮纹病及桃穿孔流胶病，可用 8 000IU/g 500～800 倍液涂树干。

3）防治桃、枣斑点落叶病及黑星病，可用 8 000IU/g 2 500～3 000 倍液喷雾。

4）防治金银花白粉病、褐斑病，可用 8 000IU/g 800～1 000

倍液灌根并用1 000~1 500倍液喷雾。

5）防治柑橘类疮痂病、黄龙病、炭疽病、叶斑、霜霉、水肿病等，可用8 000IU/g 2 000~2 500倍液喷雾。

6）防治瓜类枯萎、蔓枯、角斑病，可用8 000IU/g 800~1 000倍液灌根；防治瓜类根腐病、疫病、霜霉病，可用8 000IU/g 1 000~1 500倍液喷雾。

7）防治花卉类灰霉病、霜霉病、病毒病、软腐病、炭疽病、青枯病、疫病等，可用8 000IU/g 1 000~1 500倍液喷雾。

12. 四环素

（1）通用名称：盐酸四环素、tetracyclini hydrochloride。

（2）化学名称：1，11-二酲基-3，6，10，12-四羟基-6-甲基-4-仲氨基-2-甲酰胺基盐酸盐。

（3）毒性：低毒。

（4）作用方式：本品与细菌核糖体30S亚基的A位置结合，阻止氨基酰-tRNA在该位上的联结，从而抑制肽链的增长和影响细菌蛋白质的合成。

（5）产品剂型：36%降黄龙可湿性粉剂（95%的异丙威配以92%的盐酸四环素，两者的比例为1∶0.9，用辅料膨润土调配而成）。

（6）实用技术：

1）对新引进的植物种子，可用36%降黄龙药剂500倍液浸泡1h后播种；对新引进的种苗，应按上述浓度浸根后栽植，并于栽后喷雾。

2）兰花栽培消毒，可用36%降黄龙药剂250~500倍液+40%生物营养液肥500倍液，浸泡兰花种子或种苗30min，或均匀喷洒湿透培养杯、盆钵及耕作工具、兰花病残体。

13. 宁南霉素

（1）通用名称：宁南霉素、ningnanmicin。

（2）化学名：1-（4-肌氨酰胺-L-丝氨酰胺-4-脱氧-β-D-吡喃葡萄糖醛酰胺）胞嘧啶。

（3）毒性：微毒。

（4）作用方式：本品是新一代胞嘧啶核苷肽型抗生素类广谱杀菌剂及杀病毒剂，具有保护和治疗作用，该药在深层发酵过程中，产生多种氨基酸、维生素及微量元素，对作物的生长发育具有明显的调解、刺激生长作用。

（5）产品剂型：2%、8%宁南霉素水剂。

（6）实用技术：

1）在发病前期或初期用2%水剂260~400倍液喷雾，每7~10d喷1次，共喷3~4次，可防治多种病毒病。

2）防治马蹄莲病毒病和软腐病，可于发病初期喷施2%水剂500倍液。

（7）注意事项：不可与碱性药剂混用。

14. 武夷菌素

（1）通用名称：武夷菌素、wuyiencin。

（2）化学名称：武夷菌素A。

（3）毒性：微毒。

（4）作用特点：本品为高效广谱性抗生素类低毒生物杀菌剂，其作用机制是抑制真菌菌丝体生长、孢子形成和萌发以及破坏细胞膜功能，同时具有保护作用和治疗作用，但无传导作用。可诱导植物体内抗病性相关的酶（SOD、POD、PPO、PAL），提高作物抗病性。

（5）产品剂型：1%、2%水剂，1%武夷菌素浓缩液，BO-10乳剂。

（6）实用技术：

1）防治凤仙花、菊花、月季、丁香、翠菊白粉病，可用1%水剂100~150倍液喷雾。防治芍药白粉病，可于发病初期喷

洒2%水剂200倍液。防治竹节蓼白粉病，可于发病初期喷洒2%水剂200倍液，隔10~15d喷1次，共喷2~3次。防治山楂白粉病、葡萄白粉病和霜霉病等，用1%水剂100~150倍液喷雾。防治瓜类白粉病和防治番茄、草莓等灰霉病、白粉病等，可用1%水剂400~600倍液喷雾。

2）防治睡莲炭疽病，可于发病初期喷洒2%武水剂150倍液，每10d喷1次，共喷2~3次。

3）用1%水剂原药或5倍稀释液涂抹可防治柑橘流胶病等。

4）防治果树腐烂病、流胶病、疮痂病及花卉白粉病等，瓜菜白粉病、灰霉病、黑星病、炭疽病；番茄早疫病、叶霉等，可用1%浓缩液150~200倍液喷雾，或用50~100倍液浸种。灌根防治土传病害，在发病前灌施效果较好，采用1%浓缩液150~200倍液灌根，一般灌2~3次。涂抹防治果树腐烂病，先将烂皮刮净后，再用1%浓缩液1~10倍液涂抹，若与细胞分裂素混用可促进伤口愈合。

15. 四霉素

（1）通用名称：梧宁霉素、tetramycin。

（2）化学名称：大环内酯类四烯抗生素。

（3）毒性：低毒。

（4）作用方式：该药是一种新型广谱多功能的治疗、保护性农用抗生素。

（5）产品剂型：15%四霉素母药，0.15%水剂，0.3%四霉素水剂。

（6）实用技术：

1）防治真菌性溃疡病，可用小刀或钉板将病部树皮纵向划破，划刻间距3~5mm、范围稍超越病斑，深达木质部，然后用毛刷涂以梧宁霉素，涂药后再涂以（50~100）$\times 10^{-6}$赤霉素，以利于伤口的愈合。

2）山核桃枝枯病较严重时可在清理病枝的基础上，加入0.15%梧宁霉素等进行防治。

3）防治山核桃溃疡病，可用0.3%梧宁霉素水剂1 200倍液喷雾防治。

4）防治杨树溃疡病，可用0.3%四霉素水剂以有效成分60~300mg/kg，于杨树溃疡病发病初期刮涂伤疤处理。

5）在苹果剪枝后，或冬春季长势较弱时，用0.15%四霉素水剂20~40倍液对树体进行充分喷雾，可杀死枝干表面病菌。

6）防治番茄早、晚疫病，番茄叶霉病，十字花科叶菜类斑点病害，可用1.5%四霉素水剂750倍液喷雾。

（7）注意事项：不宜与酸性农药混用。

16. 长川霉素

（1）通用名：长川霉素、Ascomycin。

（2）化学名称：1-（2-乙酰基-哌啶-1-基）-2-｛6-［7-乙基-10，12-二羟基-14-（4-羟基-3-甲氧基-环己基）-1-甲氧基-3，5，11，13-四甲基-8-氧-十四烷-5。

（3）毒性：低毒。

（4）作用方式：本品为一种微生物源杀菌剂，具有根部内吸作用，但无叶片内吸传导作用。对灰霉病病原菌的孢子萌发和菌丝生长有抑制作用。

（5）产品剂型：长川霉素原药、1%长川霉素乳油。

（6）实用技术：防治草莓、观赏茄的灰霉病可用长川霉素50~100mg/L喷雾。防治小斑病用0.03mg/L浓度喷雾。

17. 申嗪霉素

（1）通用名称：申嗪霉素、phenazino-1-carboxylic acid。

（2）化学名称：吩嗪-1-羧酸。

（3）毒性：低毒。

（4）作用方式：利用吩嗪-1-羧酸其氧化还原能力，在真菌

细胞内积累活氧，抑制线粒体中呼吸转递链的氧化磷酸化用，从而抑制菌丝的正常生长，引起植物病原真菌菌丝体的断裂、肿胀、变形和裂解。

（5）产品剂型：1%申嗪霉素悬浮剂。

（6）实用技术：

1）山核桃根部病害较为严重，可用1%申嗪霉素或1%硫酸铜、2%恩泽霉等交替灌根防治，建议连续灌2~3次，间隔10d，每50kg水另加入500g尿素和30mL 2%复硝钾，同时采取增施有机肥等其他改土措施。

2）防治瓜类、观赏棉的枯萎病、根腐病，可用1%申嗪霉素1 000倍液灌根处理。

3）防治疫病、蔓枯病，可用1%申嗪霉素1 000倍稀释喷雾施用。

18. 中生菌素

（1）通用名称：中生菌素或中生霉素、zhongshengmycin。

（2）化学名称：1-N苷基链里定基-2-氨基L-赖氨酸-2脱氧古罗糖胺。

（3）毒性：低毒。

（4）作用方式：本品是一种新型广谱生物杀菌农用抗生素，属N-糖苷类碱性水溶性物质。具有保护、触杀、渗透作用。对细菌可抑制菌体蛋白质肽键的合成，导致菌体死亡；对真菌可抑制菌丝的生长，使丝状菌丝变形，抑制孢子萌发并能直接杀死孢子。

（5）产品剂型：1%、2.5%中生菌素水剂，3%可湿性粉剂。

（6）实用技术：

1）防治花卉细菌性病害、瓜类细菌性角斑病、菜豆细菌性疫病、茄科植物青枯病，于发病初期可用3%可湿性粉剂1 000~1 200倍药液喷淋，每7~10d喷1次，共喷3~4次。防治瓜类细

菌性枯萎病，可在生长期用3%可湿性粉剂600~800倍灌根，每株250mL药液。

2）对苹果轮纹病、炭疽病、斑点落叶病、霉心病，葡萄炭疽病、黑痘病，瓜类枯萎病、炭疽病等病害，可于发病初期用3%可湿性粉剂1 000~1 200倍喷雾，共喷3~4次。

（7）注意事项：不可与碱性农药混用。如施药后遇雨应补喷。

19. 公主岭霉素

（1）通用名称：公主岭霉素、Gongzhulingmeisu。

（2）化学名称：由脱水放线酮、异放线酮、制菌霉素、荧光霉素、奈良霉素B及苯甲酸等多种组分组成的混合物。

（3）毒性：低毒。

（4）作用方式：本品为广谱性抗生素。具有保护作用的杀菌剂，有一定的内吸作用。

（5）产品剂型：0.25%可湿性粉剂。

（6）实用技术：防治小麦光腥黑穗病和网腥黑穗病、高粱散黑穗病和坚黑穗病、谷子糜子黑穗病等，可按每100kg种子需0.25%可湿性粉剂0.16kg和水8kg。先将0.25%可湿性粉剂倒入水中，浸泡药粉12h以上。在浸泡过程中要搅动几次，使其充分溶解分散均匀。然后将药液均匀地喷洒在种子上，堆闷4h即可播种。

20. 金核霉素

（1）通用名称：金核霉素、Aureonucleomycin。

（2）化学名称：2-（6-氨基-9-H-嘌呤基）-3，4a，5，6-四羟基+氢呋喃［3，2-6］并吡喃［2，3-e］并吡喃-7-甲酸。

（3）毒性：低毒。

（4）作用方式：是一种嘌呤核苷类杀菌剂，对多种细菌病害的防效优异。

（5）产品剂型：94%原药，30%可湿性粉剂。

(6) 实用技术：防治柑橘溃疡病（如甜橙、年橘、椪橘、红橙、雪橙、广柑、柠檬等橘科植物的溃疡病）、棕榈科植物细菌性条斑病等，可用浓度为150~300mg/L进行茎叶喷雾。

21. 华光霉素

(1) 通用名称：华光霉素、nikkomycin。

(2) 化学名称：2-［2-氨基-4-羟基-4-（5羟基-2-吡啶）-3-甲基丁酰］氨基-6-（3-甲酰-4-咪唑啉酮-5）-己糖醛酸盐酸盐。

(3) 毒性：低毒。

(4) 作用方式：为核苷肽类抗生素类杀螨、杀真菌剂，是通过干扰细胞壁几丁质合成，抑制螨类和真菌的生长，主要用于防治螨类，但杀螨作用较慢，应注意早期施药。

(5) 产品剂型：2.5%可湿性粉剂。

(6) 实用技术：防治西瓜枯萎病、炭疽病，韭菜灰霉病，苹果枝吠腐烂病，水稻穗颈病，番茄早疫病，白菜黑斑病，大葱紫斑病，黄瓜炭疽病，棉苗立枯病等，用2.5%可湿性粉剂200~300倍液喷雾。

22. 嘧肽霉素

(1) 通用名称：胞嘧啶核苷肽、Cytosinpeptidemycin。

(2) 化学名称：6-［4-氨基-2-氧代嘧啶-1（2H）-基］-4，5-二羟基-3-｛3-羟基-2-［2-（甲）乙酰氨基］丙酰胺｝-四氢-2H-吡喃-2-酰胺。

(3) 毒性：低毒。

(4) 作用方式：本品为胞嘧啶核苷肽类高效生物杀菌抗病毒剂。可破坏病菌的细胞壁，抑制植物体内病原菌和病毒对蛋白质的吸收合成及病毒核酸的合成；诱导植物产生PR蛋白，阻断病毒粒子相结合；可诱导植物体内防御酶系活性提高，使植物产生抗病性。

（5）产品剂型：6%水剂、4%水剂（博联生物菌素，苦糖素）。

（6）实用技术：

1）防治植物病毒病，可于苗期和发病初期用4%水剂500~700倍喷雾，每7~10d喷1次，连喷2~3次。

2）防治玉簪、活血莲、郁金香、一叶兰、八仙花、报春花、鸢尾病毒病，可在连片侵染发病时，用4%水剂200~300倍液喷雾。

（7）注意事项：不能与碱性农药混用。

23. 多抗霉素D锌盐

（1）通用名称：多抗霉素D锌盐、Polyoxin D Zinc Salt。

（2）化学名称：主要成分为多抗霉素。

（3）毒性：低毒。

（4）作用方式：同多抗霉素。

（5）产品剂型：0.5% Novel悬浮剂，TAVANO5% SC，OSO5%SC，3%可湿性粉剂。

（6）实用技术：参考多抗霉素。

24. 帕克素

（1）通用名称：帕克素、pekingmycin。

（2）化学名称：3，4-二氢-8-羟基-1-氢-2-苯并吡喃-1-衍生物。

（3）毒性：低毒。

（4）作用方式：本品是由嗜线虫致病杆菌产生的广谱抗生素，其结构为含有氨基酸与羧酸杂合体的苯并吡喃酮衍生物，对大多数G^+菌和少数G^-菌及多种真菌具有较好的防效。

（5）产品剂型：0.25%水剂。

（6）实用技术：防治瓜类白粉病，防治番茄晚疫病，可用0.25%水剂40倍液喷雾。

25. 宁康霉素

（1）通用名称：宁康霉素、Nincomycin。

（2）毒性：低毒。

（3）作用方式：本品是从一种海洋地衣芽孢杆菌经发酵产生的一种新型生物广谱杀菌剂，该药对多种植物病原真菌有良好的抑制作用，可抑制纹枯病菌和苹果轮纹病菌的菌丝，可使纹枯病菌菌丝枯萎和产生畸形，对豆类根腐病、花卉根腐病、苹果腐烂病、烟草赤星病、番茄灰霉病等都有很好的拮抗作用。

（4）实用技术：防治番茄灰霉病、晚疫病，每亩可按100mL用量，稀释200~400倍液喷雾。应用宁康霉素防治灰霉病的使用剂量为1 500~3 000g（a. i.）/hm^2，一般施药3~4次。

26. 新奥霉素

（1）通用名称：新奥苷肽。

（2）化学名称：1-尿嘧啶-4肌氨酰-丝氨酰氨基-1，4-二脱氧-β-D吡喃葡萄糖醛酸（尿嘧啶核苷二肽）。

（3）毒性：低毒。

（4）作用方式：新奥霉素内含多种作物需要的高活性物质和抗病因子，能够激活细胞粒子分化能力，激发植物细胞活力，被植物迅速吸收传导，诱导植物产生抗病机制。可阻碍病毒病病原菌核酸的合成，诱导植物对免疫菌产生抗性或直接杀灭病原菌。

（5）产品剂型：4%新奥霉素水剂。

（6）实用技术：4%新奥霉素水剂750倍液喷雾，对茄类晚疫病、叶霉病，对十字花科植物斑点病均有良好的疗效。

三、微生物杀菌剂

微生物杀菌剂主要有细菌杀菌剂、真菌杀菌剂和病毒杀菌剂。微生物杀菌剂主要抑制病原菌能量产生、干扰生物合成和破

坏细胞结构，内吸性强、毒性低，有的兼有刺激植物生长的作用。

1. 地衣芽孢杆菌

（1）通用名称：地衣芽孢杆菌、Baclicus lincheniformis PWD-1。

（2）毒性：微毒。

（3）作用方式：地衣芽孢杆菌在生长代谢过程中能产生多种抗菌物质和高温蛋白酶及多种生长因子。具有抑制病原菌的生长，促进有益微生物的增殖，增强农作物的免疫功能。

（4）产品剂型：1 000CFU/mL 的地衣芽孢杆菌水剂，80CFU/mL 水剂。

（5）实用技术：

1）防治瓜类霜霉病和烟草黑胫病、赤星病，于发病初期，每亩用 1 000CFU/mL 水剂 350～700mL 对水常规喷雾，也可用 1 000CFU/mL 水剂100～200 倍液喷雾。

2）防治瓜类枯萎病，可用 80 CFU/mL 水剂 250～500 倍喷雾或灌根。

2. 芽孢杆菌

（1）通用名称：芽孢杆菌、bacillus subtilis。

（2）毒性：低毒。

（3）作用方式：本品是从植物体内分离出来的芽孢杆菌，其代谢物有一定的赤霉素、吲哚乙酸等植物调节剂，以及维生素 B_1、维生素 B_2、维生素 B_6、维生素 B_{12}，叶酸，烟酸，蛋白酶，过氧化物酶，SOD 酶等。其中的植物调节剂为内源激素，植物自身能调节，不会产生副作用，并且其本身通过占领和分泌抑菌物质。

（4）产品剂型：300CFU/g 芽孢杆菌（益维菌剂）。

（5）实用技术：防治多种作物苗期病害，可用 300CFU/g 芽孢杆菌（益维菌剂）1 000 倍液于发病前喷淋。

3. 生防菌

（1）通用名称：地衣芽孢杆菌+多黏芽孢杆菌+枯草芽孢杆菌。

（2）毒性：低毒。

（3）作用方式：具有抑制病原菌的生长，促进有益微生物的增殖，增强农作物的免疫功能。

（4）产品剂型：有效活菌≥1 500CFU/g。

（5）实用技术：每亩用生防菌 10～30g，先加入少量红糖及适量的水（1～10L）活化 5～6h 后，进行浸种，蘸根，喷叶或浇灌。作物生长的全程使用，更有效达到防治各种病害的效果。

4. 健根宝

（1）通用名称：健根宝，绿色木霉+芽孢杆菌、Trichoderma-viride+Bacillus subtilis。

（2）毒性：低毒。

（3）作用方式：本品主要是拮抗作用，木霉菌的生长速度快于镰刀菌，当二者接触时，木霉菌菌丝平行并缠绕镰刀菌菌丝生长，有的木霉菌丝侵入或贯穿镰刀菌丝，使镰刀菌上产生小孔致死。芽孢杆菌在生长过程中产生大量抗生物质 β-1，3 葡聚糖酶和几丁质酶，从而破坏有害菌的细胞使其死亡。有益菌分泌的代谢产物可诱导植株增强抗性，提高自身免疫力。

（4）产品剂型：1 亿 CFU/g 可湿性粉剂。

（5）实用技术：

1）防治瓜类枯萎病可用 1 亿 CFU/g 可湿性粉剂 1∶50 拌土，在瓜类播种时穴施；在枯萎病发前和发病初期，用 1 亿 CFU/g 可湿性粉剂 400 倍灌根各 1 次。

2）在育苗时，每平方米用 1 亿 CFU/g 可湿性粉剂 10g 与 15～20kg细土混匀，1/3 撒于种子底部，2/3 覆于种子上面。在分苗时，用 1 亿 CFU/g 可湿性粉剂 100g 与细土 100～150kg 配制

成营养土，做分苗床。在定植时，用 1 亿 CFU/g 可湿性粉剂 100g 与细土 150~200kg 配制成营养土，每栽植穴撒 100g 药土后定植。在坐果期后每 100g 药剂对水 45kg 灌根，每病株可灌注药液 250~300mL，以后视病情发展可连续灌 2~3 次。

5. 根腐消

（1）通用名称：根腐消、枯草芽孢杆菌+荧光假单胞杆菌。

（2）毒性：低毒。

（3）作用方式：是通过拮抗作用、分泌抗生物质杀死病原菌。

（4）产品剂型：10 亿 CFU/g 的枯草芽孢杆菌+荧光假单胞杆菌可湿性粉剂。

（5）实用技术：

1）大树移栽时，结合浇水用 10 亿 CFU/g 可湿性粉剂 100mL 对水 30kg 灌根。

2）防治植物的各种真菌性根腐病，于发病初期用 10 亿 CFU/g 可湿性粉剂 100mL 对水 30kg 灌根 1~2 次；发病严重时需要结合挖土晾根并使用 100mL 对水 20kg 灌根 2~4 次，但要注意雨季防止积水沤根。

3）对苗圃地消毒，可结合浇水使用 10 亿 CFU/g 可湿性粉剂 200~300 倍液浇灌，可以防治重茬类病害。

4）当苗木发生枯萎病、黄萎病、立枯病、猝倒病、黑胫病、疫病时，于发病初期使用 10 亿 CFU/g 可湿性粉剂 100mL 对水 30kg 均匀喷雾 1~2 次，发病严重时加喷 1 次。

（6）注意事项：不要同碱性农药混用，苗木喷药后需用清水洗苗。

6. 多黏类芽孢杆菌

（1）通用名称：多黏类芽孢杆菌，Paenibacillus poiymyza。

（2）毒性：低毒。

（3）作用方式：本品通过多黏类芽孢杆菌产生的广谱抗菌物质拮抗杀灭和控制病原菌，并能诱导植物产生抗病性。

（4）产品剂型：0.1 亿 CFU/g 多黏类芽孢杆菌细水分散粒剂（商品名：康地蕾得），10 亿 CFU/g 多黏类芽孢杆菌可湿性粉剂，井冈·多黏菌（多黏类芽孢杆菌 1 亿 CFU/g、井冈霉素 A10%）可湿性粉剂。

（5）实用技术：

1）防治青枯病，每亩用 0.1 亿 CFU/g 水分散细粒剂 1 250~1 700g 或 300 倍液浸种、苗床泼浇、灌根。

2）防治观赏椒、茄、烟草等细菌性青枯病，可用 0.1 亿 CFU/g 水分散细粒剂 300 倍液浸种。

3）防治观赏椒、茄、烟草等细菌性青枯病，可在播种时每亩用 0.1 亿 CFU/g 水分散细粒剂 100g 稀释至 300~400 倍浸种或泼浇。或于移栽定植时每亩用 0.1 亿 CFU/g 水分散细粒剂 1 200~1 400g稀释至 500~600 倍灌根或于初发病期每亩用 0.1 亿 CFU/g 水分散细粒剂 1 200~1 400g 稀释至 600~700 倍灌根。

4）防治瓜类枯萎病，可于播种时每亩用 10 亿 CFU/g 可湿性粉剂 100g 稀释至 200~400 倍浸种或泼浇。或于移栽定植时每亩用 10 亿 CFU/g 可湿性粉剂 1 200~1 400g 稀释至 200~400 倍灌根或于初发病时每亩用 10 亿 CFU/g 可湿性粉剂 1 200~1 400g 稀释至 200~400 倍灌根。

5）防治幼苗土传病害，可在定植后用 0.1 亿 CFU/g 水分散细粒剂 600 倍液灌根，每株 100g。

6）在植物幼苗定植缓苗后，用 0.1 亿 CFU/g 水分散细粒剂 500 倍液灌根，连用 2~3 次，可预防死苗、烂根等土传病侵害。

7）防治炭疽病、枯萎病、青枯病等可用多黏类芽孢杆菌 10 亿 CFU/克可湿性粉剂 3 000 倍液泼浇或灌根。

8）防治棕榈科植物纹枯病可井冈·多黏菌可湿性粉剂 600~

$900g/hm^2$ 喷雾。

7. 蜡质芽孢杆菌

（1）通用名称：蜡质芽孢杆菌、bacilluscereus。

（2）毒性：低毒。

（3）作用方式：本品为蜡质芽孢杆菌活体吸附粉剂，蜡质芽孢杆菌能通过体内的 SOD 酶调节作物细胞微生境，维持细胞正常的生理代谢和生化反应，提高抗逆性。

（4）产品剂型：20 亿 CFU/g 可湿性粉剂，300 亿 CFU/g 可湿性粉剂，8 亿 CFU/g 可湿性粉剂，10 亿 CFU/mL 悬浮剂。

（5）实用技术：

1）对各种花卉作物，按每 1 000g 种子，用 300 亿 CFU/g 可湿性粉剂 15～20g 拌种，然后播种。如果种子先浸种后拌菌粉时，应在拌药后晾干再进行播种。

2）防治花卉立枯病、霜霉病，可用 300 亿 CFU/g 可湿性粉剂每亩 100～150g，对水 30～40L 均匀喷雾。

3）防治茄科植物青枯病，可在定植后用 20 亿 CFU/g 可湿性粉剂 500 倍液浇足定根水，每株浇 250mL，定植 10d 后，用 20 亿 CFU/g 可湿性粉剂 100～300 倍液浇灌或根颈部喷施，开花结果期再用 20 亿 CFU/g 可湿性粉剂 100～300 倍液浇灌 1 次。

4）防治根结线虫，可用 10 亿 CFU/mL 悬浮剂按 $67.5～90L/hm^2$ 灌根。

8. 假单胞杆菌

（1）通用名称：荧光假单胞杆菌、pseudomonas fluorescens。

（2）毒性：微毒。

（3）作用方式：通过拮抗细菌的营养竞争、位点占领等保护植物免受病原菌的侵染，能有效防治细菌性青枯病。有防病和菌肥双重作用。

（4）产品剂型：2 亿 CFU/mL 水剂，荧光假单胞杆菌 3 000

亿 CFU/g 粉剂，5 亿 CFU/g 可湿性粉剂。

（5）实用技术：

1）防治炭疽病等可用 2 亿 CFU/mL 水剂 500~800 倍液叶面喷雾。防治青枯病可用 3 000 亿 CFU/g 粉剂按 8~10kg/hm^2 泼浇、灌根。

2）防治草坪全蚀病，可用 5 亿 CFU/g 可湿性粉剂按 1 500~2 250g/hm^2 灌根。

9. 枯草芽孢杆菌

（1）通用名称：枯草芽孢杆菌、bacillus subtilis。

（2）毒性：微毒。

（3）作用方式：本品可强烈抑制表皮细胞及病菌、病毒 DNA 复制，阻断和破坏病菌代谢，彻底杀灭病原菌。含溶菌酶杀菌广谱，是一种能水解致病菌中黏多糖的碱性酶，主要通过破坏细胞的细胞壁，导致细胞壁破裂内容物逸出而使细菌溶解，与 DNA、RNA、脱辅基蛋白形成复盐，使病毒失活。

（4）产品剂型：10 亿 CFU/g、30 亿 CFU/g、100 亿 CFU/g、200 亿 CFU/g 可湿性粉剂，1 000 亿 CFU/g 可湿性粉剂（依天得），80 亿 CFU/mL 悬浮剂。

（5）实用技术：

1）防治白粉病、灰霉病等，可用 1 000 亿 CFU/g 可湿性粉剂 800~1 200g/hm^2 喷雾。

2）防治根腐病、黑胫病、枯萎病，可用 10 亿 CFU/g 可湿性粉剂 2 200~3 000g/hm^2 喷雾或灌根。

3）防治柑橘树溃疡病，可用 100 亿 CFU/g 可湿性粉剂 750~900g/hm^2 喷雾。

10. 木霉菌

（1）通用名称：木霉菌、Trichodermasp。

（2）毒性：低毒。

（3）作用方式：本品具有抗生素的所有机制，如杀菌作用、重寄生作用、溶菌作用、毒性蛋白及竞争作用等，使用后可迅速消耗侵染位点附近的营养物质，致使病菌停止生长和侵染，再通过几丁质酶和葡聚糖酶消融病原菌的细胞壁。

（4）作用方式：25 亿 CFU/g 母药，1.5 亿 CFU/g、2 亿 CFU/g 可湿性粉剂，1 亿 CFU/g 水分散粒剂。

（5）实用技术：

1）防治立枯病、猝倒病、白绢病、根腐病、疫病等，可用种子重量 5%~10%的 2 亿 CFU/g 可湿性粉剂拌种。

2）防治根腐病、白绢病等根部病害，可采用灌根法控制病害发展，一般用 2 亿 CFU/g 可湿性粉剂 1 500~2 000 倍液灌根，每棵病株一般灌约 250mL 药液。

3）防治叶、花、果、茎的病害，如霜霉病、灰霉病、叶霉病、纹枯病等，可采用 2 亿 CFU/g 可湿性粉剂 660~800 倍液，于发病初期喷雾，每隔 7~10d 喷 1 次，连喷 2~3 次。

4）防治花卉灰霉病，可用 1.5 亿 CFU/g 300~500 倍液喷雾。

（6）注意事项：不能与酸性、碱性农药混用，也不能与杀菌农药混用，否则会降低菌体活力，影响药效正常发挥。

11. 重茬敌

（1）通用名称：重茬敌、repeatedfrend。

（2）毒性：低毒。

（3）作用方式：本品属生物活性真菌制剂，微有酵酸味，在富含有机质的土壤中持效期较长。有良好的附着性。该药剂在温室大棚中使用效果显著，其对土传有害菌有拮抗作用。有活化、培肥、改良土壤及防止土壤盐渍化作用，同时还可补充微量元素，提高肥料利用率。

（4）产品剂型：粉剂效价 1 000U。

（5）实用技术：防治花卉苗期立枯病及其他花卉的炭疽病、锈病、白粉病、褐斑病，瓜类霜霉病等。可按 8～10kg/hm^2 以 1∶10比例与细土混匀后，开沟撒在土深 15cm 处，即可定植。也可采用穴施、条施、冲施等施药方法。如果是重茬超过 3 年以上，应在各个农事栽培管理环节上施用更好。

（6）注意事项：不宜与化学杀菌剂混用，在保质期内使用，剩余药剂应储存在阴凉避风、避光处。

12. 哈茨木霉菌

（1）通用名称：哈茨木霉菌、Trichodermaharzianum T-22。

（2）毒性：微毒。

（3）作用方式：哈茨木霉菌 T-22 在植物的根围、叶围可以迅速生长，抢占植物体表面的位点，形成一个保护罩，就像给植物穿上靴子一样，阻止病原真菌接触到植物根系及叶片表面，以此来保护植物根部、叶部免受上述病原菌的侵染，并保证植株能够健康地成长。

（4）产品剂型：T-22 6 亿 CFU/g 哈茨木霉可湿性粉剂，3 亿 CFU/g 哈茨木霉可湿性粉剂，1 亿 CFU/g 哈茨木霉水分散粒剂。

（5）实用技术：

1）6 亿 CFU/g 可湿性粉剂实用技术见表 2、表 3、表 4、表 5。

表 2　保护地作物（花卉、观赏植物、软果作物草莓及树莓等）

栽培方式、时期	用法	使用量	使用次数
育苗	播种、栽种时浇灌或喷施	0.3～1.5g/m^2	每隔 12 周，0.3g/m^2
垄栽	播种、栽种时浇灌或喷施	30g/1 000 株	每隔 12 周，15g/1 000 株
非垄栽	播种、栽种时浇灌或喷施	200～400g/亩	每隔 12 周，100g/亩

表3　草坪（高尔夫球场、运动场等）

使用时期	用法	使用剂量	使用次数
土温10℃	浇灌或喷施	0.15~0.3g/m²	每隔2~4周，0.15g/m²，直至土温低于10℃时

表4　园林树木、果树等

栽培方式	用法	使用剂量	使用次数
坑栽	栽时浇灌或喷施树坑	150~200g/1 000株	栽种时使用1次

表5　露天作物（各种园艺作物如切花、花卉等）

栽培方式、时期	用法*	使用剂量	使用次数
育苗	播种、栽种时浇灌或喷施	1.5g/m²	每12周，0.3g/m²
垄栽	播种、栽种时浇灌或喷施	100~200g/亩	播种、栽种时使用1次
非垄栽	播种、栽种时浇灌或喷施	200g/亩	播种、栽种时使用1次

*为保证浇灌用水能够将孢子运送到种子或植物根部，对于多数作物浇灌一般指灌根。

2）防治观赏百合（温室）根腐病，可用3亿CFU/g可湿性粉剂60~70g/L水浸泡种球。

（6）注意事项：含有哈茨木霉孢子的制剂，不能完全溶于水，加水配制并搅拌后，形成悬浮液，在施用过程中要多次搅拌。

13. 寡雄腐菌

（1）通用名称：寡雄腐菌、Pythium Oligandrum。

（2）毒性：无毒。

（3）作用方式：寡雄腐霉是一种攻击性很强的寄生真菌，能在多种农作物根围定殖，抑制或杀死其他致病真菌和土传病原菌，诱导植物产生防卫反应，减少病原菌的入侵。

（4）产品剂型：100万CFU/g多利维生—寡雄腐霉菌可湿性

粉剂。

(5) 实用技术：

1) 作物播种前，用 100 万 CFU/g 可湿性粉剂 1g 对水 1kg 拌种 20kg，用喷雾器将稀释液均匀喷施到种子上，边喷边搅拌使种子表面全部湿润，拌匀晾干后即可播种。或根据种子实际用量，用 100 万 CFU/g 可湿性粉剂 10 000 倍液浸种。

2) 用 100 万 CFU/g 可湿性粉剂 10 000 倍液对苗床及土壤喷施，可防治猝倒病、立枯病、炭疽病等多种苗期病害及提高苗床土壤内有益菌活性，促进幼苗根系发育，培养壮苗。

3) 作物定植后，可用 10 000 倍液灌根 2~3 次，每次间隔 7d，可有效杀灭作物根系土壤内的病原真菌，预防立枯病、炭疽病、枯萎病等苗期病害的发生。

4) 预防白粉病、灰霉病、霜霉病、疫病等多种真菌性病，可用 7 500~10 000 倍液从作物花期开始叶片喷施，在作物病害发生初期用 7 500 倍液喷施，可控制病害蔓延。

5) 治苗期菊花黑斑病、花叶病、黑锈病等病害，可用 10 000 倍液喷施 2~3 次，每次间隔 15~20d。在菊花病害发生初期，可用 7 500 倍液叶面喷施 2~3 次，每次间隔 7~10d。

6) 在葡萄萌芽前，喷 1 000 倍液 1 次，可杀灭越冬病原菌孢子；在葡萄幼果期开始（6 月上旬）每隔 15~20d 喷施 7 500 倍液 1 次，直至采收（采收前半个月不再喷施），可预防病害。

7) 防治土传病害茎腐、根腐等，可用 7 500~10 000 倍液喷雾或浇施。

8) 防治百合灰霉病、疫病、茎腐病、青霉病。鳞片繁殖：将鳞茎置于 1∶1 000 溶液中浸 30min，阴干后直接插入苗床中，可杀死鳞片内病菌及孢子。灌根：育苗期间，将 10 000 倍液均匀喷施到苗床，或移栽后或播种出苗后，可用 10 000 倍液，配合浇水或混合其他叶面肥灌根。叶面喷施：在苗期生长过程中，用

10 000倍液喷施2~3次，每次间隔15~20d，可预防百合灰霉病、疫病、茎腐病和青霉病等病害的发生。病害发生后可用7 500倍液进行叶面喷施，连续喷施2~3次，每次间隔7~10d。

9）在玫瑰上防治玫瑰白粉病、霜霉病、叶霉病、斑点落叶病。拌种或浸插条：在扦插前，用1 000倍液浸插条30min后即栽植；若播种，可用1 000倍稀释液拌种。灌根：在苗期用10 000倍液，配合浇水或混合其他叶面肥灌根，可减少病菌感染；促进插条根系生长，培养壮苗。叶面喷施：预防玫瑰黑点病、白粉病、枝枯病、霜霉病等病害，可用10 000倍液喷施2~3次，每次间隔15~20d。在染病初期，叶面喷施7 500倍液2~3次，每次间隔7~10d，可控制病害发生。

（6）注意事项：该药不能与化学杀菌剂混合使用，喷施化学杀菌剂后，在药效期内禁止使用本产品；使用过化学杀菌剂的容器或喷雾器需要用清水彻底清洗干净后使用。

四、甲壳素与壳聚糖类杀菌剂

1. 氨基寡糖素

（1）通用名称：氨基寡糖素、oligosaccharin。

（2）化学名称：低聚-D-氨基葡萄糖或β-1，4-寡聚-D-氨基葡萄糖。

（3）毒性：无毒。

（4）作用方式：氨基寡糖素能对一些病菌的生长产生抑制作用，影响真菌孢子萌发，诱发菌丝形态发生变异、孢内生化发生改变等。能激发植物体内基因，产生具有抗病作用的几丁酶、葡聚糖酶、保素及PR蛋白等，并具有细胞活化作用，有助于受害植株的恢复，促根壮苗，增强作物的抗逆性，促进植物生长发育。

（5）产品剂型：0.5%水剂（OS-施特灵、净土灵），0.5%、2%氨基寡糖素水剂（好普），2.8%葡聚寡糖素水剂（凯得），0.4%、4%低聚糖素水剂，80%原粉（高活性氨基寡糖素）。

（6）实用技术：

1）防治植物幼苗真菌性病害，可在发病前用施特灵600倍液，每隔7~10d喷雾1次。

2）防治病毒病，可用施特灵400~600倍液喷雾或用好普500~600液喷雾。

3）防治枣树、苹果、梨等果树的枣疯病、花叶病、锈果病、炭疽病、锈病等病害，可在发病初期用好普1 000倍+1 000倍果美康（果树专用型）喷雾，每10~15d喷1次，连喷2~3次。

4）防治瓜类、茄果类病毒病、灰霉病、炭疽病等病害，自幼苗期开始用好普1 000倍+1 000倍果美康（果树专用型）喷雾，每10d喷1次，连喷2~3次。

5）防治茄类晚疫病，用0.5%水剂190~250mL，或2%水剂50~80mL，对水常规喷雾，每7~10d喷1次，连喷2~3次。

6）防治烟草花叶病毒病、黑胫病等病害，可自幼苗期开始用好普1 000倍+果美康（果树专用型）1 000倍喷雾，每10d喷1次，连续喷洒2~3次。防治烟草花叶病毒病，喷0.5%水剂400~600倍液，在苗期喷1~2次，大田喷施2~3次。

7）防治豆类病毒病，每亩用凯得120~150mL，对水常规喷雾。防治瓜类枯萎病，发病初期，喷0.5%水剂400~600倍液。

（7）注意事项：严禁与碱性农药和肥料混用。

2. 康福宝

（1）主要成分：甲壳胺类虫膜酯络合微量元素。

（2）作用方式：本品喷施在作物表面可形成保护膜，同时增加植株内糖分，增强植物对不良环境的抵抗力；通过诱导细胞壁木质素组织形成、加厚，从而起到抗冻作用；并且该物质结构

和病原菌结构相似，喷施后可诱导组织产生抗性，使病原菌得到抑制，可降低控制真菌、细菌、病毒病害的发生。可诱导植物产生多种抗性物质。

（3）实用技术：

1）预防病害可对水 1 500～2 000 倍液于始花期、坐果期、膨大期各喷 1 次。

2）防治果树根腐病，可用 300～500 液加多菌灵、铜制剂或甲托灌根；或康福宝 500～600 倍+琥胶肥酸铜 500 倍灌根，每棵树灌 20kg 药液。

3）对苹果枝干轮纹病、腐烂病，预防用康福宝 200 倍+福星 1 000 倍，治疗用康福宝 100 倍+福星 300 倍，刮掉老皮、粗皮、翘皮，均匀刷树，一般每千克溶液刷树 4～6 棵。

3. 寡糖核酸

（1）毒性：低毒。

（2）作用方式：本品是以微生物发酵液提取物为原料研制而成的复合生物制剂，具有活化生长基因及抗逆基因，强化防御和抗逆机制，提高植物抗病、抗逆能力，使植物生长旺盛。能解除部分药物药害。可提高苯丙氨酸解氨酶的活性，促进植物体内酚类物质的合成，以抗伤害；还能诱导植物体内黄酮类生物碱类、花生素苷类等次生物质及防卫物质的产生，以提高植株自身的抗逆能力。

（3）产品剂型：粉剂。

（4）实用技术：

1）可浸种、拌种和与种衣剂混用，也可根施、喷雾，每亩用量为 0.45～0.9g（a.i.），可在作物生长整个季节施用，在 10～35℃内施用效果显现快。可与非强碱性农肥、农药混用。

2）棕榈科植物、豆类、瓜类、观赏棉、梨树、马铃薯等作物生长期常因误用、飘移或遭残留农药如草甘膦、丁草胺、2,

4-D、2，4-D 丁酯、农乐利、多效唑、胺苄磺隆、苯磺隆等除草剂的伤害，在遇害后 1~3d 喷布寡糖核酸基因活化剂，可得到缓解。

（5）注意事项：能增强抗耐高温（热害、干热风）、低温（霜、冻）、干旱、洪涝、盐碱、药害（除草剂）、改善营养失调等的能力。温室花卉在冬季来临前喷施寡糖核酸基因活化剂，可增强植株耐寒力，减少落叶。

4. 绿泰宝

（1）通用名称：绿泰宝、nudleotide。

（2）毒性：低毒。

（3）作用特点：本品可防治真菌引起的各种作物病害，对柑橘疮痂病、溃疡病以及兰花的炭疽病、白粉病、叶斑病、褐锈病等有特效。

（4）产品剂型：0.05%水剂。

（5）实用技术：防治兰花的炭疽病、白粉病、叶斑病、褐锈病等可用 800 倍液喷施，每隔 7~10d 喷施 1 次，连喷 2~3 次，与其他酸性农药混用有增效作用。

5. 几丁聚糖

（1）通用名称：几丁聚糖、chltosan。

（2）化学名称：（1-4）-2-氨基-2-脱氧-β-D-葡聚糖。

（3）毒性：低毒。

（4）作用方式：本品有杀菌和植物生长调节的双效作用，为植物诱抗剂，可使作物的保护酶蛋白和酶活性增强。

（5）产品剂型：0.5%、2%水剂，0.5%可湿性粉剂。

（6）实用技术：

1）防治 TY 病毒病、花叶病毒病、条纹叶枯病、白粉病、霜霉病，可在发病前或发病初期，用 0.5%水剂 300 倍液喷雾，间隔 5~7d 喷 1 次，连续使用 2~3 次；与特普微助加叶面肥和盐

酸吗啉呱混合使用见效更快。

2）防治早晚疫病、蔓枯病，可于发病前或发病初期，用0.5%水剂100~300倍喷雾，间隔5~7d喷1次，连续使用2~3次；与霜脲氰等混合使用见效更快。

五、其他生物源杀菌剂

1. 990A植物抗病剂

（1）通用名称：990A植物抗病剂。

（2）毒性：无毒。

（3）作用方式：本品是具有防病、治病、杀菌营养、调节等多种功能的新型、无毒、广谱、高效抗病剂。

（4）产品剂型：0.05%水剂。

（5）实用技术：

1）防治油菜、向日葵、豆类菌核病可在作物开花前后，用0.05%水剂500倍液，间隔7~10d喷1次，连喷2~3次。

2）防治多种作物根腐病、早疫病、黑根病、软腐病、霜霉病，防治瓜类枯萎、蔓枯病、疫病，可在作物苗期、生长期、坐果期，用0.05%水剂500倍液，间隔7~10d喷1次，连喷3~4次，或用200倍液灌根。

3）防治柑橘、香蕉、荔枝、杧果、龙眼、菠萝等小叶病、黑星病，可在发芽前、开花期、果实形成期均匀喷洒0.05%水剂500倍液，间隔7~10d喷1次，连喷3~4次。

2. D-松醇

（1）通用名称：D-松醇、D-Pinitol。

（2）化学名称：D-松醇。

（3）毒性：无毒。

（4）作用方式：本品为长豆角壳提取物，有刺激胰岛素的

能力，能降低血糖，能促进肌酸的吸收；清热利湿，消食除积，祛痰止咳。用于植物病害防治对瓜类白粉病的作用方式为治疗作用，可用于瓜果、麦类、花卉和林木等植物上的白粉病害。

（5）产品剂型：95%、98%、99%粉剂，20%的水剂。

（6）实用技术：原药 2 000mg/L 或 20%的水剂稀释至 3. 3%防治白粉病。

3. 83 增抗剂

（1）通用名称：混合脂肪酸、mixed aliphatic acid。

（2）化学名称：C_{13}~C_{15}脂肪酸混合物。

（3）毒性：微毒。

（4）作用方式：本品为耐病毒诱导剂，主要成分为混合脂肪酸，含 C_{13}~C_{15}脂肪酸，具有提高植株抗病能力、阻碍病毒侵染和繁殖及刺激植物生长增产的作用。

（5）产品剂型：10%水剂。

（6）实用技术：防治病毒病，可在苗期发病前用 10%水剂 100 倍液喷雾诱发植株对病毒病的抵抗力。对定植作物可在定植前 2~3d 用 10%水剂 100 倍液先喷 1 次。

第十八章　其他杀菌剂

1. 溴菌清

（1）通用名称：溴菌清、bromothalonil。

（2）化学名称：1，2-二溴-2，4-二氰基丁烷，或 2-溴-2-溴甲基戊二腈。

（3）毒性：低毒。

（4）作用方式：溴菌清为广谱杀菌剂，具有保护、治疗作用。

（5）产品剂型：25% 水分散剂，25% 乳油，25% 可湿性粉剂。

（6）实用技术：

1）防治芍药、玉簪、蜀葵、文殊兰、天冬、四季秋海棠、西瓜皮椒草、韭兰、花叶万年青、凤梨、吊兰、睡莲炭疽病，大花君子兰枯斑病及炭疽病，喜林芋类炭疽病，可于发病初期喷洒 25%可湿性粉剂 500 倍液。

2）防治兰花炭疽病，从 5 月上旬开始喷 25% 可湿性粉剂 500 倍液，每 10d 喷 1 次，持续到 11 月。

3）防治金铃花炭疽病，可于 8 月中下旬于发病初期喷洒 25%可湿性粉剂 500 倍液，隔 10～15d 喷 1 次，共喷 2～3 次。

4）防治栀子花、扶桑、金边瑞香、球兰、夏威夷椰子、杜鹃花、龙血树与香龙血树、米兰、凤尾兰、含笑、十大功劳、肉

桂炭疽病。可于发病初期喷洒25%可湿性粉剂500倍液，每10d喷1次，共喷3~4次。

5）防治梅花、南洋杉、金橘及佛手、棕榈、鹅掌柴、白兰花炭疽病，可于发病初期喷洒25%可湿性粉剂500倍液。

6）防治苹果炭疽病，防治梨炭疽病、黑星病，桃炭疽病、褐腐病、疮痂病，柑橘疮痂病、炭疽病以及香蕉叶斑病，于发病初期用25%乳油400~600倍液喷雾，间隔7~10d喷1次，连喷3~4次。

2. 二噻农

（1）通用名称：二噻农、Dithianon（BSI，CSA，MAFJ）。

（2）化学名称：2，3-二腈基-1，4-二硫代蒽醌。

（3）毒性：低毒。

（4）作用方式：二噻农是一种具有多作用位点、广谱高效的保护性和治疗性杀菌剂，通过与含硫基团反应和干扰细胞呼吸而抑制一系列真菌酶。

（5）制剂：75%可湿性粉剂，70%水分散粒剂，66%水分散粒剂，22.7%二氰蒽醌悬浮剂。

（6）实用技术：

1）防治苹果、梨黑星病，苹果轮纹病，樱桃叶斑病、锈病、炭疽病和穿孔病，桃、杏缩叶病、褐腐病、锈病，柑橘疮痂病、锈病，草莓叶斑病等，用525g（a. i.）/hm^2 对水喷雾。

2）防治葡萄霜霉病，用560g（a. i.）/hm^2 对水喷雾。

3）防治果树炭疽病，可用22.7%二氰蒽醌悬浮剂600~800倍液喷雾。防治观赏椒炭疽病，每亩可用66%水分散粒剂按20~30g喷雾。

（7）注意事项：对恶性炭疽病有特殊的效果，不可与碱性农药及矿物油雾剂混用。

3. 霜脲氰

（1）通用名称：霜脲氰、Cymoxanil。

（2）化学名称：1-（2-氰基-2-甲氧基亚氨基）-3-乙基脲。

（3）毒性：低毒。

（4）作用方式：霜脲氰是一种具有保护、治疗、接触渗透和局部内吸作用的脲类杀菌剂。主要是阻止病原菌孢子萌发，对侵入寄主内病菌也有杀伤和抑制作用。

（5）产品剂型：80%水分散粒剂，72%霜脲锰锌可湿性粉剂（进口：克露，国产：克绝锰锌），36%霜脲锰锌可湿性粉剂。

（6）实用技术：

1）防治瓜类等霜霉病，在病害发生前或发病初期，用80%水分散粒剂600倍液，隔7~10d喷1次，连喷2~3次。防治茄类早、晚疫，用80%水分散粒剂500倍液喷雾，隔7~10d喷1次，连喷2~3次。

2）在葡萄园施用霜脲氰，建议用80%水分散粒剂2 000~3 000倍液，也可以3 000~4 000倍液与保护性杀菌剂（如喷克、喷富露等）混合施用。

4. 喹菌酮

（1）通用名称：喹菌酮、Oxolinic Acid。

（2）化学名称：5-乙基-5，8-二氢-8-氧代（1，3）-二噁茂-（4，5，8）-喹啉-7-羧酸。

（3）毒性：低毒。

（4）作用方式：喹菌酮属喹诺酮类（或喹啉类）杀菌剂，具有保护和治疗作用。通过抑制细菌分裂时必不可少的DNA复制而发挥其抗菌活性，对革兰氏阴性菌有较强的抗菌作用，但对真菌与结核杆菌无抗菌作用。

（5）产品剂型：1%超微粉剂，20%可湿性粉剂，12.5%、

25%可湿性粉剂，烟剂，粉剂。

（6）实用技术：

1）防治苹果、梨火疫病、软腐病等，可在发病初期喷洒20%可湿性粉剂1 000倍液，每隔5~7d喷1次，连喷3~4次。

2）防治鸢尾细菌性软腐病，在发病初期用20%可湿性粉剂1 500倍液喷洒植株基部，每隔10d左右喷1次，共喷2~3次。

3）防治兰花细菌性软腐病，可用20%可湿性粉剂1 000倍喷雾或浇灌，每3~5d喷1次，共喷3次。

4）防治兜兰软腐病，可用20%可湿性粉剂1 500倍液喷雾。

5. 戊菌隆

（1）通用名称：戊菌隆、pencycuron。

（2）化学名称：1-（4-氯苄基）-1-环戊基-3-苯基脲。

（3）毒性：低毒。

（4）作用特点：戊菌隆是一种新型的具有保护作用的接触性苯基脲类非内吸性杀菌剂，对防治由丝核菌引起的病害具有专一活性，对立枯丝菌引起的病害有特殊作用。

（5）产品剂型：25%可湿性粉剂，1.5%粉剂，12.5%干拌种剂和20%戊菌隆+50%克菌丹的复合制剂，95%戊菌隆原药混剂；GauchoM（戊菌隆+吡虫啉+福美双）、Monceren（戊菌隆+抑霉唑）、Prestlge（戊菌隆+吡虫啉）。

（6）实用技术：防治棕榈类纹枯病，可喷洒25%可湿性粉剂1 500~2 000倍液。或在纹枯病初发生时喷第1次药，20d后再喷第2次。每次每亩用25%可湿性粉剂50~66.8g对水100kg喷雾。用于防治佐佐木薄膜革菌，可用150~250gg/hm^{2}有效成分喷雾2次。

6. 石灰氮

（1）通用名称：氰氨化钙、Calcium Cyanamide。

（2）化学名称：氰氨化钙。

（3）毒性：中等毒性，对皮肤和黏膜（结膜、上呼吸道）有刺激作用。

（4）作用方式：石灰氮是一种长效的无酸根氮肥，石灰氮在土壤中与水分反应，先生成氢氧化钙和氰氨，氰氨水解形成尿素，最后分解成氨。在碱性土壤中，形成的氰氨可进一步聚合而形成双氰氨。氰氨和双氰氨都抑制硝化作用，对土壤中的真菌、细菌和线虫等有害生物具有广谱的杀灭作用。

（5）产品剂型：50%颗粒剂。

（6）实用技术：

1）石灰氮水溶液最佳使用浓度为16.7%。

2）防治大棚各种土传病害及地下害虫，可按1 000m^2用石灰氮100~150kg施入土壤耕作层，施后灌水，用透明塑料薄膜密闭闷棚20~30d。

3）在林圃、果园、桑园地面每亩撒布粉状石灰氮2.7~40kg，可直接有效地杀死杂草，并有防治鼠害作用，同时达到施肥的目的。

7. 过氧乙酸

（1）通用名称：过氧乙酸、peroxyacetic acid或peracetic acid。

（2）化学名称：过氧乙酸。

（3）毒性：低毒，疑致肿瘤，致皮肤肿瘤。

（4）作用方式：过氧乙酸为杀菌能力较强的高效消毒剂，也为广谱、高效内吸灭菌剂。

（5）产品剂型：含量：35%、18%~23%两种（一般商品为35%醋酸稀释溶液），3%的水溶液，21%水剂，百菌敌、9281系列产品［果树轮腐净原名植物增产强壮素、观赏棉“枯萎宁”、枣树“杀菌特”、芦笋“茎枯消”、杨树病毒“一喷灵”、葡萄菌毒消、板栗“强壮素”、9281强壮素、9281杀菌特（枣树专用）等］、杀菌特（复方21%过氧乙酸）等，均为水剂。过氧乙酸一般商品为35%醋酸稀释溶液。市售浓度为16%~20%。

（6）实用技术：

1）防治灰霉病可用21%水剂按441~735g/hm² 喷雾。

2）冬春季节，刮除腐烂病、枝干轮纹病、“粗皮”病斑，用21%复生水剂原液或5倍液涂抹。早春清园，用21%复生水剂400~500倍液喷施果树枝干，可杀灭腐烂病、枝干轮纹病、“粗皮”病及其他越冬病菌。在果树生长期，21%复生水剂500~600倍液喷雾，可防治烂果病、炭疽病、花叶病等。

3）在春季发芽前用9281杀菌剂150倍液全树喷洒1~2次，可有效控制病菌的传播，生长期促进粗皮脱落。在生长期每隔10~12d，用9281杀菌剂400~600倍浸液喷洒1次，可使叶片浓绿，增加光合作用。晚秋落叶前半月喷9281杀菌剂400~500倍液可防寒防冻，杀灭表层病菌。休眠期（修剪后）和早春发芽前及花膨大期各喷1次300~400倍液，可以防剪口感染、杀菌越冬。

4）林木枝干腐烂病，在发病后可用刀划条超过患处3~5cm，隔1~2cm划一竖道，深达木质部，后涂9281杀菌剂3~5倍水液，严重者用原液涂抹1~2次。

8. 氯化苦

（1）通用名称：氯化苦、chloropicrin。

（2）化学名称：三氯硝基甲烷。

（3）毒性：高毒，具有催泪作用。

（4）作用方式：该物质具有强烈的渗透作用及扩散性，易被多种多孔性物质吸附，在潮湿性物体上吸附性更持久。扩散深度为0.75~1.0m。具有熏蒸作用和杀卵作用。药剂进入生物体组织后生成强酸性物质，使细胞肿胀和腐烂，或使细胞脱水和蛋白质沉淀。

（5）产品剂型：氯化苦98%原液，99.5%液剂。

（6）实用技术：

1）土壤熏蒸：铲除枯病株后，每平方米打孔3~12个，孔深20cm，用玻璃漏斗插入穴内，每孔注药10mL，再用土密闭孔口。地面盖以湿润的席子和塑料布。过2~3d后去掉覆盖，使毒气散掉。

2）防治东方百合根腐病、观赏烟草黑胫病，可用99.5%液剂按380~520kg/hm^{2}土壤熏蒸。

3）防治瓜类枯萎病、黄萎病，可用99.5%液剂按280~380kg/hm^{2}土壤熏蒸。

4）防治草莓黄、枯萎病，可用99.5%液剂按240~360kg/hm^{2}土壤熏蒸。

9. 溴甲烷

（1）通用名称：溴甲烷、methylbromide。

（2）化学名称：溴甲烷。

（3）毒性：高毒。

（4）作用方式：该药是一种卤代物类熏蒸剂，对各种病虫害有很好的熏杀作用，且具杀卵作用，其渗透性强于氯化苦等其他熏蒸剂，土壤熏蒸可杀青枯病、立枯病、白绢病等病菌和根瘤线虫。

（5）产品剂型：98%气体制剂。

（6）实用技术：用于土壤处理可用98%气体制剂按490~750g/hm^{2}喷雾。

10. 棉隆

（1）通用名称：棉隆、dazomet。

（2）化学名称：四氢-3，5二甲基-1，3，5-噻二唑-2-硫酮。

（3）毒性：低毒，对眼睛黏膜具有轻微的刺激作用。

（4）作用方式：棉隆是一种低毒的广谱的熏蒸性杀菌杀线

虫剂，在土壤及其他基质中具有扩散作用。

（5）产品剂型：75%可湿性粉剂，98%颗粒，98%微粒剂。

（6）实用技术：

1）防治茶树根结线虫，在茶苗种植前，每亩用98%颗粒剂5~6kg，土壤撒施或穴施，穴深20cm，施药后覆土，或用塑料薄膜覆盖，封闭熏蒸15~25d后，揭膜，种植茶苗。

2）防治果园线虫，可在冬、早春果树未萌芽抽梢前，于树盘开沟深25cm，每亩用75%可湿性粉剂3.2~4.8kg，拌细土后撒施沟内，覆土压实（该药对果树的根、茎、叶有毒害，不得在果树生长期使用）。

3）防治花卉或草莓线虫，可用98%微粒剂按30~40g/m^2土壤处理。

11. 威百亩

（1）通用名称：威百亩，metham。

（2）化学名称：N-甲基二硫代氨基甲酸钠。

（3）毒性：中等毒性。

（4）作用方式：威百亩为具有熏蒸作用的二硫代氨基甲酸酯类杀线虫剂，其在土壤中降解成异氰酸甲酯发挥熏蒸和毒杀作用，通过抑制生物细胞分裂和DNA、RNA和蛋白质的合成以及造成生物呼吸受阻。

（5）产品剂型：42%、32.7%水溶液，35%、37%水剂。

（6）实用技术：

1）防治猝倒病，可用35%水剂按17.5~26.25g/m^2进行土壤处理。

2）防治线虫病，每亩用35%水溶液2.5~5.0kg，对水300~500kg，于播前半个月开沟将药灌入，覆土压实，15d后播种。防治黄瓜根结线虫，每亩用35%水溶液0.4~0.6kg；防治茶苗根结线虫，每亩用35%水溶液8~9kg；防治牡丹根结线虫，每亩用

35%水溶液3~4kg。

12. 3-溴丙烯

（1）通用名称：3-溴丙烯，Allylbromide。

（2）化学名称：3-溴丙烯。

（3）毒性：中等毒性。

（4）作用方式：该药具有极强的熏蒸杀灭作用。

（5）产品剂型：98.1%DearL，99.5%地乐尔。

（6）实用技术：本药适合蔬菜、瓜果、番木瓜、烟草、园艺植物等各种作物上应用，特别适合于夏季高温时节对大棚进行土壤熏蒸消毒处理。一般发生地块用15g/m^2（10L折合11.5kg）；严重发生地块用20g/m^2（15L折合17.25kg）；西瓜棚用量为4L（4.6kg）/亩，先加适量水稀释后随西瓜种植沟冲施。春茬作物拉秧后清园，首先保持棚膜完好不翻地也不需覆盖地膜，直接按用量稀释后随原来的冲肥沟冲施闭棚15d以上；其次对于蔬菜大棚在棚膜完好密闭条件下，旋耕土壤15~20cm，开沟或做成2~3m的宽畦，先浇一遍清水，第二天覆盖地膜，将地乐尔DearL EC型（冲施型）倒入底部带阀门的容器内，稀释30~50倍后随水冲施，闷棚10~15d。

13. 高脂膜

（1）通用名称：高脂膜，palmityl alcohol +lauryl alcohol。

（2）化学名称：十二烷基醇、十六烷基醇。

（3）毒性：低毒。

（4）作用方式：该药是由十二碳醇及十六碳醇等高级脂肪醇组成的。自身不具有杀菌作用，但喷洒在作物表面，能自动扩散、展布，形成一层肉眼看不见的能透光、透气，不影响作物正常生长并有抑制水分蒸发的单分子膜，把作物表面包裹起来，使作物不受外部病菌的侵染、内部病菌窒息而死。

（5）产品剂型：27%乳油。

（6）实用技术：

1）防治大野芋圆斑病，可用27%乳油400倍液与其他农药混合喷洒。

2）防治荷花烂叶病，可于发病初期喷洒27%乳油200倍液加70%代森锰锌可湿性粉剂800倍液。

3）防治柑橘冻害，于采果后的11月下旬、12月下旬和翌年1月中旬各喷1次27%乳油200倍液。

4）防治柑橘疮痂病、溃疡病、白粉病、炭疽病等，于发病前10~15d和发病初喷27%乳油150~200倍液。防治裂果病，在高温、伏旱到来之前和发病初期喷27%乳油200倍液。

5）防治草莓褐斑病，于发病初开始喷27%乳油100~150倍液，间隔10d喷1次，共喷2~3次。

6）防治瓜类霜霉病，于发病初喷27%乳油500~1 000g对水75~100kg，均匀喷雾，间隔7~14d喷1次，共喷3~4次。

7）防治瓜类白粉病、番茄斑枯病，于发病初喷27%乳油100倍液。间隔10d喷1次，连喷2~3次。

14. 双胍辛胺

（1）通用名称：双胍辛胺，iminoctadine。

（2）化学名称：1，1-亚氨基二（辛撑）二胍三醋酸盐。

（3）毒性：中等毒性。

（4）作用方式：双胍辛胺为一种触杀和预防性广谱杀真菌剂，局部渗透性强，对某些病原菌有很高的抑制活性。主要对真菌的类脂化合物的生物合成和细胞膜机能起作用，可抑制孢子萌发、芽管伸长、附着孢和菌丝的形成。

（5）产品剂型：25%可湿性粉剂，25%的水剂、液剂，3%的糊剂（培福朗、派克定）。

（6）实用技术：

1）治疗乔灌木树干腐烂病疤，可于每年早春将病疤彻底刮

除后，将3%糊剂直接涂于患处。

2）防治乔灌木树腐烂病，用25%水剂250~1 000倍液，在苹果树休眠期，约在3月下旬对全树喷雾1次，使树干和树枝都沾布药液。7月上旬进行第二次施药，用大毛刷蘸取25%水剂100倍药液，均匀涂抹乔灌木树干及侧枝，尤其是病疤处，反复涂抹几次，以确保病疤处药液附着周密。

3）防治苹果斑点落叶病，用25%水剂1 000倍液，在始发期开始喷药，每隔10d喷1次，共喷6次，可有效地控制苹果斑点落叶病为害。

15. 双胍辛烷苯基磺酸盐

（1）通用名称：双胍辛烷苯基磺酸盐，iminotadinetris。

（2）化学名称：1，1′-亚氨基二（辛基业甲基）双胍三十二（烷基苯基磺酸盐）。

（3）毒性：低毒。

（4）作用方式：本品是触杀和预防性、保护性杀菌剂，主要对真菌的类酯化合物的生物合成和细胞膜机能起作用，抑制孢子萌发、芽管伸长、附着孢和菌丝的形成。

（5）产品剂型：40%百可得可湿性粉剂。

（6）实用技术：

1）防治葡萄、瓜类灰霉病及瓜类白粉病等，可用40%可湿性粉剂1 500~2 500倍液喷雾。

2）防治葡萄炭疽病，柿子炭疽病、白粉病、灰霉病、落叶病，梨黑星病、黑斑病、轮纹病，桃黑星病、灰星病等，可用40%可湿性粉剂1 000~1 500倍液喷雾。

3）防治苹果树斑点落叶病，在早春苹果春梢初见病斑时开始喷40%可湿性粉剂800~1 000倍液，间隔10~15d喷1次，连喷5~6次。

4）防治瓜类蔓枯病、白粉病、炭疽病、菌核病，草莓炭疽病、白粉病，猕猴桃果实软腐病，洋葱灰霉病等，可用40%可湿性粉剂1 000倍液喷雾。

5）防治番茄灰霉病，在发病初期或开花初期喷40%可湿性粉剂1 000～1 500倍液喷雾。每隔7～10d喷1次，连续喷3～4次。

6）防治柑橘储藏病害，用40%百可得1 000～2 000倍药液浸果1min，捞出后晾干，单果包装储藏于室温保存，能有效地防治柑橘青霉病和绿霉病的为害。

16. 腐必清

（1）通用名称：松焦油原液、腐必清、pine tar。

（2）化学名称：是一种复杂的化合物。

（3）毒性：低毒。

（4）作用方式：本品具有良好的渗透作用，对苹果树腐烂病菌有很强的杀灭作用。

（5）产品剂型：腐必清乳剂，腐必清涂剂。

（6）实用技术：预防林木树干腐烂病，于春季树发芽前先刮净病斑，再用腐必清乳剂80倍液喷洒全树。防治林木树干腐烂病复发，将病斑刮净后，用腐必清涂剂涂抹，或用腐必清乳剂对等量的水后涂抹。

17. 氰烯菌酯

（1）通用名称：氰烯菌酯。

（2）化学名称：2-氰基-3-苯基-3-氨基丙烯酸乙酯或2-氰基-3-氨基-3-苯基丙烯酸乙酯。

（3）毒性：微毒。

（4）作用方式：本品为氰基丙烯酸酯类杀菌剂，对由镰刀菌引起的各类植物病害具有内吸、保护和治疗作用。

（5）产品剂型：25%悬浮剂。

（6）实用技术：防治麦类赤霉病，每亩用25%氰烯菌酯悬

浮剂100g，在麦类扬花初期用药。若麦类抽穗扬花期间遇连续阴雨，在扬花末期再施用1次，效果更佳。

18. 敌菌灵

（1）通用名称：敌菌灵，anilazine。

（2）化学名称：2，4-二氯-6-（邻氯代氨基）均三氮苯。

（3）毒性：低毒。

（4）作用方式：本品为一种杂环类广谱内吸性杀菌剂，具铲除作用。

（5）产品剂型：50%可湿性粉剂。

（6）实用技术：对瓜类的炭疽病、霜霉病、黑星病和各种作物的灰霉病防效很好。

19. 甲醛

（1）通用名称：甲醛，formaldehyde。

（2）化学名称：HCHO。

（3）毒性：高毒。

（4）作用方式：甲醛是一种消毒剂，低浓度为抑菌剂，高浓度为灭菌剂。杀菌谱广，对细菌繁殖体、芽孢以及病毒等均有杀灭作用，且作用时间较其他高效消毒剂长。

（5）产品剂型：37%~40%水溶液，多聚甲醛块。

（6）实用技术：

1）防治立枯病、猝倒病、灰霉病、菌核病等，可用1∶50倍液$6kg/m^2$，淋洒于苗床土中；干燥土用1∶100倍液$12kg/m^2$。用药液量以刚好湿透为宜，立即覆膜，闷2~3d后揭膜，翻土数次，土壤处理后需经1~2周待甲醛挥发后再行播种或移植。

2）防治苹果树、桃、李、核桃、荔枝、龙眼等果树的根腐病、紫纹羽病、白绢病可用商品甲醛水溶液100倍灌根。

3）防治果树苗木的根腐病，播前用80倍液拌种，堆闷2h后，在通风阴凉处晾干，待甲醛挥发净后播种。

4）防治杜仲立枯病，可于发病初期用40%水溶液浸带菌种苗5分钟，再用塑料薄膜覆盖闷2h后种植。

5）防治水仙基腐病（鳞茎腐烂病），可在鳞茎贮藏前用40%水溶液50倍液浸泡20min，捞出晾干，再入室储藏。在种植前用40%水溶液120倍液浸泡3～4h；防治百合基腐病（枯萎病），用40%水溶液120倍液对种球浸种消毒3.5h。

6）防治冬珊瑚黄萎病，可用40%水溶液50倍液，按4～8mL/m^2处理土壤。

7）防治瓜类炭疽病、疫病、枯萎病、蔓枯病、黑星病、角斑病，观赏茄褐纹病、炭疽病、黄萎病，菜豆炭疽病、枯萎病等，用40%水溶液150倍液浸种30min。

20. 高锰酸钾

（1）通用名称：高锰酸钾，potassium penmanganate。

（2）化学名称：高锰酸钾。

（3）毒性：对人、畜安全、无毒。

（4）作用方式：本品是强氧化还原剂，其溶液具有很强的杀菌、消毒及防腐作用。

（5）产品剂型：原药。

（6）实用技术：

1）播种前高温清水预浸1h后，捞出再放入高锰酸钾1 000倍液中浸种2h，并在苗期用600～800倍液喷洒3～4次，可有效防治一串红、金鱼草、万寿菊的软腐病，并可兼治霜霉病。

2）防治柑橘脚腐病、流胶病、树脂病，在100g桐油中（或茶油）中加入10g高锰酸钾，搅拌混匀成油锰合剂，于4～5月和9月涂抹在刮除病皮后的病疤上。

3）瓜叶菊在出苗后二叶一心到开花前用高锰酸钾600～800倍液喷雾，每5～7d喷1次，连喷4次，可有效预防霜霉病的发生。倘若出现中心病株，用高锰酸钾600倍液连喷3次，间隔期

为5d，对霜霉病具有良好的防治效果。

4）防治矮牵牛、一串红、万寿菊猝倒病、立枯病，在出苗后，每7~10d用800~1 000倍液喷雾1次。

5）防治瓜类枯萎病，于播种、幼苗和伸蔓3个时期，用高锰酸钾500~800倍液喷施垄面和灌根，当植株初见萎蔫时灌500倍液。

6）防治君子兰根茎腐烂病，将发病严重的植株拔出，去掉宿土，剪去腐烂部分，浸于0.1%高锰酸钾溶液中5min，用清水洗净后晒0.5h后置于阴处阴干4~5d，再重新上盆。

21. 哒菌酮

（1）通用名称：哒菌酮，Diclomezine。

（2）化学名称：6-（3，5-二氯-4-甲苯基）-3（2H）哒嗪酮。

（3）毒性：微毒。

（4）作用方式：本品是一种具有治疗和保护性的杀菌剂，通过抑制隔膜形成和菌丝生长，从而达到杀菌目的。该药对草皮丝核菌属病害效果较好。

（5）产品剂型：1.2%粉剂、20%悬浮剂、20%可湿性粉剂。

（6）实用技术：防治各种菌核病及草坪纹枯病，可按360~480g（a.a）/hm^2进行茎叶喷雾。

22. 四氯苯酞

（1）通用名称：四氯苯酞，tetrachlorophthalide。

（2）化学名称：四氯对苯二甲酸。

（3）毒性：微毒。

（4）作用方式：本品为具有保护和治疗作用的内吸性杀菌剂。在稻株表面能有效地抑制附着胞形成，阻止菌丝入侵，具有良好的预防作用；但在稻株体内，对菌丝的生长没有抑制作用，但能抑制病菌的再侵染。

（5）产品剂型：50%可湿性粉剂。

（6）实用技术：可用于防治水稻叶枯病，使用剂量为200~400g（a.i.）/hm^2。

（7）注意事项：本品不能与碱性农药混合使用，宜放在室内通风处。若误服，应饮大量水催吐。

23. 邻苯基苯酚钠

（1）通用名称：邻苯基苯酚钠，Sodium 2-biphenylate。

（2）化学名称：邻苯基苯酚钠盐。

（3）毒性：低毒，对人的皮肤有明显刺激性。

（4）作用方式：本品具有保护、铲除作用，邻苯基苯酚及其钠盐除莠活性很高，并且有广谱的杀菌除霉能力。

（5）产品剂型：纯品。

（6）实用技术：防治热带兰细菌性褐腐病，可用邻苯基苯酚钠2 000倍液浸泡60min消毒。

24. 硝苯菌酯

（1）通用名称：硝苯菌酯，famoxadone，meptyldinocap。

（2）化学名称：2-异辛基-4，6-二硝基苯基-2-丁烯酸酯。

（3）毒性：低毒。

（4）作用方式：本品为具有预防治疗铲除功能的内吸性触杀性杀菌杀螨剂，是从杀菌（螨）剂敌螨普6种异构体中分离出来的具有最高生物活性的异构体之一，可被植物根茎叶迅速吸收并能在植物体内双向传导。

（5）产品剂型：36%硝苯菌酯乳油。

（6）实用技术：防治瓜类白粉病，用36%乳油150~216g/hm^2叶面喷洒。

25. 多果定

（1）通用名称：多果定，dodine。

（2）化学名称：正-十二烷基胍醋酸盐。

（3）毒性：低毒。

（4）作用方式：本品具有保护作用，无内吸性。杀菌机制是破坏细胞的渗透性，导致细胞内含物的外渗和细胞的死亡。

（5）产品剂型：65%可湿性粉剂。

（6）实用技术：

1）防治苹果和梨的黑星病，在发病前用400mg/L浓度的药液喷雾；在侵染后的2~3d，用650~800mg/L浓度的药液喷雾，每隔8d喷1次。

2）防治樱桃穿孔病和褐斑病，在开花后立即用400mg/L浓度的药液进行喷雾，以后每隔10~15d喷1次，至少喷3次。

3）防治十字花科花卉黑斑病、马铃薯早疫病、番茄斑枯病及叶霉病、瓜类枯萎病等病害，在发病初期用400mg/L浓度的药液进行喷雾，药液量可根据作物大小而定，每隔8~10d喷1次。

第十九章　植物抗病毒剂

抗植物病毒的化学物质，共分以下七类：①金属盐类，如 $ZnSO_4$、$CaCl_2$；②有机化学物质，如水杨酸、类黄酮、季胺化合物，蒽醌类等；③嘌呤和嘧啶类，如 8-偶氮鸟嘌呤、2-硫脲嘧啶、三嗪类等；④氨基酸类，如半磺氢酸等；⑤维生素类，如 Vb_2；⑥植物激素类，如 2，4-D、激动素等；⑦蛋白质类，如牛奶和脱脂牛奶。它们有的对植物病毒有体外钝化作用，有的在活体内抑制病毒和治疗作用，有的可以诱导寄主植物产生与病程相关的蛋白，从而提高抗性。

一、抗病毒剂——单剂

1. 盐酸吗啉胍

（1）通用名称：盐酸吗啉胍，moroxydinehydrochloride。

（2）化学名称：盐酸吗啉胍。

（3）毒性：微毒。

（4）作用方式：本品是一种广谱低毒病毒防治剂，具有保护治疗作用，抑制或破坏核酸和脂蛋白的形成，阻止病毒的复制过程，起到防治病毒病的作用。

（5）产品剂型：5%、10%、20%可溶性粉剂，20%悬浮剂，10%水剂，20%、40%可湿性粉剂。

（6）实用技术：

1）防治瓜叶菊病毒病、观赏番茄病毒病、瓜类苗期猝倒病、瓜类花叶病、大白菜病毒病、玉米粗缩病、麦类黄矮病等，每亩用药量 30~60g（a. i.）。

2）防治观赏番茄病毒病，于发病初开始，每亩用 20%可湿性粉剂 162~250g，对水常规喷雾，间隔 7~8d 喷 1 次，连喷 3~4 次。

（7）注意事项：使用浓度不得低于 300 倍液，否则易产生药害。

2. 弱毒疫苗 N14

（1）通用名称：弱毒疫苗 N14。

（2）毒性：低毒。

（3）作用方式：植物接种弱毒疫苗 N14 后，寄主植物受害轻微，或不受害，并由于它的寄生使寄主作物产生抗体，可以阻止同种致病力强的病毒侵入。

（4）产品剂型：提纯浓缩水剂。

（5）实用技术：常用浸根、喷枪接种、摩擦接种法。为避免接种时污染其他病毒，在接种时要将稀释用的器皿、喷洒工具经开水煮沸 20min，或用磷酸三钠浸泡 20min。操作者要用肥皂水洗 3 次手，操作时不准吸烟；在接后 15~20d，由于病毒正处于体内扩展期，易受到其他病毒感染，可以在接种前对幼苗进行黑暗处理或接后提高室温至 30~35℃ 24h。

3. 卫星核酸生防制剂 S52

（1）通用名称：卫星核酸生防制剂 S52。

（2）毒性：低毒。

（3）作用方式：同弱毒疫苗 N14，但该病毒制剂主要是针对瓜类花叶病毒（CMV）。

（4）产品剂型：提纯浓缩水剂。

（5）实用技术：同弱毒疫苗 N14。也可采用 N14 与 S52 混合

接种。

4. 植物病毒疫苗

（1）通用名称：植物病毒疫苗，fungouz-proreoglycan。

（2）毒性：低毒。

（3）作用方式：本品为纯生物无公害农药制剂，能有效地破坏植物病毒基因和病毒组织，抑制病毒分子的合成，在病毒发病前使用使植物在生育期内不感染病毒，并起到抗病、健株、增产的作用。

（4）产品剂型：水剂。

（5）实用技术：对苗期育苗作物，苗床上喷500~600倍液，间隔5d喷第2次。定植后喷500~600倍液，间隔5~7d喷1次，共2次。对于播种幼苗，需喷500~600倍液3次，每次间隔5~7d。

5. 博联生物菌素

（1）通用名称：博联生物菌素，cytosinpeptidemycin。

（2）毒性：微毒。

（3）作用方式：本品是一种纯生物制剂，能够抑制病毒增殖，活化植物细胞，诱导植物抗性，促进植物生长发育，对蔬菜病毒病具有高效预防和治疗作用。

（4）产品剂型：4%水剂。

（5）实用技术：在病毒病的初发期，用博联生物菌素250~300倍液叶面喷雾，间隔7~8d再喷1次。在出现发病中心或全田盛发期，用200~250倍液叶面喷雾，结合浇根（每穴100~200mL药液），可及时控制病害并恢复生长。喷雾应在日落前2h进行，不能与碱性农药混用。

6. 菇类蛋白多糖

（1）通用名称：菇类蛋白多糖。

（2）毒性：低毒。

（3）作用方式：本品是一种预防型抗病毒剂，通过钝化病

毒活性，有效地破坏植物病毒基因和病毒细胞，抑制病毒复制，在病毒病发生前使用可使作物生育期内不感染病毒，对病毒起抑制作用的主要组分为食用菌菌体代谢所产生的蛋白多糖。

(4) 产品剂型：0.5%水剂。

(5) 实用技术：

1) 防治观赏番茄病毒，从幼苗4片真叶期开始，用0.5%水剂300倍液隔5d喷雾1次，共喷5次。

2) 防治百合花叶病，可从发病初期开始每隔10d喷洒1次0.5%水剂250~300倍液，连喷2~3次；或用0.5%水剂250倍液灌根，每株灌配好的药液50~100mL，隔10~15d灌根1次，共2~3次。

3) 防治观赏烟草由普通花叶病毒、瓜类花叶病毒、马铃薯X病毒或Y病毒等引起的病毒病，用制剂400倍液喷苗床1次，定植后喷3次，间隔5~7d喷1次。也可在烟苗移栽前，用400~600倍液浸根10min。

4) 该药剂还可用于瓜类、豆类、麦类、木瓜、罗汉果、荔枝、龙眼等由病毒病引起的病害。

(6) 注意事项：注意避免与酸性或碱性农药混用。

7. 香菇多糖

(1) 通用名称：香菇多糖，fungous proteoglycan。

(2) 毒性：低毒。

(3) 作用方式：本品具有抑制病毒、促进作物生长的作用。是通过钝化病毒活性，有效地破坏病毒基因和病毒细胞，抑制病毒复制。

(4) 产品制剂：0.5%香菇多糖水剂（主要成分：菇类蛋白多糖），1%水剂。

(5) 实用技术：

1) 发病前或发病初期用0.5%香菇多糖水剂每瓶对水40~

60kg（每袋对水 15kg），叶面喷施，病重的田块应适当加大用药量和用药次数，每 7~10d 喷药 1 次。

2）防治多种病毒病可用 1%制剂 500 倍液浸种，或用 1%制剂+螯合锌视情况每周喷施 1 次。

8. 混合脂肪酸

（1）通用名称：混合脂肪酸、mixed aliphatic acid。

（2）毒性：低毒。

（3）作用方式：本品以 C13~C15 脂肪酸混合物，诱导作物抗病基因的提前表达，提高抗病相关蛋白、多种酶、细胞分裂素的含量，使感病品种达到或接近抗病品种的抗性水平。

（4）产品剂型 10% 83 增抗剂，10%混合脂肪酸水乳剂。

（5）实用技术：防治花叶病毒病可用 10%混合脂肪酸水乳剂按 900~1 500g/hm^2 喷雾。使用前应将制剂充分摇匀后再加水稀释。喷药后 24h 内遇雨应补喷，宜在植物生长前期使用，该药在低温下会凝固，使用时先将凝固制剂放入温水中预热，待制剂融化后，再加水稀释。

9. 毒氟磷

（1）通用名称：毒氟磷。

（2）化学名称：N-［2-（4-甲基苯并噻唑基）］-2-氨基-2-氟代苯基-O，O-二乙基膦酸酯。

（3）毒性：微毒。

（4）作用方式：本品为含氟氨基膦酸酯类新型抗观赏烟草花叶病毒剂。可通过烟草水杨酸信号传导通路，提高信号分子水杨酸的含量，从而促进下游病程相关蛋白的表达；通过诱导烟草 PAL、POD、SOD 防御酶活性而获得抗病毒能力；通过聚集 TMV 粒子减少病毒对寄主的入侵。

（5）产品剂型：30%毒氟磷可湿性粉剂，10%毒氟磷乳油。

（6）实用技术：

1）推荐有效成分剂量 300～500g/hm^2，施药浓度 500g/hm^2 和 1 000g/hm^2 施药。

2）防治观赏烟草花叶病，可在移栽前 3～5d 及移栽后，使用 30%毒氟磷可湿性粉剂稀释 1 000 倍均匀喷雾，共喷施 3 次，间隔 10～15d。

3）防治茄科植物病毒病（观赏番茄、观赏椒等），可在定植后现蕾前预防性用药，每隔 10～15d 使用 30%毒氟磷可湿性粉剂稀释 1 000 倍均匀喷雾，如发现病株用量加倍。

4）防治葫芦科植物病毒病（瓜类、苦瓜等），在发病初期，使用 30%毒氟磷可湿性粉剂稀释 500 倍均匀喷雾，每次 10g，连续 2～3 次。

10. 利巴韦林

（1）通用名称：利巴韦林、ribavirin。

（2）化学名称：1-β-D-呋喃核糖基-1H-1,2,4,-三氮唑-3-羧酰胺。

（3）毒性：微毒。

（4）作用方式：本品为广谱抗病毒药，对多种核糖核酸和脱氧核糖核酸病毒有抑制作用，当微生物遗传载体类似于嘌呤 RNA 的核苷酸时，它会干扰病毒复制所需的 RNA 的代谢。

（5）产品剂型：3%水剂。

（6）实用技术：防治病毒病可按 27～33.75g/hm^2 配制药液喷雾。

（7）注意事项：不可与碱性农药混用。

11. 病氰硝

（1）通用名称：病氰硝。

（2）化学名称：3-硫甲基-3-（2-硝基苯氨基）-2-氰基丙烯酸酯。

（3）毒性：低毒。

（4）作用方式：病氰硝属氰基丙烯酸酯类抗病毒剂，主要活性机制是纠正由TMV所诱导的观赏烟草与RNA合成相关的基因的上调表达，从而实现对TMV利用寄主RNA合成机器复制自己的抑制，即控制寄主RNA合成系统的基因表达来抑制TMV的复制。

（5）产品剂型：30%病氰硝可湿性粉剂。

（6）实用技术：防治观赏烟草花叶病毒病，可用300g（a. i.）/hm^2，或250mg/L剂量喷雾。

二、抗病毒剂——混剂

1. 吗啉胍·乙铜

（1）有效成分：吗啉胍+乙酸铜。

（2）毒性：低毒。

（3）作用方式：本品为广谱低毒病毒防治剂，具有触杀作用，抑制或破坏核酸和脂蛋白的形成，阻止病毒的复制过程。

（4）产品剂型：20%可湿性粉剂，20%、25%可溶性粉剂，60%片剂，1.5%、15%水剂。

（5）实用技术：

1）防治观赏番茄病毒病，在发病初，每亩用20%可湿性粉剂167~250g，或每亩用20%可溶液性粉剂150~200g，或每亩用60%片剂56~83g，或每亩用1.5%水剂400~500g，对水50~70kg喷雾，间隔7~10d喷1次，共喷2~3次。

2）防治观赏烟草病毒病，在发病初期，每亩用20%可湿性粉剂150~200g，对水50~70kg喷雾。

3）防治观赏椒、瓜类等作物病毒病，可用20%可湿性粉剂500~700倍液喷雾，共施2~3次。

2. 吗啉胍·锌

（1）有效成分：吗啉胍+锌。

（2）毒性：低毒。

（3）作用方式：同吗啉胍·乙铜。

（4）产品剂型：20%吗啉胍·锌可溶性粉剂。

（5）实用技术：防治观赏番茄及其他多种作物病毒病，在发病初，每亩用制剂 188~375g，对水 50~70kg 喷雾，间隔 7~10d 喷 1 次，共喷 2~3 次。

3. 吗啉胍·羟烯腺

（1）有效成分：吗啉胍+羟烯腺。

（2）毒性：低毒。

（3）作用方式：同吗啉胍·乙铜。

（4）产品剂型：10%水剂（稼泰），40%可湿性粉剂。

（5）实用技术：防治观赏番茄病毒病，在发病初期，每亩用制剂 75~250g，对水 50~70kg 喷雾；或每亩用 40%可湿性粉剂 100~150g，对水 50~70kg 喷雾。

4. 吗啉胍·三氮唑

（1）有效成分：吗啉胍+三氮唑。

（2）毒性：低毒。

（3）作用方式：同吗啉胍·乙铜。

（4）产品剂型：31%吗啉胍·利巴韦林可湿性粉剂。

（5）实用技术：防治观赏番茄和瓜类的病毒病，在发病初期，每亩用制剂 63~84g，对水 50~70kg 喷雾，需喷 2~3 次。

5. 吗啉胍·羟烯腺·烯腺

（1）有效成分：盐酸吗啉胍与羟烯腺嘌呤、烯腺嘌呤。

（2）毒性：低毒。

（3）作用方式：同吗啉胍·乙铜。

（4）产品剂型：40%吗啉胍·羟烯腺·烯腺可溶性粉剂。

（5）实用技术：防治观赏番茄病毒病，在发病初期，每亩用制剂100~150g，对水50~70kg喷雾，间隔7~10d喷1次，共喷2~3次。

6. 保志

（1）有效成分：盐酸吗啉胍+羟烯腺嘌呤。

（2）毒性：低毒。

（3）作用方式：同吗啉胍·乙铜。

（4）产品剂型：10%水剂。

（5）实用技术：防治果树病毒病，于3月中旬（萌芽前），用10%保志水剂对水600~800倍，在树干周围1m范围内灌根，发病重的树适当加量；在扬花前7~10d，用10%保志水剂600~800倍液喷雾；于花后7~10d，刮去树皮上的粗皮、老皮、翘皮，直到树干表面光滑，然后用10%保志水剂200倍液，均匀涂抹在树干上。对草本类观叶植物病毒病，预防可用10%保志水剂600~800倍液喷雾，治疗用10%保志水剂300~400倍液，病情严重的要加倍。

7. 琥铜·吗啉胍

（1）有效成分：琥铜·吗啉胍。

（2）毒性：低毒。

（3）作用方式：同吗啉胍·乙铜。

（4）产品剂型：20%可湿性粉剂（病毒一号），25%可湿性粉剂（病毒杀手）。

（5）实用技术：防治观赏番茄病毒病于发病初期，每亩用20%可湿性粉剂150~250g，对水50~70kg喷雾，间隔7~10d喷1次，共喷2~3次。

8. 丙多·吗啉胍

（1）有效成分：丙硫多菌灵+盐酸吗啉胍。

（2）毒性：低毒。

（3）作用方式：同吗啉胍·乙铜。

（4）产品剂型：18%丙多·吗啉胍可湿性粉剂。

（5）实用技术：防治观赏烟草各种病毒病，在发病初期，每亩用量100~150g，对水50~70kg喷雾，每次7~10g。

9. 腐殖·吗啉胍

（1）有效成分：腐殖酸钠+盐酸吗啉胍。

（2）毒性：低毒。

（3）作用方式：同吗啉胍·乙铜。

（4）产品剂型：18%腐殖·吗啉胍可湿性粉剂。

（5）实用技术：防治观赏烟草各种病毒病，在发病初期，每亩用量150~230g，对水50~70kg喷雾。

10. 菌毒清·吗啉胍

（1）有效成分：菌毒清+盐酸吗啉胍。

（2）毒性：低毒。

（3）作用方式：同吗啉胍·乙铜。

（4）产品剂型：7.5%菌毒·吗啉胍水剂。

（5）实用技术：防治观赏番茄病毒病，在发病初期，每亩用量110~200mL，对水50~70kg喷雾。

11. 核苷·溴·吗啉胍

（1）有效成分：利巴韦林+盐酸吗啉胍+高离溴。

（2）毒性：低毒。

（3）作用方式：同吗啉胍·乙铜。

（4）产品剂型：32%核苷·溴·吗啉胍水剂。

（5）实用技术：叶面喷施稀释1 200~1 500倍。

（6）注意事项：本品不可与碱性农药混用。

12. 吗啉胍·硫酸铜

（1）有效成分：吗啉胍+硫酸铜。

（2）毒性：低毒。

（3）作用方式：同吗啉胍·乙铜。

（4）产品剂型：1.5%、20%水剂。

（5）实用技术：防治观赏番茄病毒病可用1.5%水剂90~112.5g/hm² 进行喷雾。防治观赏椒等病毒病，可用20%水剂180~300g/hm² 进行喷雾。

13. 辛菌·吗啉胍

（1）有效成分：盐酸吗啉胍+辛菌胺醋酸盐。

（2）毒性：低毒。

（3）作用方式：同吗啉胍·乙铜。

（4）产品剂型：5.9%水剂。

（5）实用技术：防治病毒病可用辛菌吗啉胍叶面喷施稀释1 000~1 500倍液。

14. 植病灵

（1）有效成分：三十烷醇、硫酸铜、十二烷基苯磺酸钠。

（2）毒性：低毒。

（3）作用方式：三十烷醇是植物生长调节剂，能促进作物生长、发育，防止早衰，增强作物抗御病毒侵染和复制；十二烷基硫酸钠为表面活性剂，能从宿主细胞中脱落病毒和钝化病毒；硫酸铜中的铜离子具有强杀菌作用，消灭一些毒源及其他病原真菌。

（4）产品剂型：1.5%水乳剂、水剂、乳剂，2.5%可湿性粉剂。

（5）实用技术：

1）防治观赏烟草花叶病，用1.5%水乳剂800~900倍液，在苗床期、缓苗后、初花期各喷1次。

2）防治观赏番茄病毒病，用1.5%水乳剂800~900倍液，于定植前、缓苗后现蕾前、坐果前各喷1次。

3）防治十字花科、豆科、葫芦科等植物的病毒病，用1.5%

水乳剂 800~900 倍液，在幼苗期、发病前开始 10~15d 喷 1 次，共喷 3~5 次。

15. 锌·植病灵

（1）有效成分：十二烷基硫酸钠、硫酸铜、三十烷醇、硫酸锌。

（2）毒性：低毒。

（3）作用方式：同植病灵。

（4）产品剂型：2.8%锌·植病灵悬浮剂。

（5）实用技术：防治观赏椒病毒病，防治观赏烟草花叶病，每亩用 2.8%锌·植病灵悬浮剂 82~125g 对水常规喷雾。

16. 铜·烷醇

（1）有效成分：硫酸铜+三十烷醇。

（2）毒性：低毒。

（3）作用方式：同植病灵。

（4）产品剂型：2.1%、6%可湿性粉剂，0.55%微乳剂。

（5）实用技术：防治观赏番茄病毒病，每亩用 2.1%可湿性粉剂 120~180g，或每亩用 6%可湿性粉剂 125~156g，对水 50~70kg 喷雾。

17. 菌毒·烷醇

（1）有效成分：三十烷醇+菌毒清。

（2）毒性：低毒。

（3）作用方式：同植病灵。

（4）产品剂型：6%菌毒·烷醇可湿性粉剂。

（5）实用技术：防治观赏番茄病毒病，每亩用 6%菌毒·烷醇可湿性粉剂 88~140g，对水 50~70kg 喷雾。

18. 利巴韦林·铜

（1）有效成分：利巴韦林+硫酸铜。

（2）毒性：低毒。

(3) 作用方式：利巴韦林有很强的内吸性，通过钝化病毒活性，抑制病毒在植物体内的增殖，诱发和提高作物抗性。

(4) 产品剂型：1.35%可湿性粉剂（毒畏），1.05%水剂（病叶毒清）。

(5) 实用技术：防治观赏番茄病毒病，用1.35%可湿性粉剂400~600倍液喷雾，或每亩用1.05%水剂570~710mL，对水50~70kg喷雾。

19. 利巴韦林·铜·锌

(1) 有效成分：利巴韦林+硫酸铜+硫酸锌。

(2) 毒性：低毒。

(3) 作用方式：同利巴韦林·铜。

(4) 产品剂型：3.85%利巴韦林·铜·锌水乳剂。

(5) 实用技术：

1) 防治瓜类花叶病毒、观赏烟草花叶病毒及其他病毒引起的植物病毒病，用3.85%利巴韦林·铜·锌水乳剂600~800倍液喷雾。

2) 防治观赏番茄病毒病，每亩用3.85%利巴韦林·铜·锌水乳剂74~117mL，对水50~70kg喷雾。

3) 防治观赏椒病毒病，在发病初每亩用3.85%利巴韦林·铜·锌水乳剂100mL，对水常规喷雾，每7d喷1次，共喷3次。

20. 利巴韦林·铜·烷醇

(1) 有效成分：利巴韦林+硫酸铜+三十烷醇。

(2) 毒性：低毒。

(3) 作用方式：同利巴韦林·铜。

(4) 产品剂型：1.45%利巴韦林·铜·烷醇可湿性粉剂。

(5) 实用技术：防治观赏番茄病毒病，每亩用1.45%利巴韦林·铜·烷醇可湿性粉剂188~250g，对水50~70kg喷雾。

21. 利巴韦林·铜·烷醇·锌

（1）有效成分：利巴韦林+硫酸铜+三十烷醇+硫酸锌。

（2）毒性：低毒。

（3）作用方式：同利巴韦林·铜。

（4）产品剂型：3.95%利巴韦林·铜·烷醇·锌可湿性粉剂。

（5）实用技术：防治观赏烟草病毒病，每亩用3.95%利巴韦林·铜·烷醇·锌可湿性粉剂100~125g，对水常规喷雾。

22. 混脂酸·铜

（1）有效成分：混合脂肪酸+硫酸铜。

（2）毒性：低毒。

（3）作用方式：本品为低毒杀菌剂，能诱导植物抗病基因的表达，提高抗病相关蛋白、多种酶、细胞分裂素的含量，提高植物抗病能力。

（4）产品剂型：8%、24%水乳剂（混合脂肪酸22.8%、硫酸铜1.2%）。

（5）实用技术：防治观赏烟草花叶病，防治观赏番茄病毒病，在作物病毒病发病前或发病初期每亩用24%水乳剂84~125mL或8%水乳剂250~350mL，对水50~70kg喷雾，每7~10d喷施1次，连续喷施3~4次。在低温时，溶解速度慢，一定要搅拌至桶内稀释液均匀后再喷施。喷药后24h内遇雨补施。

23. 羟烯腺·铜·烯腺

（1）有效成分：羟烯腺嘌呤+烯腺嘌呤+硫酸铜。

（2）毒性：低毒。

（3）作用方式：复配剂特别添加独特的抗病毒因子，抗病毒因子具有强烈的杀灭和铲除作用。

（4）产品剂型：16.05%羟烯腺·铜·烯腺可湿性粉剂，6%可湿性粉剂（羟烯腺嘌呤0.000 015%、硫酸铜6%、烯腺嘌呤

0. 000 015%)。

（5）实用技术：防治观赏椒病毒病，每亩用16.05%可湿性粉剂200~250g，对水50~70kg喷雾，在定植前、缓苗后和盛果期各喷1次。

24. 羟烯腺·铜·烯腺·锌

（1）有效成分：羟烯腺嘌呤+烯腺嘌呤+硫酸铜+硫酸锌。

（2）毒性：低毒。

（3）作用方式：同羟烯腺·铜·烯腺

（4）产品剂型：22%羟烯腺·铜·烯腺·锌可湿性粉剂（金叶宝、天威戒毒）。

（5）实用技术：防治观赏椒病毒病，每亩用22%可湿性粉剂60~75g，对水50~70kg喷雾；防治观赏烟草病毒，每亩用22%可湿性粉剂160~180g，对水50~70kg喷雾。防治多种作物病毒病可用22%可湿性粉剂300~400倍液喷雾。

25. 金病毒

（1）有效成分：金病毒（三氮唑核苷酸+碘)。

（2）毒性：低毒。

（3）作用方式：为抗植物病毒物质三氮唑核苷酸、专用助剂和3%碘复配。喷雾后可迅速传导到植物茎叶各部分，通过抑制病毒增殖和诱导作物抗性，阻止病毒核酸和蛋白质的合成，抑制花叶、畸形、坏死等症状的发展，改善植物代谢条件，增强植物光合能力。

（4）产品剂型：5%水剂。

（5）实用技术：防治辣椒、叶菜类、茄果类病毒病，可用5%水剂1 000~1 200倍液；防治瓜果类、豆类、中药材病毒病，可用5%水剂1 000~1 300倍液，每隔3~5d喷1次，连防2~3次；防治烟草花叶病毒，防治葡萄扇叶病毒病，可用5%水剂900~1 200倍液在发病初期喷施，每隔5~7d喷1次。防治香蕉、

枣树病毒病，可用1 000～1 200倍液喷雾，每隔5～7d喷1次，连防3次。

26. 金克毒

（1）有效成分：盐酸金刚乙胺+盐酸金刚烷胺+头孢噻呋或盐酸烷胺烷醇+菌毒烷醇。

（2）毒性：低毒。

（3）金克毒的作用方式、产品剂型和实用技术见表6。

表6　金克毒的作用方式、产品剂型和实用技术

项目	第一类	第二类
作用方式	对于由病毒引起的花叶、蕨叶、小叶变色、条斑、坏死以及真菌类的疫霉病具有保护、铲除、治疗等作用	可通过气孔进入体内，抑制和破坏病毒核酸和脂蛋白的合成，阻止病毒DNA复制。具有脱毒、抗菌、抗重茬作用，能有效预防和治疗植物的花叶、小叶条斑、蕨叶等多种病毒
产品剂型	51.1%可湿性粉剂（盐酸金刚乙胺21.1%+盐酸金刚烷胺15%+头孢噻呋15%）	35%水剂（盐酸烷胺烷醇20%+菌毒烷醇15%）
实用技术	防治观赏烟草、瓜类、观赏番茄等作物病毒病，在发病初期，使用51.1%可湿性粉剂稀释1 000～1 500倍喷雾。病情严重时，连喷2～3次，可适当增加药量，每7～10d喷施1次	防治观赏烟草、瓜类、观赏番茄等作物病毒病，可用35%水剂800～1 200倍液喷雾

27. 菌毒拜拜

（1）有效成分：乙蒜素+利巴韦林+盐酸马啉胍+莪术油。

（2）毒性：低毒。

（3）作用方式：本品与市场上的杀菌剂相比，增加了抗病毒作用，与杀病毒剂相比，还可有效杀灭真菌、细菌性病害。本

品是最新开发的新一代高效广谱内吸杀菌剂，具有保护、治疗和铲除作用。

（4）产品剂型：20%菌毒拜拜可溶性粉剂。

（5）实用技术：防治各种作物病毒病，可在发病前或发病初期，用20%菌毒拜拜可溶性粉剂1袋对水15~20kg进行叶面喷雾，或对水30~50kg进行灌根，视作物的发病程度，每隔5~7d再施药，共施1~3次。对病重的作物可酌情增加用量和施药次数。

第二十章　含苯并咪唑类的混合杀菌剂

一、含多菌灵混合杀菌剂

1. 多·福

（1）有效成分：多菌灵+福美双。

（2）产品剂型：30%、32.5%、40%、45%、50%、60%可湿性粉剂，40%悬浮剂。

（3）实用技术：

1）防治韭兰炭疽病，可用60%可湿性粉剂600倍液于发病初期及时喷洒。间隔7~15d喷1次，连续喷3~4次。

2）防治金铃花茎枯病，可于发病初期喷洒60%可湿性粉剂800~1 000倍液。

3）防治鹅掌柴叶斑病、白兰花灰斑病，可于发病初期喷洒50%可湿性粉剂600倍液，隔15d喷1次，共喷2~3次。

4）防治梨树黑星病，于谢花后开始发现病芽梢时，喷洒60%可湿性粉剂400~600倍液，或40%悬浮剂500~600倍液，据降雨情况7~10d喷1次。

5）防治苹果轮纹病，喷45%可湿性粉剂500~700倍液。防治苹果斑点落叶病，喷40%悬浮剂350~500倍液。

6）防治葡萄炭疽病、白腐病，喷40%可湿性粉剂300~400倍液，或60%可湿性粉剂500~600倍液，间隔7~10d，共喷3~

4 次。

7）防治观赏椒、观赏茄等立枯病、猝倒病，可用30%可湿性粉剂10~15g与10~15kg细土混成药土，取1/3垫底，2/3药土覆盖种子，且施药后苗床保持湿润；也可用30%可湿性粉剂80~100g与$1m^3$土混匀做培养土装钵；若田间发病可用30%可湿性粉剂800倍液喷雾或灌根；若拌种，每10kg种子可用30%可湿性粉剂30g。

8）防治桑树灰霉病，可于发病初期对枝叶喷40%可湿性粉剂1 000~1 500倍液。

2. 多·硫

（1）有效成分：多菌灵+硫黄粉。

（2）产品剂型：25%、40%、42%、49.5%、50%悬浮剂，25%、50%可湿性粉剂。

（3）实用技术：

1）防治芍药白粉病、文殊兰尾孢叶斑病、大野芋圆斑病，可用40%悬浮剂600倍液于发病初期喷洒。

2）防治酒瓶兰灰斑病可喷洒50%悬浮剂600倍液，发病重时连续喷2~3次。

3）防治龙血树炭疽病，可于发病初期喷洒40%悬浮剂500倍液。

4）防治发财树枝枯病，可于发病初期喷洒40%悬浮剂600倍液。

5）预防剑麻茎腐病，在病田割叶后，用40%悬浮剂200倍液喷切口和叶基部，防止病菌侵入。

6）防治玫瑰白粉病、叶斑病，大丽花白粉病，菊花叶斑病，大花茜草炭疽病等，用40%悬浮剂800倍液喷雾，每10d喷1次。

7）防治苹果炭疽病、轮纹烂果病，梨黑星病、褐斑病，可

用40%悬浮剂400~600倍液喷雾，每10~15d喷1次；防治苹果白粉病喷40%悬浮剂600~800倍液。

8）防治佛手菌核病、枸杞霉斑病、肉桂叶枯病，可于发病初期用40%悬浮剂500~700倍液喷雾，每7~10d喷1次。

9）防治观赏茄黄萎病，观赏椒根腐病、枯萎病，于发病初期，用40%悬浮剂600倍液喷淋或灌根，间隔10d施1次，连施2~3次。

3. 多·腐

（1）有效成分：多菌灵+腐霉利。

（2）产品剂型：50%可湿性粉剂。

（3）实用技术：

1）防治油菜菌核病，每亩用本药80~90g对水喷雾。

2）防治瓜类灰霉病，于发病初开始，每亩用本药85~100g对水喷雾，间隔7~10d喷1次，连喷3~4次。

3）防治保护地灰霉病，于发病初开始，每亩用340~400g，点燃放烟，间隔7~10d喷1次，共施3~4次。

4. 多·酮

（1）有效成分：三唑酮+多菌灵。

（2）产品剂型：25%（赤霉清、赤霉净）、30%、33%（菌克力杀）、36%、40%（禾枯灵，禾丰灵、禾健宝、禾病净、禾日旺、麦欢、康迪、禾丰宝等）、46%、47%、50%、60%、66%、（禾病丹）可湿性粉剂，20%、30%、36%悬浮剂。

（3）实用技术：防治麦类赤霉病，每亩用赤霉净25%可湿性粉剂70~100g对水喷雾，每7d喷1次，可兼治白粉病，或每亩用菌克力杀33%可湿性粉剂100~130g对水喷雾。

5. 多·井

（1）有效成分：多菌灵+井冈霉素。

（2）产品剂型：28%悬浮剂，12%、20%可湿性粉剂。

（3）实用技术：

1）防治葡萄白腐病、炭疽病、黑痘病、褐斑病，用28%悬浮剂500~1 000倍液喷雾，间隔10~15d喷1次。

2）防治苹果褐斑病，用28%悬浮剂1 000~1 200倍液喷雾。

3）防治梨、桃、山楂、核桃树腐烂病，用28%悬浮剂10~20倍液涂抹刮治后的病疤。

4）防治梨黑星病，用28%悬浮剂400~500倍液喷雾。

5）防治柑橘脚腐病、膏药病、褐腐病，在始见病时，用28%悬浮剂400~500倍液喷施2~3次。

6）防治瓜类、豆类炭疽病，在发病初，每亩用28%悬浮剂100~150g对水喷雾；防治瓜类立枯病，在播种后，用28%悬浮剂1 000~2 000倍液浇灌苗床。

6. 多·咪鲜

（1）有效成分：多菌灵+咪鲜胺。

（2）产品剂型：36%多咪鲜可湿性粉剂（田茂），25%可湿性粉剂（含量多菌灵12.5%、咪鲜胺12.5%），59.7%可湿性粉剂。

（3）实用技术：防治杧果树炭疽病，可用25%可湿性粉剂按250~400mg/kg喷雾。防治油菜病害，可于盛花期用25%可湿性粉剂2 000倍液喷雾。

7. 多·核净

（1）有效成分：多菌灵+菌核净。

（2）产品剂型：36%、40%、45%、50%可湿性粉剂。

（3）实用技术：

1）防治油菜菌核病，在油菜初花期，每亩用36%可湿性粉剂110~150g或每亩用40%可湿性粉剂100~130g或每亩用50%可湿性粉剂130~180g，对水喷雾，间隔7~10d喷1次，共喷2~3次。

2）防治灰霉病，于发病初期开始，每亩用45%可湿性粉剂50~67g，对水40~45kg喷雾，间隔7~10d喷1次，连喷2~4次。

8. 多·锰锌

（1）有效成分：多菌灵+代森锰锌。

（2）产品剂型：25%（病克净）、35%、40%、50%、55%、60%、62%、70%可湿性粉剂。

（3）实用技术：

1）防治梨树黑星病，于发病初期用40%可湿性粉剂400~600倍液或50%可湿性粉剂600~800倍液喷雾，每10~15d喷1次，共喷5~6次。

2）防治苹果树轮纹病、斑点落叶病，于发病初期用35%可湿性粉剂或40%可湿性粉剂300~400倍液或60%可湿性粉剂600~800倍液喷雾，每10~15d喷1次。

3）防治柑橘炭疽病、疮痂病，用50%可湿性粉剂500~800倍液喷雾。

4）防治荔枝炭疽病可用60%可湿性粉剂500~700倍液喷雾。

5）防治观赏番茄早疫病，于发病初期每亩用50%可湿性粉剂30~40g对水喷雾。

6）防治瓜类霜霉病，于发病初每亩用40%可湿性粉剂94~150g对水喷雾。

7）防治观赏烟草炭疽病，于发病初期开始每亩用40%可湿性粉剂150~200g对水喷雾，间隔7~10d喷1次，共喷3~5次。

9. 多·异菌

（1）有效成分：多菌灵+异菌脲。

（2）产品剂型：50%、52.5%可湿性粉剂，20%悬浮剂。

（3）实用技术：防治观赏番茄早疫病，于发病初期每亩用50%可湿性粉剂125~150g或每亩用52.5%可湿性粉剂100~150g对水喷雾，间隔7~10d喷1次，共喷3~4次。

10. 多·异菌·锰锌

（1）有效成分：多菌灵+异菌脲+代森锰锌。

（2）产品剂型：75%可湿性粉剂。

（3）实用技术：防治灰霉病，每亩可用 90~120g 在病害发生初期喷雾。

11. 多·溴菌

（1）有效成分：多菌灵+溴菌清。

（2）产品剂型：25%可湿性粉剂。

（3）实用技术：防治柑橘炭疽病，于发病初期用 25%可湿性粉剂 300~500 倍液喷雾。防治蔷薇科观赏花卉炭疽病，可用 25%可湿性粉剂 400~667mg/kg 喷雾。

12. 多·三环

（1）有效成分：多菌灵+三环唑。

（2）产品剂型：20%可湿性粉剂。

（3）实用技术：防治棕榈叶斑病，每亩可用 16.2~41.6g（a. i.），对水 50~60kg 喷雾。

13. 多·嘧霉

（1）有效成分：多菌灵+嘧霉胺。

（2）产品剂型：30%悬浮剂、40%嘧霉·多菌灵悬浮剂（决均）、50%嘧霉胺·多菌灵可湿性粉剂。

（3）实用技术：

1）防治瓜类灰霉病、霜霉病，每亩可用 30%悬浮剂 110~150g 对水喷雾，每 7~10d 喷 1 次，共喷 3~4 次。

2）防治各种灰霉病、菌核病、炭疽病，可于发病前或发病初期喷施稀释 1 000~1 500 倍液的决均悬浮剂。

3）防治葡萄灰霉病，可于开花前用决均 1 000~1 500 倍液喷雾，开花后再补喷 1 次。

4）防治葡萄黑痘病，可于葡萄稍长到 3~5 片叶时开始喷洒

决均1 000~1 500倍液药液，果实采收后宜补喷1次。

14. 多·乙铝

（1）有效成分：多菌灵+三乙膦铝。

（2）产品剂型：45%、50%、60%、75%可湿性粉剂。

（3）实用技术：

1）防治苹果树轮纹病、斑点落叶病，可用60%可湿性粉剂400~600倍液喷雾，或用45%可湿性粉剂按300~500倍液喷雾。

2）防治苹果树轮纹烂果病，可于花谢后10d有降雨时开始用1 000~1 500mg/kg药液喷雾，以后视降雨每10~15d喷1次，无雨不喷，至8月中下旬结束。

15. 多·水杨

（1）有效成分：多菌灵+水杨酸盐。

（2）产品剂型：75%多水杨可湿性粉剂。

（3）实用技术：防治麦类赤霉病，于齐穗至扬花开始期，每亩用67g，对水50~70kg喷雾。

16. 多·烯唑

（1）有效成分：多菌灵+烯唑醇。

（2）产品剂型：12.5%、17.5%、18.7%、27%、32%可湿性粉剂，70%粉剂，30%可湿性粉剂（多菌灵26%、烯唑醇4%）。

（3）实用技术：

1）防治梨黑星病，可喷12.5%可湿性粉剂300~400倍液，或27%可湿性粉剂800~1 000倍液，或30%可湿性粉剂900~1 200倍液。

2）防治柑橘树溃疡病，可用30%可湿性粉剂1 000~1 250mg/kg喷雾。

3）防治油菜菌核病，每亩可用27%可湿性粉剂75~100g，对水喷雾。

17. 多·硅唑

（1）有效成分：氟硅唑+多菌灵。

（2）产品剂型：1%多·硅唑悬浮剂，55%硅唑·多菌灵可湿性粉剂（多菌灵50%+氟硅唑5%）。

（3）实用技术：

1）防治梨黑星病，可于发病初期用2 000~3 000倍液喷雾，间隔15d喷1次，共喷5~7次。

2）防治苹果树轮纹病，于谢花后7~10d开始喷21%多硅唑悬浮剂2 000~3 000倍液。

18. 多·霉威

（1）有效成分：多菌灵+乙霉威。

（2）产品剂型：25%、37.5%、50%可湿性粉剂，25%、30%悬浮剂，50%杜邦乾程。

（3）实用技术：

1）防治大叶伞假尾孢灰斑病、四季秋海棠及球根秋海棠灰霉病、仙客来灰霉病，可于发现病株时喷洒50%可湿性粉剂800~1 000倍液。

2）防治石榴枝孢黑霉病、果轮纹烂果病，梨黑星病、褐斑病，可于点片发生阶段及时喷洒50%可湿性粉剂1 000倍液，间隔10~14d喷1次，共喷3~4次。

3）防治凤梨黑霉病、绿宝石喜林芋假尾孢褐斑病，可于发病初期喷50%多霉灵可湿性粉剂1 000倍液，每10~15d喷1次，共2~3次。

4）防治茶花轮斑病，于发病初期喷洒50%可湿性粉剂1 000倍液，隔7~14d喷1次，共喷2~3次。

5）防治观赏番茄早疫病和菌核病，瓜类、豇豆菌核病，苦瓜灰斑病等，于发病初期喷50%可湿性粉剂1 000~1 500倍液，每10d喷1次，共喷2~3次。

19. 多·混氨铜

（1）有效成分：多菌灵+混合氨基酸铜。

（2）产品剂型：15%混铜·多菌灵悬浮剂（3%多菌灵，12%混合氨基酸铜）。

（3）实用技术：防治瓜类枯萎病，用15%悬浮剂300~500倍液，或40%可湿性粉剂800~1 000倍液灌根。每亩也可用15%悬浮剂1 000~1 250g，对水60~70kg喷雾。

20. 多·霉威·锰锌

（1）有效成分：多菌灵+乙霉威+代森锰锌。

（2）产品剂型：50%多·霉威·锰锌可湿性粉剂。

（3）实用技术：防治灰霉病，每亩用制剂80~100g，对水常规喷雾。

21. 多·锰锌·异脲

（1）有效成分：多菌灵+代森锰锌+异菌脲。

（2）产品剂型：75%多·锰锌·异脲可湿性粉剂。

（3）实用技术：防治灰霉病，可于发病初期每亩用75%可湿性粉剂100~150g，对水常规喷雾，间隔7~10d喷1次，共喷3~4次。

22. 多·福·霉威

（1）有效成分：多菌灵+福美双+乙霉威。

（2）产品剂型：40%、50%、58%、70%可湿性粉剂。

（3）实用技术：

1）防治灰霉病，每亩用有效成分22.5~87.5g，对水常规喷雾。

2）防治叶斑病，每亩用40%可湿性粉剂100~140g，对水常规喷雾。

23. 多·福·酮

（1）有效成分：多菌灵+三唑酮+福美双。

（2）产品剂型：37%、38%、40%、44%可湿性粉剂。

（3）实用技术：防治苹果树轮纹烂果病，于发病初期喷37%~40%可湿性粉剂400~600倍液。

24. 多·硫·酮

（1）有效成分：多菌灵+硫黄+三唑酮。

（2）产品剂型：40%悬浮剂，25%、50%、60%可湿性粉剂。

（3）实用技术：

1）防治苹果炭疽病，喷60%可湿性粉剂400~600倍液。

2）防治苹果烂果病，喷25%可湿性粉剂300~400倍液。

3）防治甜菜褐斑病，在发病初期，每亩用40%悬浮剂120~150g水喷雾，间隔10d喷1次，共喷3次。

25. 多·福·锰锌

（1）有效成分：多菌灵+福美双+代森锰锌。

（2）产品剂型：50%、60%可湿性粉剂。

（3）实用技术：防治苹果轮纹烂果病，用60%可湿性粉剂600~700倍液，或50%可湿性粉剂400~600倍液喷雾；可兼治炭疽病与斑点落叶病。

26. 多·福·福锌

（1）有效成分：多菌灵+福美双+福美锌。

（2）产品剂型：25%、80%可湿性粉剂。

（3）实用技术：

1）防治兰花根腐病，喜林芋类炭疽病，可于发病后喷淋80%可湿性粉剂800倍液。

2）防治天竺葵茎基腐病，可于播前或扦插前用80%可湿性粉剂800倍液土壤消毒。

3）防治冬珊瑚黄萎病，可用80%可湿性粉剂3~4g/m^{2}对水稀释600~800倍液淋施或喷雾灭菌后栽植。

4）防治倒挂金钟根腐病、茉莉花根茎腐病、栀子花丝核菌

叶斑病、龙船花赤斑病，可于发病初喷淋80%可湿性粉剂700倍液。

5）防治由疫霉菌引起的基腐病，可用80%可湿性粉剂800倍液。防治米兰枯萎病、朱蕉丝核菌根腐病、夏威夷椰子丛壳根腐病，可喷洒80%可湿性粉剂800倍液。防治由镰刀菌引起的根腐病，可定期喷洒80%可湿性粉剂700倍液。

6）防治含笑基腐病，可更换盆土，然后喷淋80%可湿性粉剂700~800倍液。

7）防治冬青卫矛根腐病、九里香根腐病、龙血树茎腐病，可喷淋80%可湿性粉剂700倍液，隔10d喷1次，共喷2~3次。防治栀子花根腐病、香石竹枯萎病，可于发病初期喷淋80%可湿性粉剂600~800倍液，每10d喷1次，共喷2~3次。

8）防治杜鹃花假尾孢褐斑病、杜鹃花立枯病、肉桂褐根病、棕榈根腐病、茶花轮斑病，可于发病初期喷洒80%可湿性粉剂700倍液，隔7~10d喷1次，共喷3~5次。防治茶花、山茶花、茶梅、金花茶炭疽病，可于早春新梢生长后喷洒80%可湿性粉剂800倍液，隔7~10 d喷1次，共喷3~4次。

9）防治苹果轮纹病、炭疽病，在病害发生前或刚发生时施药，用80%可湿性粉剂700~800倍液喷雾，间隔7~10d喷1次。

27. 多·福·溴菌

（1）有效成分：多菌灵+福美双+溴菌清。

（2）产品剂型：40%多溴福可湿性粉剂（多溴福）。

（3）实用技术：

1）防治炭疽病类病害，可于发病初期用40%多溴福可湿性粉剂0.1%~0.2%药液，每10~15d喷1次，连续喷2~3次。

2）防治棕竹叶枯病，可于发病初期喷洒40%可湿性粉剂600倍液。

3）防治水仙褐斑病，可喷洒40%可湿性粉剂600倍液，每

15d喷1次，共喷3~4次。

4）防治桃炭疽病、褐斑病、疮痂病，在幼果期开始用40%可湿性粉剂500倍液，间隔10~15d喷1次。

5）防治葡萄黑痘病、炭疽病、白腐病，于发病初期用40%可湿性粉剂500倍液喷雾，共喷5~6次。

6）防治观赏番茄、观赏椒炭疽病，在封行中期未开花前，每亩用40%可湿性粉剂100~120g，对水50~60kg喷雾，每10~15d喷1次，连喷2~3次。

7）防治瓜类炭疽病，在发病初或发病前每亩用40%可湿性粉剂100~150g对水喷雾，间隔7d喷1次，连喷3~4次。可兼治瓜类霜霉病、疫病、蔓枯病及细菌性角斑病。

28. 多·福·硫

（1）有效成分：多菌灵+福美双+硫黄。

（2）产品剂型：25%、50%可湿性粉剂。

（3）实用技术：防治棕榈叶斑病，每亩用25%可湿性粉剂300~400g对水常规喷雾。

29. 多·硫·锰锌

（1）有效成分：多菌灵+代森锰锌+硫黄。

（2）产品剂型：70%多·硫·锰锌可湿性粉剂。

（3）实用技术：防治叶斑病，于病叶率达10%~15%时，用制剂153~170g对水喷雾。

30. 多·井·三环

（1）有效成分：多菌灵+井冈霉素+三环唑。

（2）产品剂型：20%多·井·三环可湿性粉剂。

（3）实用技术：防治棕榈类纹枯病，叶斑病，每亩用100~150g对水常规喷雾。

31. 多·福·唑醇

（1）有效成分：多菌灵+福美双+三唑醇。

（2）产品剂型：20%悬浮种衣剂（9%多菌灵+10%福美双+1%三唑醇）。

（3）实用技术：防治禾本科作物纹枯病可按药种比1∶（50~60）对种子包衣。

32. 乙霉·多菌灵

（1）有效成分：多菌灵+乙霉威。

（2）产品剂型：14%可湿性粉剂（含多菌灵8%+乙霉威6%）。

（3）实用技术：观赏棉黄枯萎病，可用93~140mg/kg灌根或喷雾。

33. 铜钙·多菌灵

（1）有效成分：多菌灵+硫酸铜钙。

（2）产品剂型：60%铜钙·多菌灵可湿性粉剂（多菌灵20%、硫酸铜钙40%）。

（3）实用技术：防治苹果树轮纹病，可用1 000~1 500mg/kg喷雾。

34. 氢铜·多菌灵

（1）有效成分：多菌灵+氢氧化铜。

（2）产品剂型：50%可湿性粉剂（35%多菌灵+15%氢氧化铜）。

（3）实用技术：防治多种作物枯萎病，可用该制剂750~935g/hm^2喷雾、灌根。

35. 咪锰·多菌灵

（1）有效成分：咪鲜胺锰盐+多菌灵。

（2）产品剂型：50%咪锰·多菌灵可湿性粉剂（咪鲜胺锰盐10%+多菌灵40%），50%水分散粒剂。

（3）实用技术：防治多种病害，可用50%可湿性粉剂或水分散粒剂2 000~3 000倍液浸种。

36. 苯甲·多菌灵

（1）有效成分：苯醚甲环唑+多菌灵。

（2）产品剂型：30%可湿性粉剂（苯醚甲环唑 5%+多菌灵 25%），32.8%可湿性粉剂（苯醚甲环唑 6%+多菌灵 26.8%），60%可湿性粉剂。

（3）实用技术：

1）防治苹果树斑点落叶病、炭疽病，可用 30%可湿性粉剂 200~300mg/kg 喷雾。防治苹果树轮纹病，可用 32.8%可湿性粉剂 164~217mg/kg 喷雾。

2）防治梨树黑星病，可用 60%可湿性粉剂 100~200mg/kg 喷雾。

37. 己唑·多菌灵

（1）有效成分：多菌灵+己唑醇。

（2）产品剂型：30%悬浮剂（多菌灵 28%+己唑醇 2%），35%可湿性粉剂（多菌灵 32.5%+己唑醇 2.5%）。

（3）实用技术：防治禾本科作物纹枯病，可用 30%悬浮剂 550~680g/hm^2 喷雾。防治禾本科作物白粉病，可用 35%可湿性粉剂 300~450g/hm^2 喷雾。

38. 戊唑·多菌灵

（1）有效成分：多菌灵+戊唑醇。

（2）产品剂型：30%可湿性粉剂（多菌灵 22%+戊唑醇 8%），250g/L 悬浮剂（多菌灵 125g/L+戊唑醇 125g/L），60%水分散粒剂（多菌灵 45%+戊唑醇 15%），30%可湿性粉剂（多菌灵 22%+戊唑醇 8%），55%可湿性粉剂（多菌灵 30%+戊唑醇 25%）。

（3）实用技术：

1）防治果树轮纹病，可用 30%可湿性粉剂按 375~500mg/kg 喷雾或用 30%可湿性粉剂按 375~500mg/kg 喷雾。

2）防治苹果树褐斑病，可用55%可湿性粉剂按200～300mg/kg喷雾。

39. 丙唑·多菌灵

（1）有效成分：丙环唑+多菌灵。

（2）产品剂型：35%悬乳剂（丙环唑7.0%+多菌灵28.0%），25%悬浮剂（大户润通）。

（3）实用技术：防治苹果树腐烂病、轮纹病，可用35%悬浮剂400～600mg/kg涂抹病疤、喷雾。

40. 嘧菌·多菌灵

（1）有效成分：多菌灵+嘧菌酯。

（2）产品剂型：30%悬浮剂（含量多菌灵25%+嘧菌酯5%）。

（3）实用技术：防治蔷薇科观赏花卉白粉病，可用30%悬浮剂400～600mg/kg喷雾。

41. 百·多

（1）有效成分：百菌清+多菌灵。

（2）产品剂型：32.5%、65%、75%可湿性粉剂，8%粉剂，50%百多悬浮剂。

（3）实用技术：防治瓜类霜霉病，露地每亩用75%可湿性粉剂100～200g对水喷雾，保护地用8%粉剂1.2～1.4kg喷粉；防治瓜类枯萎病，用65%可湿性粉剂500～700倍液灌根；防治观赏棉苗期立枯病，100kg种子用32.5%可湿性粉剂1～1.25kg拌种。

42. 百·多·福

（1）有效成分：多菌灵+百菌清+福美双。

（2）产品剂型：75%百·多·福可湿性粉剂。

（3）实用技术：防治苹果轮纹烂果病用600～800倍液喷雾。

43. 磺·多

（1）有效成分：多菌灵+敌磺钠。

（2）产品剂型：66%可湿性粉剂。

（3）实用技术：防治瓜类枯萎病，可用66%可湿性粉剂500~600倍液灌根。防治苗期立枯病，在秧苗一叶一心至二叶期，每亩用65%可湿性粉剂1 000~1 200g对水50kg喷雾。

44. 吡·多·三唑酮

（1）有效成分：吡虫啉+多菌灵+三唑酮。

（2）产品剂型：24%可湿性粉剂（1%吡虫啉、20%多菌灵、3%三唑酮）。

（3）实用技术：禾本科类作物白粉病、赤霉病，可用24%可湿性粉剂432~612g/hm^2稀释液喷雾。

45. 国光绿杀

（1）有效成分：烯唑醇+甲霜灵+多菌灵+代森锰锌+三唑酮。

（2）产品剂型：58%可湿性粉剂。

（3）实用技术：防治草坪根茎部病害如枯萎病、白绢病、蘑菇圈（仙环病）、根腐病等病，在发病前或发病初期，用58%可湿性粉剂400~600倍叶面喷雾，间隔7~10d喷1次，连防2~3次。在发病高峰期，可根据经验适当增加用药浓度，缩短用药时间；对于发病重，密度过大、草层厚的发病区，应结合浇泼或灌根（普通喷雾药液无法接触根部及土表而影响防治效果）。

46. 醚菌·多菌灵

（1）有效成分：多菌灵+醚菌酯。

（2）产品剂型：40%可湿性粉剂（多菌灵32%+醚菌酯8%）。

（3）实用技术：防治梨树黑星病，可用40%可湿性粉剂250~500mg/kg喷雾。

47. 丙森·多菌灵

（1）有效成分：丙森锌+多菌灵。

（2）产品剂型：75%可湿性粉剂（丙森锌50%、多菌灵25%），70%可湿性粉剂（丙森锌30%、多菌灵40%）。

（3）实用技术：防治苹果树轮纹病，可用75%可湿性粉剂625～937.5mg/kg喷雾。防治技术苹果树斑点落叶病，可用70%可湿性粉剂467～700mg/kg喷雾。

48. 氟菌·多菌灵

（1）有效成分：多菌灵+氟菌唑。

（2）产品剂型：30%可湿性粉剂（多菌灵25%、氟菌唑5%），60%可湿性粉剂（多菌灵50%、氟菌唑10%）。

（3）实用技术：防治梨树黑星病，可用30%可湿性粉剂按375～500mg/kg喷雾，或用60%可湿性粉剂428.5～500mg/kg喷雾。

49. 多·福·锌

（1）有效成分：多菌灵+福美双+福美锌。

（2）产品剂型：80%可湿性粉剂（多菌灵25%、福美双25%、福美锌30%）。

（3）实用技术：苹果树轮纹病、炭疽病，可用80%可湿性粉剂按1 000～1 143mg/kg喷雾。

50. 春雷·多菌灵

（1）有效成分：春雷霉素+多菌灵。

（2）产品剂型：50%可湿性粉剂（春雷霉素4%、多菌灵46%）。

（3）实用技术：防治观赏辣椒炭疽病，可用50%可湿性粉剂550～700g/hm^{2}喷雾。

51. 中生·多菌灵

（1）有效成分：多菌灵+中生菌素。

（2）产品剂型：53%可湿性粉剂（多菌灵51%、中生菌素2%）。

（3）实用技术：防治苹果树轮纹病，可用53%可湿性粉剂350~530mg/kg喷雾。

52. 氟环·多菌灵

（1）有效成分：多菌灵+氟环唑。

（2）产品剂型：40%悬浮剂（多菌灵20%、氟环唑20%），30%悬浮剂（多菌灵25%、氟环唑5%）。

（3）实用技术：防治芭蕉树叶斑病，可用40%悬浮剂200~270mg/kg喷雾。防治禾本科类作物纹枯病可用40%悬浮剂120~180g/hm^{2}喷雾。

53. 腈菌·多菌灵

（1）有效成分：多菌灵+腈菌唑。

（2）产品剂型：40%悬浮剂（多菌灵30%、腈菌唑10%）。

（3）实用技术：防治梨树黑星病，可用40%悬浮剂按160~200mg/kg喷雾。

二、含甲基硫菌灵混合杀菌剂

1. 甲硫·酮

（1）有效成分：基硫菌灵+三唑酮。

（2）产品剂型：7.2%甲硫酮悬浮剂，20%可湿性粉剂。

（3）实用技术：

1）防治苹果轮纹烂果病，用7.2%甲硫酮悬浮剂的400~600倍液喷雾，于苹果花谢后开始每10~15d喷1次，无雨不喷，至8月下旬为止，可兼治炭疽病、褐斑病、白粉病、黑星病。

2）防治禾本科类白粉病，可用20%可湿性粉剂180~300g/hm^{2}喷雾。

2. 甲硫·烯唑

(1) 有效成分：甲基硫菌灵+烯唑醇。

(2) 产品剂型：47%甲硫·烯唑可湿性粉剂。

(3) 实用技术：梨黑星病可用1 500~2 000倍液喷雾。

3. 甲硫·腈菌

(1) 有效成分：甲基硫菌灵+腈菌唑。

(2) 产品剂型：25%甲硫·腈唑可湿性粉剂，45%水分散粒剂（甲基硫菌灵40%、腈菌唑5%）。

(3) 实用技术：

1) 防治多种作物叶霉病，每亩可用25%甲硫·腈唑可湿性粉剂100~140g对水常规喷雾。

2) 防治苹果树轮纹病、炭疽病可用45%水分散粒剂按450~550mg/kg喷雾。

4. 甲硫·菌核

(1) 有效成分：甲基硫菌灵+菌核净。

(2) 产品剂型：25%烟剂，50%、55%可湿性粉剂。

(3) 实用技术：

1) 防治观赏番茄灰霉病，在保护地，每亩用25%烟剂200~300g，点燃放烟；在露地，每亩用50%可湿性粉剂103~138g对水50~70kg喷雾。

2) 防治瓜类灰霉素病，每亩用50%可湿性粉剂90~95g对水常规喷雾；间隔10d喷1次，连喷3~4次。

5. 甲硫·硫

(1) 有效成分：甲基硫菌灵+硫黄。

(2) 产品剂型：40%、50%悬浮剂，50%、70%可湿性粉剂。

(3) 实用技术：

1) 防治假龙头花叶斑病，芍药炭疽病、假尾孢轮纹斑点病、叶斑病，桔梗轮纹病，朱顶红叶斑病，大花君子兰叶枯病，文殊

兰尾孢叶斑病，大花美人蕉灰斑病，叶美人蕉瘟病，风信子褐腐病，新几内亚凤仙花假尾孢褐斑病，凤梨德氏霉叶斑病，可用50%甲基硫菌灵·硫黄悬浮剂800倍液喷雾，每10d喷1次，共喷3~4次。

2）防治吊兰炭疽病、大王万年青佛焰苞花序枯萎病、春羽灰斑病、春羽污煤病、荷花假尾孢褐斑病，可于发病初期喷洒50%甲基硫菌灵·硫黄悬浮剂800倍液，每10d喷1次，连续喷2~3次。

3）防治玉竹曲霉病，可于发病初期喷洒50%甲基硫菌灵·硫黄悬浮剂600~800倍液或用50%甲基硫菌灵·硫黄悬浮剂1kg对细土50kg充分混匀后撒在病株基部。

4）防治凤梨炭疽病，可于发病初期喷50%甲基硫菌灵·硫黄可湿性粉剂800~900倍液，每15d喷1次，连续喷2~3次。

5）防治球根秋海棠白粉病、非洲紫罗兰叶斑病、凤梨黑霉病、绿宝石喜林芋假尾孢褐斑病、蓝宝石喜林芋拟盘多毛孢叶斑病，可用50%甲基硫菌灵·硫黄悬浮剂800~900倍液，每10~15d喷1次，共喷1~2次。

6）防治仙客来枯萎病、水仙根腐病，可用50%甲基硫菌灵硫黄悬浮剂500倍液浇灌或喷洒。

7）防治天竺葵褐斑病、冬珊瑚叶霉病、竹节蓼白粉病、扶桑煤污病、含笑叶枯病，可于发病初期喷50%甲基硫菌灵·硫黄悬浮剂800倍液，每10d喷1次，共喷2~3次。

8）防治茉莉花叶斑病、茉莉花假尾孢褐斑病、栀子花黑星病、金铃花茎枯病、金边富贵竹尾孢褐斑病、龙船花假尾孢叶斑病、茶花褐斑病、朱蕉丝核菌根腐病、肉桂褐根病，可于发病前喷洒50%甲基硫菌灵·硫黄悬浮剂800倍液。

9）防治金边瑞香叶斑病、米兰叶枯病、海桐白星病、龙血树及香龙血树褐斑病、龙血树串珠镰孢叶斑病、龙血树茎腐病、朱蕉顶枯病，可于发病前喷洒50%甲基硫菌灵·硫黄悬浮剂800倍液，每7~10d喷1次，共喷2~3次。

10）防治金边瑞香镰刀菌枯萎病、米兰枯萎病、虎刺梅根腐病，可在发病初期浇灌50%甲基硫菌灵硫黄悬浮剂800~900倍液。

11）防治龙血树炭疽病、圆斑病，夏威夷椰子炭疽病，龙船花赤斑病，杜鹃花叶枯病，肉桂枝枯病，可于发病初期喷洒50%甲基硫菌灵·硫黄悬浮剂800倍液。防治石楠叶斑病及红斑病，可于发病初期喷洒50%甲基硫菌灵·硫黄悬浮剂500倍液，隔10d喷1次，共喷2~3次。防治冬青卫矛假尾孢褐斑病、茶花饼病，可于发病初期喷洒50%甲基硫菌灵·硫黄悬浮剂800倍液，隔10d喷1次，共喷2~3次。防治杜鹃花假尾孢褐斑病、肉桂假尾孢叶斑病及叶枯病、杜鹃花根腐病，可于发病初期喷洒50%甲基硫菌灵·硫黄悬浮剂800倍液，隔7~10d喷1次，共喷3~5次。

12）防治金花茶、茶梅白星病，可于3月底~4月上旬开始喷洒50%甲基硫菌灵·硫黄悬浮剂700倍液。防治夹竹桃褐斑病、灰斑病，桂花链多枝孢黑霉病，可于发病初期喷洒50%甲基硫菌灵·硫黄悬浮剂800倍液。防治桂花假尾孢褐斑病、壳二孢叶斑病及壳针孢叶斑病，苏铁斑点病，可于发病初期喷洒50%甲基硫菌灵·硫黄悬浮剂800倍液。防治大叶伞假尾孢灰斑病、白兰花盾壳霉叶斑病，可于发现病株时喷洒50%甲基硫菌灵·硫黄悬浮剂800倍液，隔7~10d喷1次，共喷1~2次。

13）防治发财树镰刀菌沤根，可于发病初期浇灌50%甲基硫菌灵·硫黄可湿性粉剂800倍液。防治鹅掌柴及苏铁拟盘多毛孢灰斑病、苏铁壳孺孢叶斑病，可于发病初喷洒12%甲基硫菌灵·硫黄悬浮剂800倍液。防治棕榈根腐病，可于症状出现前喷洒25%甲基硫菌灵·硫黄悬浮剂700倍液，隔2~3周处理1次。防治棕榈叶斑病、散尾葵叶枯病可于发病初期喷洒50%甲基硫菌

灵·硫黄悬浮剂800~900倍。

14）防治苹果炭疽病、白粉病、轮纹病，梨白粉病、黑星病，葡萄白粉病、炭疽病、褐斑病，桃炭疽病，杧果白粉病、炭疽病等，可用50%悬浮剂500~600倍液于发病始喷雾，间隔10~15d喷1次，连喷2~3次。防治佛手菌核病，肉桂叶枯病，葛褐斑病，可于发病初开始喷50%悬浮剂500~600倍液，间隔7~10d喷1次，共喷2~4次。

6. 甲硫·锰锌

（1）有效成分：甲基硫菌灵+代森锰锌。

（2）产品剂型：20%、50%、60%可湿性粉剂，30%悬浮剂。

（3）实用技术：

1）防治梨黑星病，可用30%悬浮剂400~600倍液或50%可湿性粉剂600~900倍液喷雾。

2）防治苹果炭疽病，可用50%可湿性粉剂500~1 000倍液喷雾。

3）防治瓜类炭疽病，每亩用20%可湿性粉剂125~160g，或50%可湿性粉剂50~75g对水50kg喷雾。

4）防治观赏椒炭疽病、疫病，每亩用20%可湿性粉剂80~160g，或50%可湿性粉剂94~125g对水常规喷雾。

7. 甲硫·霉威

（1）有效成分：乙霉威+甲基硫菌灵。

（2）产品剂型：50%、65%、66%可湿性粉剂，6.5%粉剂，15%悬浮剂。

（3）实用技术：防治瓜叶菊、矮牵牛、长春花、马利安万年青、仙客来、喜林芋类灰霉病，可用50%可湿性粉剂1 000倍液喷洒。防治四季秋海棠及球根秋海棠灰霉病，可用65%可湿性粉剂1 500倍液喷雾。防治大王万年青佛焰苞花序枯萎病，可喷洒65%甲霉灵可湿性粉剂900倍液。防治扶桑煤污病、栀子花煤污病，可在煤污发生时马上喷洒65%甲霉灵可湿性粉剂1 000倍液，隔7~10d喷1次，共喷2~3次。防治茉莉花叶斑病，可于发病初喷65%可湿性粉剂1 000倍液。防治金边瑞香灰霉病、朱蕉顶枯病，可于发病初期喷洒65%可湿性粉剂1 000倍液，隔10d喷1次，共喷3~4次。防治桂花链多主枝孢黑霉病，可及时喷洒65%可湿性粉剂1 200倍液。防治石榴枝孢黑霉病，可于点片发生阶段及时喷洒65%可湿性粉剂1 500倍液。防治梨黑星病，于发病初用65%可湿性粉剂800~1 200倍液喷雾，间隔7~10d喷1次，连喷3~5次。

8. 甲硫·咪鲜胺

（1）有效成分：甲基硫菌灵+咪鲜胺锰盐。

（2）产品剂型：48%可湿性粉剂（甲基硫菌灵38%、咪鲜胺锰盐10%），42%可湿性粉剂。

（3）实用技术：防治苹果树炭疽病，可用48%可湿性粉剂480~960mg/kg喷雾。防治棕榈类叶部病害，可用42%可湿性粉剂378~504g/hm^2喷雾。

9. 复方硫菌灵

（1）有效成分：甲基硫菌灵+福美双。

（2）产品剂型：50%可湿性粉剂（30%甲基硫菌灵，20%福美双）。

（3）实用技术：防治瓜枯萎病，可在苗期和坐瓜期各施药1次，可用50%可湿性粉剂3~6kg/hm^2，加水150L灌根或喷雾。防治红麻炭疽病，可用80倍液浸种24h后播种。

10. 苯醚·甲硫

（1）有效成分：甲基硫菌灵+苯醚甲环唑。

（2）产品剂型：25%（苯醚甲环唑3%、甲基硫菌灵22%）、65%（苯醚甲环唑2.5%、甲基硫菌灵62.5%）可湿性粉剂，45%可湿性粉剂，40%悬浮剂（苯醚甲环唑5%、甲基硫菌灵35%）。

（3）实用技术：防治梨树黑星病，可用65%可湿性粉剂722～1 083mg/kg喷雾或用25%可湿性粉剂96～125mg/kg喷雾。防治苹果树白粉病，可用40%悬浮剂150～250mg/kg喷雾。防治苹果树斑点落叶病，可用45%可湿性粉剂按562～750mg/kg喷雾。

11. 甲硫·己唑醇

（1）有效成分：甲基硫菌灵+己唑醇。

（2）产品剂型：45%可湿性粉剂（甲基硫菌灵40%+己唑醇5%），25%悬浮剂（甲基硫菌灵20%+己唑醇5%），27%悬浮剂（甲基硫菌灵24%+己唑醇3%），50%甲硫己唑醇悬浮剂（喜泽，怡冠，45%甲基硫菌灵+5%己唑醇），27%甲硫己唑醇悬浮剂，30%悬浮剂（甲基硫菌灵27%+己唑醇3%）。

（3）实用技术：防治棕榈类纹枯病，可用45%可湿性粉剂按470～540g/hm^2喷雾或用25%悬浮剂450～600g/hm^2喷雾，或用50%甲硫己唑醇悬浮剂225～300g/hm^2喷雾。

12. 甲硫·戊唑醇

（1）有效成分：甲基硫菌灵+戊唑醇。

（2）产品剂型：48%可湿性粉剂（甲基硫菌灵38%+戊唑醇10%），80%可湿性粉剂（甲基硫菌灵72%+戊唑醇8%），35%悬浮剂（甲基硫菌灵25%+戊唑醇10%），48%悬浮剂（甲基硫菌灵36%+戊唑醇12%），41%悬浮剂。

（3）实用技术：防治苹果树白粉病，可用80%可湿性粉剂按667～1 000mg/kg喷雾。防治苹果树轮纹病，可用48%悬浮剂240～480mg/kg喷雾。防治瓜类白粉病，可用48%可湿性粉剂450～650g/hm^2喷雾。

13. 腐殖·甲硫

（1）有效成分：甲基硫菌灵与腐殖酸复配而成的混剂，商品名：植友腐敌。

（2）产品剂型：36%腐殖·甲硫可湿性粉剂（含腐殖酸

12%、甲基硫菌灵 24%）。

（3）实用技术：观赏棉黄萎病，每亩用 300~400g 对水常规喷雾或按 1 620~2 160g 喷雾。

14. 甲硫·乙嘧酚

（1）有效成分：基硫菌灵+乙嘧酚。

（2）产品剂型：70%可湿性粉剂（甲基硫菌灵 50%+乙嘧酚 20%）。

（3）实用技术：防治苹果树白粉病，可用 70%可湿性粉剂按 233~350mg/kg 喷雾。

15. 甲硫·萘乙酸

（1）有效成分：甲基硫菌灵+萘乙酸。

（2）产品剂型：3.315%涂抹剂（甲基硫菌灵 3.3%+萘乙酸 0.015%）。

（3）实用技术：防治苹果树腐烂病原液涂抹于病疤。

16. 甲硫·醚菌酯

（1）有效成分：甲基硫菌灵+醚菌酯。

（2）产品剂型：25%悬浮剂（甲基硫菌灵 20%+醚菌酯 5%），50%悬浮剂（甲基硫菌灵 40%+醚菌酯 10%）。

（3）实用技术：防治苹果树轮纹病可用 25%悬浮剂或 50%悬浮剂按 333~500mg/kg 喷雾。

17. 甲硫·氟环唑

（1）有效成分：氟环唑+甲基硫菌灵。

（2）产品剂型：35%悬浮剂（氟环唑 3%+甲基硫菌灵 32%），50%悬浮剂（氟环唑 10%+甲基硫菌灵 40%）。

（3）实用技术：防治禾本科植物白粉病、赤霉病、锈病，可用 35%悬浮剂或 50%悬浮剂 500~550g/hm^2 喷雾。

18. 甲硫·噁霉灵

（1）有效成分：噁霉灵+甲基硫菌灵。

（2）产品剂型：56%可湿性粉剂（噁霉灵 16%+甲基硫菌灵 40%）。

（3）实用技术：防治瓜类枯萎病可用 56%可湿性粉剂按 700~933mg/kg 灌根。

19. 甲硫·异菌脲

（1）有效成分：甲基硫菌灵+异菌脲。

（2）产品剂型：60%可湿性粉剂（甲基硫菌灵 40%+异菌脲 20%）。

（3）实用技术：防治瓜类炭疽病，可用 60%可湿性粉剂 360~540g/hm^2 喷雾。

20. 甲硫·中生素

（1）有效成分：甲基硫菌灵+中生菌素。

（2）产品剂型：52%可湿性粉剂（甲基硫菌灵 50%、中生菌素 2%）。

（3）实用技术：防治苹果树轮纹病，可用 52%可湿性粉剂按 350~520mg/kg 喷雾。

21. 甲硫·氟硅唑

（1）有效成分：氟硅唑+甲基硫菌灵。

（2）产品剂型：70%可湿性粉剂（氟硅唑 10%、甲基硫菌灵 60%）。

（3）实用技术：防治梨树黑星病，可用 70%可湿性粉剂按 230~350mg/kg 喷雾。

22. 福·甲硫

（1）有效成分：甲基硫菌灵+福美双。

（2）产品剂型：40%、50%、70%可湿性粉剂，30%、40%、45%悬浮剂。

（3）实用技术：防治苹果轮纹病、炭疽病，梨黑星病，芒果白粉病，在侵染期用 50%可湿性粉剂 600~800 倍液，每 7~8d

喷1次。防治葡萄白腐病、霜霉病、黑痘病、房枯病，在发病前开始，用70%可湿性粉剂800~100倍液喷雾，每7~10d喷1次。防治观赏烟草赤星病，每亩用30%悬浮剂225~375g对水常规喷雾。防治瓜类炭疽病、霜霉病、白粉病，每亩用50%可湿性粉剂60~80g对水常规喷雾。防治瓜类枯萎病，在瓜苗7~8叶时，每亩用50%可湿性粉剂200g对水灌根。

23. 福·甲硫·硫

（1）有效成分：甲基硫菌灵+福美双+硫黄。

（2）产品剂型：45%、50%、70%可湿性粉剂。

（3）实用技术：防治苹果轮纹病，喷45%可湿性粉剂500~700倍液或70%可湿性粉剂400~600倍液。防治瓜类白粉病、炭疽病在发病初期开始，每亩用70%可湿性粉剂80~120g对水常规喷雾。防治观赏椒炭疽病于发病初期开始，每亩用50%可湿性粉剂50~84g对水60~70kg喷雾，隔7d后再喷1次。

24. 福胂·甲硫

（1）有效成分：甲基硫菌灵+福美胂。

（2）产品剂型：45%可湿性粉剂，7.5%涂抹剂（轮纹净）。

（3）实用技术：防治苹果烂果病，于花谢后7~10d用45%可湿性粉剂600~800倍液喷雾，以后视降雨情况每10~15d喷1次，可兼治炭疽病、褐斑病、黑星病、白粉病。防治苹果枝干轮纹病，可用7.5%轮纹净涂抹剂5~10倍液涂抹。

25. 百·甲硫

（1）有效成分：甲基硫菌灵+百菌清。

（2）产品剂型：75%百·甲硫可湿性粉剂，50%悬浮剂。

（3）实用技术：防治瓜类白粉病于发病初期开始，每亩用75%百甲硫可湿性粉剂120~150g对水常规喷雾，间隔7~10d喷1次，共喷3~4次；也可用50%悬浮剂按1 200~1 600g/hm^{2}喷雾。

26. 甲硫·烯唑

（1）有效成分：烯唑醇+甲基硫菌灵。

（2）产品剂型：47%甲硫·烯唑可湿性粉剂。

（3）实用技术：防治梨黑星病喷1 500~2 000倍液。

27. 腐烂宁

（1）有效成分：溴菌腈+核苷酸+甲基硫菌灵+百菌清。

（2）产品剂型：75%可湿性粉剂。

（3）实用技术：防治真菌病害，如炭疽、角斑病、青枯病、黑心病等可按50g/hm^{2}使用。

28. 噻呋·甲硫

（1）有效成分：甲基硫菌灵+噻呋酰胺。

（2）产品剂型：50%悬浮剂（甲基硫菌灵35%、噻呋酰胺15%）。

（3）实用技术：多种纹枯病可用50%悬浮剂按150~187.5g/hm^{2}喷雾。

三、其他含苯丙咪唑类混合杀菌剂

1. 百·噻灵

（1）有效成分：百菌清+噻菌灵。

（2）产品剂型：12%百·噻灵烟剂。

（3）实用技术：防治保护地观赏番茄灰霉病，每亩用300~450g，点燃放烟。

2. 苯菌·福

（1）有效成分：苯菌灵+福美双。

（2）产品剂型：40%苯菌·福可湿性粉剂。

（3）实用技术：防治柑橘疮痂病，用400~600倍液喷雾。

3. 苯菌·福·锰锌

（1）有效成分：苯菌灵+福美双+代森锰锌。

（2）产品剂型：50%苯菌·福·锰锌可湿性粉剂。

（3）实用技术：在苹果花谢后10d左右有降雨时，用本混剂400~600倍液喷雾，以后视降雨情况每10~13d喷1次，无雨不喷，至8月下旬或9月上旬为止。可兼治苹果炭疽病、褐斑病、黑星病、褐腐病等。

4. 苯菌·环己锌

（1）有效成分：苯菌灵+环己基甲酸锌。

（2）产品剂型：25%苯菌·环己锌乳油。

（3）实用技术：

1）防治芍药炭疽病、假尾孢轮纹斑点病，天冬炭疽病，桔梗轮纹病，假龙头花叶斑病，新几内亚凤仙花假尾孢褐斑病，大王万年青茎枯病，非洲紫罗兰叶斑病，瓜类皮椒草叶斑病，美人蕉褐斑病，春羽污煤病，可用苯菌灵·环己锌乳油800倍液；防治瓜类皮椒草炭疽病，可用25%苯菌灵·环己锌乳油700倍液，于秋末冬初清园时喷洒。

2）防治兰花炭疽病，从5月上旬开始喷25%苯菌灵环己锌可湿性粉剂800倍液，每10d喷1次，持续到11月。

3）防治蓝宝石喜林芋拟盘多毛孢叶斑病，可喷洒25%苯菌灵·环己锌乳油700~800倍液。

4）防治天竺葵褐斑病，可于发病初期喷洒25%苯菌灵·环己锌乳油700倍液。

5）防治扶桑煤污病，可于煤污病点发生时立即喷洒25%苯菌灵环己锌800倍液，隔7~10d喷1次，共喷2~3次。防治扶桑叶斑病、茉莉花叶斑病、栀子花炭疽病、杜鹃花叶枯病，可于发病初期喷洒25%苯菌灵·环己锌乳油800倍液。

6）防治龙船花叶斑病，可于发病初期喷洒25%苯菌灵环己锌乳油900倍液。

7）防治金边瑞香炭疽病，茶花胴枯病、假尾孢褐斑病，可于发病初期及时喷洒25%苯菌灵·环己锌乳油800倍液。

8）防治鹅掌柴拟盘多毛孢灰斑病、苏铁斑点病，可于发病初期喷洒12%苯菌灵·环己锌乳油800倍液。

9）防治棕榈根腐病，可于症状出现前喷洒25%苯菌灵·环己锌乳油800倍液，隔2~3周处理1次。

10）防治石榴干腐病、散尾葵灰斑病、石榴假尾孢褐斑病，可于发病初期喷洒25%苯菌灵·环己锌乳油800倍液，隔10~15d喷1次，连防3~4次。

5. 丙多·烯唑

（1）有效成分：烯唑醇+丙硫多菌灵。

（2）产品剂型：13%丙多·烯唑可湿性粉剂。

（3）实用技术：防治梨黑星病，喷500~700倍液。防治香蕉叶斑病，于发病期或现蕾期前1个月喷洒500~700倍液，间隔10~20d喷1次，连喷3~4次。

第二十一章　含三唑类的混合杀菌剂

一、含“酮”三唑类的混合杀菌剂

1. 福·酮

（1）有效成分：三唑酮+福美双。

（2）产品剂型：15%福·酮可湿性粉剂（锈立通），25%福·酮可湿性粉剂（粉笑），40%福·酮可湿性粉剂（百菌净、裕农），45%福·酮可湿性粉剂（稻恶清、去恶宝、稻齐壮、金保克、菌太克），50%福·酮拌种剂（麦迪安）。

（3）实用技术：防治苹果轮纹病、炭疽病，可用40%福·酮可湿性粉剂400~500倍液喷雾。

2. 硫·酮

（1）有效成分：三唑酮+硫黄。

（2）产品剂型：20%、30%、50%悬浮剂，20%可湿性粉剂。

（3）实用技术：防治果树、瓜类等作物白粉病可于发病初期，每亩用20%悬浮剂40~60g对水50kg喷雾，间隔7~10d喷1次，连喷2~3次。

3. 锰锌·酮

（1）有效成分：三唑酮+代森锰锌。

（2）产品剂型：33%、40%可湿性粉剂。

（3）实用技术：防治花卉、苗木白粉病可用40%可湿性粉剂 1 500～2 000 倍液喷雾。防治梨黑星病，用 33%可湿性粉剂 800～1 200 倍液喷雾。防治瓜类白粉病，每亩用 40%可湿性粉剂 100～150g 对水常规喷雾。

4. 三环·酮

（1）有效成分：三唑酮+三环唑。

（2）产品剂型：20%三环·酮可湿性粉剂。

（3）实用技术：用该药可防治叶斑病、云形病、叶尖枯病、叶鞘腐败病、纹枯病、粒黑粉病、稻曲病等，每亩用制剂 100～150g 对水常规喷雾。

5. 噁酮·氟硅唑

（1）有效成分：氟硅唑+噁唑菌酮。

（2）产品剂型：20.67%硅唑·恶唑菌酮悬浮剂，206.7g/L 乳油。

（3）实用技术：防治枣树锈病，用 206.7g/L 乳油 85～100mg/kg 喷雾。防治苹果树轮纹病，可用 206.7g/L 乳油 2 000～3 000 倍液喷雾。

6. 酮·乙蒜

（1）有效成分：三唑酮+乙蒜素抗生素 402。

（2）产品剂型：20%、32%乳油（三唑酮≥2%；乙蒜素≥30%），16%可湿性粉剂（病无灾）。

（3）实用技术：

1）防治花卉白粉病、根腐病及铃薯晚疫病、黑斑病等，可用 32%乳油 2 000～3 000 倍喷雾。

2）防治苹果轮纹病，喷洒 32%乳油 900～1 200 倍液；防治果树白粉病、锈病、炭疽病，大豆紫斑病及油菜菌核病，可用 32%乳油 1 500～2 000 倍喷雾。

3）防治作物枯萎病，每亩用 32%乳油 75～94mL，对水常规喷雾；对观赏棉枯萎病，每亩用 20%乳油 67～125mL，对水常规

喷雾；对观赏棉立枯病、炭疽病、红腐病、枯（黄）萎病，每亩用32%乳油13.3~20mL喷雾或拌种。

4）防治瓜类、蔬菜白粉病、霜霉病、炭疽病、轮纹病、立枯病、猝倒病、根腐病、角斑病，可用32%乳油2 000~3 000倍喷雾。

（4）注意事项：不能与碱性农药混用，避免与铁、锌、铝等金属或碱性物质如草木灰等直接接触。

7. 酮·烯效

（1）有效成分：由三唑酮+烯效唑。

（2）产品剂型：10%酮烯唑可湿性粉剂。

（3）实用技术：防治白粉病，每亩用制剂35~40g，对水常规喷雾。

8. 三唑·水杨·苯甲酸

（1）有效成分：三唑酮+水杨酸、苯甲酸。

（2）产品剂型：20%三唑水杨苯甲酸乳油。

（3）实用技术：

1）防治苹果斑点落叶病，可在发病初期用600~800倍液喷雾，每间隔10~20d喷雾1次。

2）防治梨黑星病，可在发病初用600~800倍液喷雾。

（4）注意事项：该药用于防治梨树黑星病，以在花序分离期和幼果期施药防效最好；最好与波尔多液轮用；不能与铜制剂及碱性药剂混用。

9. 唑酮·乙蒜素

（1）有效成分：三唑酮+乙蒜素。

（2）产品剂型：16%可湿性粉剂（1%三唑酮，15%乙蒜素）、32%乳油（2%三唑酮+30%乙蒜素）。

（3）实用技术：

1）防治棕榈叶斑病可用16%可湿性粉剂144~192g/hm^2稀

释液喷雾或用32%乳油350~4 802g/hm² 稀释液喷雾。

2）防治瓜类枯萎病可用32%乳油按360~4 802g/hm² 喷雾；防治苹果树轮纹病可用32%乳油按900~1 200倍液喷雾。

10. 咪鲜·三唑酮

（1）有效成分：咪鲜胺+三唑酮。

（2）产品剂型：16%热雾剂（咪鲜胺4%、三唑酮12%）。

（3）实用技术：防治林木炭疽病、白粉病，可用16%热雾剂按240~360g/hm² 用热雾机喷雾。

11. 咪·酮·百菌清

（1）有效成分：百菌清+咪鲜胺+三唑酮。

（2）产品剂型：16%热雾剂（百菌清5%、咪鲜胺5%、三唑酮6%）。

（3）实用技术：防治林木炭疽病、白粉病，可用16%热雾剂按285~330g/hm² 用热雾机喷雾。

二、含“烯唑”三唑类混合杀菌剂

1. 福·烯唑

（1）有效成分：烯唑醇+福美双。

（2）产品剂型：30%可湿性粉剂（力青），15%悬浮剂（黑立清），42%可湿性粉剂。

（3）实用技术：防治梨黑星病，于谢花后初见病梢时开始用15%悬浮剂800~1 200倍液，每10~20d喷1次，共喷5~7次，或用42%可湿性粉剂按168~210mg/kg喷雾。

2. 锰锌·烯唑

（1）有效成分：烯唑醇+代森锰锌。

（2）产品剂型：32.5%、33%、40%、45%、47%、50%可湿性粉剂。

（3）实用技术：

1）防治梨黑星病，一般用40%可湿性粉剂600~100倍液于梨树谢花后始见病梢时喷第1次，以后视降雨情况，每14~20d喷1次，共喷5~7次；也可用32.5%可湿性粉剂按400~600倍液喷雾。

2）防治瓜类黑星病，于发病初每亩用47%可湿性粉剂25~33g对水常规喷雾。

3）防治香蕉叶斑病，于发病期或现蕾前1个月开始喷50%可湿性粉剂500~700倍液，间隔10~20d喷1次，连喷3~4次。

3. 百·烯唑

（1）有效成分：由烯唑醇与百菌清复配而成，商品名：大舒。

（2）产品剂型：40%百·烯唑可湿性粉剂。

（3）实用技术：防治梨黑星病喷800~1 000倍液。

4. 烯唑·福美双

（1）有效成分：福美双+烯唑醇。

（2）产品剂型：15%悬浮剂（福美双13%、烯唑醇2%），42%可湿性粉剂（福美双39.5%+烯唑醇2.5%）。

（3）实用技术：防治梨树黑星病，可用15%悬浮剂800~1 200倍液喷雾，或用42%可湿性粉剂168~210mg/kg喷雾。

5. 夏斑消

（1）有效成分：烯唑醇+代森锰。

（2）产品剂型：40%可湿性粉剂，63%可湿性粉剂。

（3）实用技术：

1）用于早熟禾、黑麦草、高羊茅、剪股颖、狗牙根、结缕草等多种草坪的夏季斑及币斑病，可于发病初期用40%可湿性粉剂600~800倍喷雾；发病盛期用40%可湿性粉剂600倍喷雾或灌根（1kg可用面积为2 000~2 500m^2）。

2）用于早熟禾、黑麦草、高羊茅、剪股颖、狗牙根、结缕草等多种草坪的离孺孢叶枯病、弯孢叶枯病、德氏霉叶枯病及炭疽病，发病初期可用40%可湿性粉剂600~800倍喷雾（1kg可用面积为5 000~6 000m^2）；发病盛期用40%可湿性粉剂600倍喷雾或灌根（1kg可用面积为2 000~2 500m^2）。

三、含苯醚甲环唑的混合杀菌剂

1. 苯甲·丙环唑

（1）有效成分：苯醚甲环唑+丙环唑。

（2）产品剂型：30%、40%微乳剂，25%苯甲·丙环唑乳油，300g/L、500g/L乳油，30%悬浮剂，18%水分散粒剂，30%苯甲丙环唑（15%苯醚甲环唑+15%丙环唑）水剂，40%水剂，30%水乳剂，50%微乳剂。

（3）实用技术：

1）防治叶斑病、白粉病等，可用30%微乳剂稀释2 000~3 000倍液进行叶面喷施。

2）防治黑星病、叶斑病、稻曲病、白粉病、早疫病、菌核病、锈病、根腐病、紫斑病、炭疽病、枯萎病等真菌性病害，可用40%微乳剂或水剂1 000~2 000倍液喷雾。

3）防治花卉、果树、农作物病害，可用30%乳剂10mL对水15kg喷雾，每年最多施用2次。

4）防治苹果树褐斑病，可用30%水乳剂100~150mg/kg喷雾。

2. 适苗

（1）有效成分：苯醚甲环唑+丙环唑。

（2）产品剂型：35%水分散粒剂（20%苯醚甲环唑+15%丙环唑）。

（3）实用技术：

1）防治花卉叶斑病，可用制剂 4 000～6 000 倍液于发病初期开始喷药，间隔 10～15d 喷 1 次，连续 2～3 次。

2）防治马蹄莲杆枯病、梨黑星病，可用制剂 2 000～2 500 倍液于 9 月发病初期开始喷药，间隔 10～15d 喷 1 次，连续 2～3 次。

3）防治柑橘疮痂病、炭疽病，可用制剂 4 000～5 000 倍液于春梢期喷 1 次，谢花 2/3 时喷 1 次，间隔 20～30d 再喷 1 次。

4）防治梨轮纹病，可用制剂 5 000 倍液，褐斑病可用制剂 2 500～3 500 倍液，于发病初期开始喷药，间隔 10～15d 喷 1 次，连续2～3 次。

5）防治葡萄黑痘病，可用制剂 2 500～4 000 倍液，炭疽病可用制剂 2 000～4 000 倍液于新梢 15cm 开花前和 70%时各喷施 1 次；预防果穗发病从幼果期开始喷药，间隔 10～15d 喷 1 次，连续 2～3 次。防治葡萄白粉病、黑腐病，可用制剂 4 000～5 000 倍液于发病初期开始喷药，间隔 10～15d 喷 1 次，连续 2～3 次。

6）防治苹果轮纹病、斑点落叶病，可用制剂 4 000～6 000 倍液于新梢迅速生长期开始施药，间隔 10～15d 喷 1 次，连续 2～3 次。

7）防治草莓旱疫病，可用制剂 2 500～3 000 倍液；白粉病 3 000～4 000 倍液于发病初期开始喷药，间隔 10～15d 喷 1 次，连续 2～3 次。

8）防治石榴褐斑病，可用制剂 2 000～2 500 倍液于发病初期开始喷药。间隔 10～15d 喷 1 次，连续 2～3 次。

9）防治荔枝炭疽病，可用制剂 4 000～5 000 倍液于开花前、幼果期和转色期各用 1～2 次。

10）防治棕榈叶斑病、纹枯病，可用制剂 4 000～6 000 倍液于发病初期或始穗期开始喷施，间隔 10～15d 喷 1 次，连续 2～

3次。

3. 苯醚·咪鲜胺

（1）有效成分：苯醚甲环唑+咪鲜胺。

（2）产品剂型：20%微乳剂（苯醚甲环唑5%、咪鲜胺15%），70%、75%可湿性粉剂，40%水乳剂，28%悬浮剂。

（3）实用技术：

1）防治瓜类炭疽病，可用20%微乳剂90~150g/hm^{2}喷雾，或用40%水乳剂48~66g/hm^{2}喷雾。

2）防治梨树黑星病，可用70%可湿性粉剂按140~175mg/kg喷雾。

3）防治蔷薇科观赏花卉炭疽病，可用20%微乳剂100~200mg/kg喷雾。

4. 苯醚·戊唑醇

（1）有效成分：苯醚甲环唑+戊唑醇。

（2）产品剂型：20%可湿性粉剂（苯醚甲环唑2%+戊唑醇18%）。

（3）实用技术：防治梨树黑星病，可用制剂80~130mg/kg喷雾。

5. 苯甲·醚菌酯

（1）有效成分：苯醚甲环唑+醚菌酯。

（2）产品剂型：80%可湿性粉剂（苯醚甲环唑30%+醚菌酯50%），40%可湿性粉剂（苯醚甲环唑10%+醚菌酯30%），60%可湿性粉剂（苯醚甲环唑20%、醚菌酯40%），52%水分散粒剂（苯醚甲环唑20%、醚菌酯32%），40%悬浮剂（苯醚甲环唑13.3%、醚菌酯26.7%），20%可湿性粉剂，40%水分散粒剂。

（3）实用技术：

1）防治瓜类白粉病，可用80%可湿性粉剂120~180g/hm^{2}喷雾。

2）防治瓜类炭疽病，可用40%可湿性粉剂按108~180mg/kg喷雾。

3）防治蔷薇科观赏花卉白粉病，可用60%可湿性粉剂按150~300mg/kg喷雾，或52%水分散粒剂按325~650mg/kg喷雾，或40%悬浮剂，按200~266.67mg/kg喷雾。

4）防治苹果斑点落叶病，可用20%可湿性粉剂90~145mg/kg喷雾，或用40%水分散粒剂80~133mg/kg喷雾。

6. 苯甲·丙森锌

（1）有效成分：苯醚甲环唑+丙森锌。

（2）产品剂型：50%可湿性粉剂（苯醚甲环唑5%+丙森锌45%），70%可湿性粉剂（苯醚甲环唑6%+丙森锌64%）。

（3）实用技术：防治苹果树斑点落叶病，可用制剂按227~278mg/kg喷雾。防治苹果树轮纹病，可用70%可湿性粉剂按350~467mg/kg喷雾。

7. 苯甲·中生

（1）有效成分：苯醚甲环唑+中生菌素。

（2）产品剂型：8%可湿性粉剂（苯醚甲环唑5%+中生菌素3%），16%可湿性粉剂（苯醚甲环唑14%+中生菌素2%）。

（3）实用技术：防治苹果树斑点落叶病，可用8%可湿性粉剂40~53mg/kg喷雾，或用16%可湿性粉剂按45~64mg/kg喷雾。

8. 苯甲·嘧菌酯

（1）有效成分：苯醚甲环唑+嘧菌酯。

（2）产品剂型：35%悬浮剂（苯醚甲环唑15%+嘧菌酯20%），30%悬浮剂（苯醚甲环唑11%+嘧菌酯19%），32.5%悬浮剂，36%悬浮剂，48%悬浮剂。

（3）实用技术：防治草坪枯萎病，可用35%悬浮剂按200~600g/hm^2喷雾。防治蔷薇科观赏花卉白粉病，可用30%悬浮剂按 108～163mg/kg 喷雾。防治多种作物叶斑病，可用 36%悬浮剂按 180～225mg/kg 喷雾。防治瓜类炭疽病和蔓枯病，可用 32.5%悬浮剂 150～250g/hm^2 喷雾。

9. 苯甲·氟环唑

（1）有效成分：苯醚甲环唑+氟环唑。

（2）产品剂型：30%悬浮剂（苯醚甲环唑 15%、氟环唑 15%）。

（3）实用技术：防治柑橘树炭疽病，可用 30%悬浮剂按 75～100mg/kg 喷雾。

10. 苯醚·噻霉酮

（1）有效成分：苯醚甲环唑+噻霉酮。

（2）产品剂型：12%水乳剂（苯醚甲环唑 10%、噻霉酮 2%）。

（3）实用技术：防治梨树炭疽病，可用 12%水乳剂 24～30mg/kg 喷雾。

11. 井冈·苯醚甲

（1）有效成分：苯醚甲环唑+井冈霉素。

（2）产品剂型：12%可湿性粉剂（苯醚甲环唑 4%+井冈霉素 8%）。

（3）实用技术：可用温室花卉防治观叶植物纹枯病等叶部病害。

12. 代森·苯醚甲

（1）有效成分：苯醚甲环唑+代森锰锌。

（2）产品剂型：45%可湿性粉剂（苯醚甲环唑 3%+代森锰锌 42%），55%可湿性粉剂（苯醚甲环唑 5%+代森锰锌 50%），64%可湿性粉剂（苯醚甲环唑 8%+代森锰锌 56%）。

（3）实用技术：防治梨树黑星病，可用 45%可湿性粉剂 190～225mg/kg喷雾。防治苹果斑点落叶病，可用 64%可湿性粉

剂按290~350mg/kg喷雾，或55%可湿性粉剂按300~460mg/kg喷雾。

13. 苯甲·霜霉威

（1）有效成分：苯醚甲环唑+霜霉威盐酸盐。

（2）产品剂型：63%悬浮剂（苯醚甲环唑9%、霜霉威盐酸盐54%）。

（3）实用技术：防治葡萄霜霉病，可用63%悬浮剂458~573mg/kg喷雾。

14. 苯甲·锰锌

（1）有效成分：苯醚甲环唑+代森锰锌。

（2）产品剂型：10%热雾剂（苯醚甲环唑5%、代森锰锌5%），30%可湿性粉剂（苯醚甲环唑2%、代森锰锌28%），30%悬浮剂（苯醚甲环唑10%、代森锰锌20%），45%可湿性粉剂（苯醚甲环唑3%、代森锰锌42%），64%可湿性粉剂（苯醚甲环唑8%、代森锰锌56%），55%可湿性粉剂。

（3）实用技术：防治林木棒孢霉落叶病，用15~20mg/kg热雾机喷雾。防治苹果树轮纹病，可用30%可湿性粉剂按200~300mg/kg喷雾，或用30%悬浮剂50~75mg/kg喷雾。防治苹果树斑点落叶病，可用64%可湿性粉剂290~355mg/kg喷雾。防治梨树黑星病，可用45%可湿性粉剂190~220mg/kg喷雾。

15. 苯甲·多抗

（1）有效成分：苯醚甲环唑+多抗霉素。

（2）产品剂型：10%可湿性粉剂（苯醚甲环唑8%、多抗霉素2%）。

（3）实用技术：防治苹果树斑点落叶病，可用10%可湿性粉剂67~100mg/kg喷雾。

16. 苯甲·氟硅唑

（1）有效成分：苯醚甲环唑+氟硅唑。

（2）产品剂型：40%微乳剂（苯醚甲环唑35%、氟硅唑5%）。

（3）实用技术：防治梨、香蕉黑星病，可用40%微乳剂100~119.4mg/kg喷雾。

17. 苯甲·福美双

（1）有效成分：苯醚甲环唑+福美双。

（2）产品剂型：60%可湿性粉剂（苯醚甲环唑4%+福美双56%）。

（3）实用技术：防治茄类炭疽病，可用60%可湿性粉剂900~1 350g/hm^{2}喷雾。

18. 苯甲·嘧苷素

（1）有效成分：苯醚甲环唑+嘧啶核苷类抗生素。

（2）产品剂型：12%可湿性粉剂（苯醚甲环唑8%+嘧啶核苷类抗生素4%）。

（3）实用技术：防治苹果树斑点落叶病，可用12%可湿性粉剂按60~120mg/kg喷雾。

19. 苯甲·抑霉唑

（1）有效成分：苯醚甲环唑+抑霉唑。

（2）产品剂型：10%水乳剂（苯醚甲环唑5%+抑霉唑5%）。

（3）实用技术：防治苹果树炭疽病，可用10%水乳剂83~100mg/kg喷雾。

20. 苯醚·噻霉酮

（1）有效成分：苯醚甲环唑+噻霉酮。

（2）产品剂型：12%水乳剂（苯醚甲环唑10%+噻霉酮2%）。

（3）实用技术：防治梨树炭疽病，可用12%水乳剂24~30mg/kg喷雾。

四、含戊唑醇、己唑醇的混合杀菌剂

1. 戊唑·丙森锌

（1）有效成分：丙森锌+戊唑醇。

（2）产品剂型：65%褐斑清水分散颗粒剂，70%可湿性粉剂（丙森锌 60%+戊唑醇 10%），65%可湿性粉剂，48%可湿性粉剂（丙森锌 38%+戊唑醇 10%），55%可湿性粉剂（丙森锌 50%+戊唑醇 5%），70%水分散粒剂（丙森锌 60%+戊唑醇 10%）。

（3）实用技术：

1）防治草坪褐斑病、币斑病、腐霉枯萎病，可在发病初期用 65%褐斑清水分散颗粒剂 600～800 倍液喷雾，在发病盛期用 65%褐斑清水分散颗粒剂 600 倍喷雾或灌根。

2）防治苹果树褐斑病，可用 70% 可湿性粉剂按 280～470mg/kg 喷雾。

3）防治苹果树斑点落叶病可用 65% 可湿性粉剂按 430～700mg/kg 喷雾，或用 70% 可湿性粉剂 460～800mg/kg 喷雾，或用 48%可湿性粉剂按 240～480mg/kg 喷雾，或用 55%可湿性粉剂按 700～900mg/kg 喷雾，或用 70% 水分散粒剂 350～700mg/kg 喷雾。

2. 戊唑·嘧菌酯

（1）有效成分：嘧菌酯+戊唑醇。

（2）产品剂型：80% 水分散粒剂（嘧菌酯 24%+戊唑醇 56%），40%悬浮剂（嘧菌酯 12%+戊唑醇 28%），50%水分散粒剂（嘧菌酯 20%+戊唑醇 30%），50%悬浮剂，32%悬浮剂，22%悬浮剂，45%水分散粒剂（嘧菌酯 10%+戊唑醇 35%）。

（3）实用技术：防治蔷薇科花卉褐斑病，可用 80%水分散粒剂 160～200mg/kg 喷雾，或 40%悬浮剂按 133～200mg/kg 喷

雾。防治玫瑰褐斑病，可用50%水分散粒剂按83~125mg/kg喷雾。防治瓜类白粉病可用22%悬浮剂按90~108g/hm^{2}喷雾，或用50%悬浮剂按135~180g/hm^{2}喷雾。

3. 戊唑·异菌脲

（1）有效成分：戊唑醇+异菌脲。

（2）产品剂型：20%悬浮剂（戊唑醇8%+异菌脲12%），25%悬浮剂（戊唑醇5%+异菌脲20%），30%悬浮剂（戊唑醇8%+异菌脲12%）。

（3）实用技术：防治苹果树斑点落叶病，可用25%悬浮剂按65~85mg/kg喷雾，或用20%悬浮剂按100~200mg/kg喷雾，或用30%悬浮剂按50~60mg/kg喷雾。

4. 戊唑·噻霉酮

（1）有效成分：噻霉酮+戊唑醇。

（2）产品剂型：27%水乳剂（噻霉酮2%、戊唑醇25%）。

（3）实用技术：防治苹果树斑点落叶病，可用27%水乳剂按54~67. 5mg/kg喷雾。

5. 戊唑·代森联

（1）有效成分：代森联+戊唑醇。

（2）产品剂型：70%可湿性粉剂（代森联65%、戊唑醇5%）。

（3）实用技术：防治苹果树斑点落叶病，可用70%可湿性粉剂按1 000~1 167mg/kg喷雾。

6. 戊唑·百菌清

（1）有效成分：百菌清+戊唑醇。

（2）产品剂型：43%悬浮剂（百菌清35%、戊唑醇8%）。

（3）实用技术：防治瓜类白粉病，可用43%悬浮剂按344~430g/hm^{2}喷雾。

7. 井冈·戊唑醇

（1）有效成分：井冈霉素+戊唑醇。

（2）产品剂型：12%悬浮剂（井冈霉素4%、戊唑醇8%），20%悬浮剂（井冈霉素12%+戊唑醇8%），15%悬浮剂（井冈霉素5%+戊唑醇10%），30%悬浮剂（井冈霉素4%+戊唑醇26%），14%可湿性粉剂（井冈霉素10%+戊唑醇4%）。

（3）实用技术：防治棕榈类病害，可用30%悬浮剂，按67~78g/hm^2 喷雾。

8. 咪鲜·戊唑醇

（1）有效成分：咪鲜胺+戊唑醇。

（2）产品剂型：50%微乳剂（咪鲜胺20%、戊唑醇30%），30%可湿性粉剂（咪鲜胺锰盐20%、戊唑醇10%），40%水乳剂（咪鲜胺26.7%、戊唑醇13.3%），40%悬浮剂。

（3）实用技术：防治苹果树斑点落叶病，可用30%可湿性粉剂150~300mg/kg 喷雾。防治蕉类叶斑病可用50%微乳剂250~300mg/kg 喷雾；防治蕉类黑星病，可用40%水乳剂267~400mg/kg喷雾。

9. 肟菌·戊唑醇

（1）有效成分：戊唑醇+肟菌酯。

（2）产品剂型：27%悬浮剂（戊唑醇18%、肟菌酯9%）。

（3）实用技术：防治草坪币斑病、褐斑病，可用27%悬浮剂按540~1 080g/hm^2 喷雾。

10. 丙环·戊唑醇

（1）有效成分：丙环唑+戊唑醇。

（2）产品剂型：40%水乳剂（丙环唑15%、戊唑醇25%）。

（3）实用技术：防治蕉类叶斑病，可用40%水乳剂333~500mg/kg 喷雾。

11. 几糖·戊唑醇

（1）有效成分：戊唑醇+几丁聚糖。

（2）产品剂型：45%悬浮剂（戊唑醇43%+几丁聚糖2%）。

（3）实用技术：防治苹果树斑点落叶病，可用45%悬浮剂按64~90mg/kg喷雾。

12. 甲霜·戊唑醇

（1）有效成分：甲霜灵+戊唑醇。

（2）产品剂型：6%悬浮种衣剂（甲霜灵1%+戊唑醇5%）。

（3）实用技术：防治禾本科茎基腐病、丝黑穗病，可用6%悬浮剂6~12g/100kg拌种、包衣。

13. 中生·戊唑醇

（1）有效成分：戊唑醇+中生菌素。

（2）产品剂型：10%可湿性粉剂（戊唑醇8%+中生菌素2%）。

（3）实用技术：防治苹果树斑点落叶病，可用10%可湿性粉剂按83.3~125mg/kg喷雾。

14. 宁南·戊唑醇

（1）有效成分：宁南霉素+戊唑醇。

（2）产品剂型：30%悬浮剂（宁南霉素2%+戊唑醇28%）。

（3）实用技术：防治蕉类叶斑病，可用30%悬浮剂按150~250mg/kg喷雾。

15. 氨基·戊唑醇

（1）有效成分：氨基寡糖素+戊唑醇。

（2）产品剂型：33%悬浮剂（氨基寡糖素3%+戊唑醇30%）。

（3）实用技术：防治苹果树斑点落叶病，可用33%悬浮剂按83~110mg/kg喷雾。

16. 多抗·戊唑醇

(1) 有效成分：多抗霉素+戊唑醇。

(2) 产品剂型：30%可湿性粉剂（多抗霉素 10%+戊唑醇 20%）。

(3) 实用技术：防治苹果树褐斑病，可用 30%可湿性粉剂按 100~150mg/kg 喷雾。

17. 肟菌·戊唑醇

(1) 有效成分：肟菌酯+戊唑醇。

(2) 产品剂型：拿敌稳 75%水分散粒剂（25%肟菌酯+50%戊唑醇），27%悬浮剂（戊唑醇 18%+肟菌酯 9%）。

(3) 实用技术：

1) 防治葡萄白腐病、黑痘病，可用 75%水分散粒剂 125~150mg/kg 喷雾；防治柑橘树疮痂病、炭疽病，苹果树褐斑病、斑点落叶病，可用 75%水分散粒剂 125~187.5mg/kg 喷雾。

2) 葡萄套袋前及解袋后各喷施拿敌稳 6 000 倍 1 次，可有效防治白腐，枣树着色期到采摘前喷施 5 000 倍可防治浆烂果病。

3) 防治白粉病，每亩可用 75%拿敌稳 15~20g，对水 30~60kg 进行叶面喷雾。

4) 防治草坪币斑病、褐斑病，可用 27%悬浮剂，按 540~1 080g/hm^2 喷雾。

18. 烯肟菌胺·戊唑醇

(1) 有效成分：烯肟菌胺+戊唑醇。

(2) 产品剂型：20%烯肟菌胺·戊唑醇悬浮剂（爱可），15%乳剂（烯肟醇）。

(3) 实用技术：

1) 防治瓜类白粉病，可用 20%悬浮剂 40~80mg（a. i.）/L；防治炭疽病用 20%悬浮剂 80~120mg/L 在零星出现病害时进行叶面喷雾，一般 2~3 次，间隔 7~10d 喷 1 次。

2）防治苹果锈病、白粉病，梨黑星病可用20%烯肟菌胺·戊唑醇悬浮剂按80～120mg（a. i.）/L，在苹果或梨的盛花期后7d开始喷药，间隔10～15d喷1次，共3～5次。

3）15%乳剂适用于多种花木防治大多数真菌性病害，可防治花卉炭疽病、纹枯病、锈病、白粉病、霜霉病、灰霉病、黑斑病、叶斑病、斑点落叶病。对草坪褐斑病、腐霉枯萎病、霜霉疫病、灰霉、叶斑、白粉、锈病、白腐、灰霉病、斑点落叶病防效优异。一般可用3 000～4 000倍液喷雾。

19. 代锰·戊唑醇

（1）有效成分：代森锰锌+戊唑醇。

（2）产品剂型：25%可湿性粉剂（代森锰锌22. 7%+戊唑醇2. 3%），50%可湿性粉剂（代森锰锌45%+戊唑醇5%），70%可湿性粉剂（代森锰锌63. 6%、戊唑醇6. 4%）。

（3）实用技术：防治苹果褐斑病，可用50%可湿性粉剂250～500mg/kg喷雾。防治苹果斑点落叶病，可用25%可湿性粉剂333～500mg/kg喷雾，或用70%可湿性粉剂467～700mg/kg喷雾。

20. 丁香·戊唑醇

（1）有效成分：丁香菌酯+戊唑醇。

（2）产品剂型：40%悬浮剂（30%戊唑醇+10%丁香菌酯）。

（3）实用技术：主要用于防治霜霉病及疫病。在葡萄落花后喷施，可预防霜霉病、炭疽病、白粉病、白腐病、褐斑病、黑腐病、黑痘病等。

21. 克菌·戊唑醇

（1）有效成分：克菌丹+戊唑醇。

（2）产品剂型：乐谱道40%悬浮剂（戊唑醇8%+克菌丹32%）。

（3）实用技术：

1）防治葡萄白腐病、霜霉病、炭疽病，可于花前1～2d或

80%花落后用乐谱道1 500倍液喷雾，在封穗前或套袋前、成熟期用乐谱道1 000倍液喷雾。

2）防治苹果轮纹病，葡萄霜霉病、炭疽病、白腐病，可用40%悬浮剂267~400mg/kg喷雾。

3）防治苹果赤星病及轮纹病，可于苹果谢花后用乐谱道1 000倍液。

22. 己唑·腐霉利

（1）有效成分：己唑醇+腐霉利。

（2）产品剂型：16%悬浮剂（腐霉利14%+己唑醇2%）。

（3）实用技术：防治灰霉病，可用制剂160~200mg/kg喷雾。

23. 己唑·嘧菌酯

（1）有效成分：己唑醇+嘧菌酯。

（2）产品剂型：30%悬浮剂，24%悬浮剂（己唑醇16%+嘧菌酯8%），35%悬浮剂。

（3）实用技术：防治葡萄白粉病，可用30%悬浮剂50~75mg/kg喷雾。

24. 咪鲜·己唑醇

（1）有效成分：咪鲜胺锰盐+己唑醇。

（2）产品剂型：20%可湿性粉剂（己唑醇1.5%+咪鲜胺锰盐18.5%），28%微乳剂（己唑醇8%+咪鲜胺20%），28%悬浮剂（己唑醇8%+咪鲜胺20%），25%微乳剂。

（3）实用技术：防治纹枯病，可用20%可湿性粉剂60~120g/hm^{2}喷雾。防治蔷薇科花卉白粉病，可用28%微乳剂280~560mg/kg喷雾，或用28%悬浮剂140~280mg/kg喷雾。

25. 井冈·己唑醇

（1）有效成分：井冈霉素+己唑醇。

（2）产品剂型：11%悬浮剂（井冈霉素8.5%+己唑醇

2.5%)，11%可湿性粉剂（井冈霉素 8.5%+己唑醇 2.5%），3.5%微乳剂（井冈霉素 2.3%+己唑醇 1.2%）。

（3）实用技术：防治纹枯病，可用 11%悬浮剂按 50~60g/hm² 喷雾。

26. 丙森·己唑醇

（1）有效成分：丙森锌+己唑醇。

（2）产品剂型：60%水分散粒剂（丙森锌 56%+己唑醇 4%），45%水分散粒剂。

（3）实用技术：防治苹果褐斑病，可用 60%水分散粒剂 343~400mg/kg 喷雾。防治苹果斑点落叶病，可用 45%水分散粒剂 225~300mg/kg 喷雾。

27. 井·己唑·烯唑醇

（1）有效成分：井冈霉素+烯唑醇。

（2）产品剂型：新克菌利 20%井·己唑·烯唑醇可溶性粉剂（10%井冈霉素+6%己唑醇+4%烯唑醇）。

（3）实用技术：防治各种作物白粉病、炭疽病、叶斑病、黑星病、黑腐病、斑点病等，可按 1 500~2 000 倍液喷雾。

28. 噻呋·己唑醇

（1）有效成分：噻呋酰胺+己唑醇。

（2）产品剂型：15%悬浮剂（己唑醇 5%+噻呋酰胺 10%），20%、27.8%、50%悬浮剂。

（3）实用技术：防治棕榈类植物纹枯病，可用 15%悬浮剂 54~72g/hm² 喷雾，或用 20%悬浮剂 90~120g/hm² 喷雾。

29. 己唑·稻瘟灵

（1）有效成分：己唑醇+稻瘟灵。

（2）产品剂型：30%乳油（稻瘟灵 27%+己唑醇 3%），33%微乳剂（稻瘟灵 30%、己唑醇 3%）。

（3）实用技术：防治多种作物纹枯病可用 30%乳油按 270~

360g/hm² 喷雾。

30. 己唑·醚菌酯

（1）有效成分：己唑醇+醚菌酯。

（2）产品剂型：30%悬浮剂（己唑醇 5%+醚菌酯 25%），35%悬浮剂（己唑醇 10%+醚菌酯 25%）。

（3）实用技术：防治苹果斑点落叶病，可用35%悬浮剂按 70~120mg/kg 喷雾。防治瓜类白粉病，可用 30%悬浮剂 30~60g/hm² 喷雾。

五、含三唑类的其他混合杀菌剂

1. 腈菌·锰锌

（1）有效成分：腈菌唑+代森锰锌。

（2）产品剂型：25%、32%、40%、46.5%、47%、52.5%、50%、60%、62.25%、62.5%可湿性粉剂。

（3）实用技术：防治梨黑星病，防治瓜类白粉病，可于发病初期用 62.25%可湿性粉剂 600 倍液喷雾，或 60%可湿性粉剂 1 000 倍液，间隔 10d 喷 1 次，连喷 2~3 次。防治苹果斑点落叶病，可用 32%可湿性粉剂 160~320mg/kg 喷雾。

2. 腈菌·咪鲜

（1）有效成分：腈菌唑+咪鲜胺。

（2）产品剂型：12.5%腈菌咪鲜乳油（得清），12.5%咪鲜腈菌乳油（施脱富），25%乳油，15%乳油，10%热雾剂。

（3）实用技术：防治芭蕉叶斑病可喷洒得清 600~800 倍液，或 25%乳油 200~250mg/kg，或 15%乳油 600~900 倍液。防治林木炭疽病，可用 10%热雾剂 150~180g/hm² 用热雾机喷雾。

3. 金乙嘧·腈菌唑

（1）有效成分：乙嘧酚磺酸酯+腈菌唑。

（2）产品剂型：80%可湿性粉剂。

（3）实用技术：防治花卉、观赏瓜类、禾本科类、豆类等植物白粉病，可于发病初期喷 80%可湿性粉剂 2 000~2 500 倍液。10~20d 喷 1 次，共喷 3~4 次。

4. 福·腈菌

（1）有效成分：腈菌唑+福美双。

（2）产品剂型：20%可湿性粉剂，40%可湿性粉剂。

（3）实用技术：防治瓜类白粉病，每亩用 20%可湿性粉剂 30~40g 或 40%可湿性粉剂 360~480g/hm^2 喷雾。防治瓜类黑星病，每亩用 20%可湿性粉剂 40~130g 或每亩用 62.25%可湿性粉剂 100~150g 喷雾。

5. 丙森·腈菌唑

（1）有效成分：丙森锌+腈菌唑。

（2）产品剂型：45%可湿性粉剂（丙森锌 40%+腈菌唑 5%）。

（3）实用技术：防治苹果树斑点落叶病，可用 45%可湿性粉剂 225~450mg/kg 喷雾。

6. 氟硅唑·咪鲜胺

（1）有效成分：氟硅唑+咪鲜胺。

（2）产品剂型：25%氟硅唑咪鲜胺可溶性液剂（氟硅唑 5%、咪鲜胺 20%），20%水乳剂（4%氟硅唑+16%咪鲜胺），30%水乳剂（氟硅唑 6%+咪鲜胺 24%）。

（3）实用技术：防治苹果树炭疽病，可用 20%水乳剂 125~170mg/kg 喷雾。防治香蕉叶斑病、大白菜黑斑病，可用 25%氟硅唑咪鲜胺可溶性液剂稀释 1 000~1 500 倍液。防治瓜类靶斑病，可在发现病情时用 20%硅唑·咪鲜胺水乳剂 1 000~1 200 倍液喷施；防治瓜类炭疽病可用 20%硅唑·咪鲜胺水乳剂 120~200g/hm^2 喷雾。防治葡萄等炭疽病，可用 30%水乳剂或 20%水乳剂 150~

200mg/kg 喷雾。

7. 噁酮·氟硅唑

（1）有效成分：噁唑菌酮+氟硅唑。

（2）产品剂型：206.7g/L 乳油（噁唑菌酮 100g/L+氟硅唑 106.7g/L）。

（3）实用技术：防治苹果轮纹病，可用 206.7g/L 乳油按 2 000~3 000 倍液喷雾。防治枣树锈病可用 206.7g/L 乳油按 80~100mg/kg 喷雾。防治香蕉叶斑病可用 206.7g/L 乳油 138~207mg/kg 喷雾。

8. 锰锌·氟硅唑

（1）有效成分：氟硅唑+代森锰锌。

（2）产品剂型：50%可湿性粉剂（10%氟硅唑+40%代森锰锌）。

（3）实用技术：防治梨树黑星病，可用 50%可湿性粉剂 170~250mg/kg 喷雾。

9. 氨基·氟硅唑

（1）有效成分：氨基寡糖素+氟硅唑。

（2）产品剂型：15%微乳剂（氨基寡糖素 5%+氟硅唑 10%）。

（3）实用技术：防治梨树及香蕉树黑星病，可用 15%微乳剂 115~150mg/kg 喷雾。

10. 丙环·嘧菌酯

（1）有效成分：丙环唑+嘧菌酯。

（2）产品剂型：32%悬浮剂，18.7%悬乳剂（11.7%丙环唑+7%嘧菌酯），25%悬浮剂（丙环唑 15%+嘧菌酯 10%），40%悬浮剂（丙环唑 24%+嘧菌酯 16%），28%悬浮剂（10.5%丙环唑+17.5%嘧菌酯）。

（3）实用技术：防治叶斑病类，可用 18.7%悬乳剂 160~

267mg/kg 喷雾，或用 40%悬浮剂 200~400mg/kg 喷雾。防治草坪褐斑病，可用 25%悬浮剂按 562.5~750g/hm^2 喷雾。防治棕榈类作物纹枯病可用 32%悬浮剂 120~216g/hm^2 喷雾。

11. 三环·丙环唑

（1）有效成分：丙环唑+三环唑。

（2）产品剂型：525g/L 悬乳剂（125g/L 丙环唑、400g/L 三环唑）。

（3）实用技术：防治棕榈纹枯病，可用该制剂 315~393.75g/L 对水喷雾。

12. 三环·杀虫单

（1）有效成分：三环唑+杀虫单。

（2）产品剂型：50%可湿性粉剂（三环唑 17%+杀虫单 33%）。

（3）实用技术：防治棕榈叶斑病，可用该制剂 750~937.5g/hm^2 喷雾。

13. 三环·氟环唑

（1）有效成分：三环唑+氟环唑。

（2）产品剂型：30%悬浮剂（三环唑 25%+氟环唑 5%）。

（3）实用技术：防治棕榈叶斑病，可用 30%悬浮剂 270~405g/hm^2 喷雾。

14. 春雷·三环唑

（1）有效成分：春雷霉素+三环唑。

（2）产品剂型：10%可湿性粉剂（1%春雷霉素+9%三环唑），13%可湿性粉剂（3%春雷霉素+10%三环唑），22%可湿性粉剂（2%春雷霉素+20%三环唑）。

（3）实用技术：防治棕榈类病害，可用 13%可湿性粉剂 156~300g/hm^2 或用 10%可湿性粉剂 150~200g/hm^2 对水喷雾。

15. 咪鲜·三环唑

（1）有效成分：咪鲜胺+三环唑。

（2）产品剂型：20%可湿性粉剂（5%咪鲜胺+15%三环唑），40%可湿性粉剂（10%咪鲜胺+30%三环唑）。

（3）实用技术：防治棕榈类病害，可用20%可湿性粉剂150~270g/hm² 对水喷雾，或用40%可湿性粉剂180~270g/hm² 喷雾。

16. 咪锰·三环唑

（1）有效成分：咪鲜胺锰盐+三环唑。

（2）产品剂型：28%可湿性粉剂（咪鲜胺锰盐14%、三环唑14%）。

（3）实用技术：防治温室花卉炭疽病，可用28%可湿性粉剂按210~262.8g/hm² 喷雾。

17. 异稻·三环唑

（1）有效成分：三环唑+异稻瘟净。

（2）产品剂型：20%可湿性粉剂（三环唑5%、异稻瘟净15%）。

（3）实用技术：防治棕榈纹枯病，可用制剂285~435g/hm² 喷雾。

18. 硫黄·三环唑

（1）有效成分：硫黄+三环唑。

（2）产品剂型：20%可湿性粉剂（硫黄10%+三环唑10%），60%（硫黄30%+三环唑30%）、45%（40%硫黄+5%三环唑）可湿性粉剂。

（3）实用技术：防治棕榈纹枯病，可用20%可湿性粉剂按300~450g/hm² 喷雾。

19. 井·烯·三环唑

（1）有效成分：井冈霉素+三环唑+烯唑醇。

（2）产品剂型：20%可湿性粉剂（井冈霉素5%、三环唑

14%、烯唑醇1%），20%井·烯·三环唑可湿性粉剂（恒清）。

（3）实用技术：防治纹枯病，可用制剂225~270g/hm^2 喷雾。防治棕榈叶斑病及纹枯病，可用恒清225~270g/hm^2 喷雾。

20. 井·三环

（1）有效成分：井冈霉素+三环唑。

（2）产品剂型：病除康20%井·三环可湿性粉剂（10%井冈霉素+10%三环唑）。

（3）实用技术：防治棕榈叶斑病、条纹纹枯病、细菌性条斑病、叶枯病等，可用病除康1 000~1 500倍稀释液喷雾。

21. 福·唑醇

（1）有效成分：三唑醇福美双。

（2）产品剂型：40%福唑醇可湿性粉剂。

（3）实用技术：防治叶斑病，每亩用40%福唑醇可湿性粉剂50~70g对水常规喷雾。

22. 烯肟菌酯·氟环唑

（1）有效成分：烯肟菌酯+氟环唑。

（2）产品剂型：18%悬浮剂。

（3）实用技术：防治苹果斑点落叶病可用900~1 800倍液喷雾。

23. 醚菌·氟环唑

（1）有效成分：氟环唑+醚菌酯。

（2）产品剂型：23%悬浮剂（氟环唑11.5%、醚菌酯11.5%），40%悬浮剂（氟环唑15%、醚菌酯25%），50%水分散粒剂（氟环唑30%、醚菌酯20%），75%水分散粒剂（氟环唑25%、醚菌酯50%）。

（3）实用技术：防治苹果树斑点落叶病，可用50%水分散粒剂100~142.9mg/kg喷雾，或用150~187.5mg/kg喷雾。防治棕榈类植物纹枯病，可用23%悬浮剂112.5~187.5g/hm^2 喷雾，

或用40%悬浮剂200~400mg/kg喷雾。

24. 氟菌·氟环唑

（1）有效成分：氟环唑+氟唑菌酰胺。

（2）产品剂型：12%乳油（氟环唑6%、氟唑菌酰胺6%）。

（3）实用技术：防治香蕉叶斑病，可用12%乳油125~250mg/kg喷雾。对禾本科作物纹枯病，可用12%乳油72~108g/hm^{2}喷雾。

25. 氟环·稻瘟灵

（1）有效成分：稻瘟灵+氟环唑。

（2）产品剂型：40%悬浮剂（稻瘟灵36%、氟环唑4%）。

（3）实用技术：防治棕榈类植物纹枯病，可用40%悬浮剂按240~480g/hm^{2}喷雾。

26. 氟环·嘧菌酯

（1）有效成分：氟环唑+嘧菌酯。

（2）产品剂型：32%悬浮剂（氟环唑12%、嘧菌酯20%），35%悬浮剂（氟环唑12%、嘧菌酯20%），45%悬浮剂（氟环唑15%、嘧菌酯30%）。

（3）实用技术：防治香蕉叶斑病，可用32%悬浮剂213~320mg/kg喷雾，或用35%悬浮剂175~233.3mg/kg喷雾，或用45%悬浮剂150~225mg/kg喷雾。

第二十二章　含苯基酰胺类的混合杀菌剂

一、含甲霜灵类混合杀菌剂

1. 甲霜·锰锌

（1）有效成分：甲霜灵+代森锰锌。

（2）产品剂型：58%、60%、70%、72%可湿性粉剂，53%精甲霜·锰锌水分散粒剂，53%金雷多米尔锰锌，68%精甲霜·锰锌水分散粒剂。

（3）实用技术：

1）防治百合疫病、枸杞炭疽病，可于发病初期喷58%可湿性粉剂500倍液。防治红花幼苗猝倒病等，用58%可湿性粉剂700~800倍液喷雾。防治龙血树疫病，可于发病初期及时喷洒58%甲霜灵·锰锌可湿性粉剂600倍液。

2）防治大花君子兰疫病，可于发病初期及时喷洒58%甲霜灵·锰锌可湿性粉剂700倍液。防治白鹤芋疫病，可在大雨来前或雨后及时喷洒58%甲霜灵·锰锌可湿性粉剂600倍液，每10d喷1次，共2~3次。防治兰花圆斑病，可于发病初期喷洒58%瑞毒霉·锰锌可湿性粉剂600倍液，每10d喷1次，共喷3~4次。

3）防治观赏烟草黑胫病，在发病前用58%可湿性粉剂100~1 560g对水50~60kg，喷洒烟株基部，10~15d后，再喷1次。防治观赏烟草根腐病，用58%可湿性粉剂500~600倍液灌根。

4）防治葡萄霜霉病，从发病初期开始喷58%可湿性粉剂400~600倍液或72%可湿性粉剂600~700倍液，每10~15d喷1次。防治紫甘蓝等霜霉病，可于发病初每亩用58%可湿性粉剂100~150g，对水50~75kg喷雾，间隔7~14d喷1次，连喷2~4次。在定植前若发现有病叶，应先喷药后移栽。

2. 甲霜·咪鲜

（1）有效成分：甲霜灵+咪鲜胺。

（2）产品剂型：3.5%甲霜·咪鲜粉剂。

（3）实用技术：防治立枯病，每100kg种子用粉剂1~1.25kg拌种。

3. 甲霜·霜霉

（1）有效成分：甲霜灵+霜霉威。

（2）产品剂型：25%甲霜·霜霉可湿性粉剂。

（3）实用技术：防治瓜类霜霉病，每亩用25%可湿性粉剂125~188g，对水常规喷雾。防治观赏烟草黑胫病，每亩用25%可湿性粉剂80~100g，对水灌根。

4. 甲霜·王铜

（1）有效成分：甲霜灵+王铜。

（2）产品剂型：50%甲霜王铜可湿性粉剂（15%甲霜灵+35%王铜）。

（3）实用技术：防治瓜类霜霉病，每亩用制剂100~125g，对水常规喷雾。

5. 甲霜·霜脲氰

（1）有效成分：甲霜灵+霜脲氰。

（2）产品剂型：25%可湿性粉剂（甲霜灵12.5%+霜脲氰

12.5%）。

（3）实用技术：防治观赏椒疫病，可用25%可湿性粉剂400~600mg/kg灌根。

6. 甲霜·种菌唑

（1）有效成分：甲霜灵+种菌唑。

（2）产品剂型：4.23%微乳剂（1.88%甲霜灵+2.35%种菌唑）。

（3）实用技术：防治观赏棉立枯病，每100kg种子可用13.5~18g拌种。

7. 甲霜·嘧菌酯

（1）有效成分：甲霜灵+嘧菌酯。

（2）产品剂型：30%悬浮剂（甲霜灵25%+嘧菌酯5%）。

（3）实用技术：防治多种作物晚疫病，可用30%悬浮剂按340~450g/hm^{2}喷雾。

8. 精甲·嘧菌酯

（1）有效成分：精甲霜灵+嘧菌酯。

（2）产品剂型：39%悬乳剂（精甲霜灵10.6%+嘧菌酯28.4%或精甲霜灵10.8%+嘧菌酯28.2%）。

（3）实用技术：防治玫瑰霜霉病，可用39%悬乳剂170~351g/hm^{2}喷雾。防治草坪腐霉枯萎病，可用39%悬乳剂290~585g/hm^{2}喷雾。防治观赏玫瑰霜霉病，可用39%悬乳剂170~350g/hm^{2}喷雾。

9. 精甲·噁霉灵

（1）有效成分：噁霉灵+精甲霜灵。

（2）产品剂型：30%水剂（噁霉灵25%+精甲霜灵5%）。

（3）实用技术：防治草坪枯萎病，可用30%水剂按65~80g/hm^{2}喷雾。

10. 甲霜·乙膦铝

（1）有效成分：甲霜灵+三乙膦酸铝。

（2）产品剂型：50%可湿性粉剂（甲霜灵12.5%、三乙膦酸铝37.5%）。

（3）实用技术：防治葡萄霜霉病，可用50%可湿性粉剂按750~1 000倍液喷雾。

11. 福·甲霜

（1）有效成分：甲霜灵+福美双。

（2）产品剂型：0.6%、0.8%、1%、3%、3.3%、7%粉剂，35%、38%、40%、42%、43%、50%、70%可湿性粉剂，0.75%微粒剂。

（3）实用技术：

1）防治观赏椒立枯病，用3.3%粉剂24~26g/m^2，毒土撒施。

2）防治瓜类霜霉病，于发病初期开始，每亩用35%可湿性粉剂250~300g或每亩用70%可湿性粉剂125~150g对水常规喷雾，间隔7~10d喷1次。

3）防治观赏棉苗期立枯病，每亩用50%可湿性粉剂80~120g对水常规喷雾。

4）防治立枯病兼治青枯病，可按每100kg种子用38%可湿性粉剂300~360g或40%可湿性粉剂350~450g拌种；苗床消毒，每平方米用药0.7~1g；幼苗期可用35%可湿性粉剂800~1 000倍液喷雾。

12. 噁·甲

（1）有效成分：噁霉灵+甲霜灵。

（2）产品剂型：3.2%水剂（育苗灵、天威5号），3%水剂（灭枯灵、土菌杀），30%、35%、45%水剂（妙回田，3%甲霜灵、噁霉灵），50%油剂（天威五号），45%可湿性粉剂。

（3）实用技术：

1）防治腐霉菌或疫霉菌侵染引起的根腐病，可喷洒3%噁甲水剂300倍液。

2）防治多种作物病害，苗床处理：可用妙回田500倍液直接喷洒于准备育苗的苗床上。苗期处理：可于苗期一叶一针期以妙回田1 000倍喷雾1~2次。

3）防治报春花畸雌腐霉根腐病，可用3.2%噁甲水剂300倍液喷洒。

4）防治观赏茄、观赏椒猝倒病，在苗期发病应立即喷3.2%水剂300倍液，每7~10d喷1次。防治瓜类立枯病、镰刀菌枯萎病，可于发病初喷淋3.2%水剂300倍液，每平方米喷药2~3kg，或用3.2%水剂400~600倍液灌根，每10d灌1次。防治瓜类枯萎病，发现零星病株时用3.2%水剂600倍液灌根，每株灌药400~500mL。防治观赏烟草立枯病和猝倒病，发病初喷3%或3.2%水剂300倍液，间隔7~10d喷1次。

5）对观赏棉、观赏烟草、花卉、蔬菜、林业苗木等的苗床，在播种前，用30%水剂2 000~3 000倍喷洒苗床土壤，可预防苗期猝倒病、立枯病、枯萎病、根腐病、茎腐病等多种病害的发生。幼苗定植时或秧苗生长期，用2 000~3 000倍喷洒根部，如果灌根，每株100~150g，间隔7d再喷1次，可预防根腐病、枯萎病。

13. 百·甲霜

（1）有效成分：甲霜灵+百菌清。

（2）产品剂型：60%、72%、81%可湿性粉剂，44%菲格（精甲8226；百菌清）悬浮剂，12.5%烟剂。

（3）实用技术：防治瓜类霜霉病，每亩用有效成分75~100g，对水常规喷雾。用于保护地瓜类霜霉病和观赏番茄晚疫病，每亩用烟剂340~400g，点燃放烟。沟施用44%菲格150mL/hm^2。

苗后茎叶喷雾预防晚疫病等，用44%菲格750~1 000mL/hm²，或800倍液，发病初期用44%菲格1 000~1 200 mL/hm²，或600倍液，晚疫病普遍发生时，用4%菲格1 200~1 350mL/hm²，或500倍液。

14. 琥铜·甲霜

（1）有效成分：甲霜灵+琥胶肥酸铜。

（2）产品剂型：50%可湿性粉剂（10%甲霜灵，40%琥胶肥酸铜），40%可湿性粉剂（10%甲霜灵，30%琥胶肥酸铜）。

（3）实用技术：

1）对疫霉病、霜霉病、腐霉病等病害有良好效果，对细菌病害以及白粉病、黄萎病、早疫病也有一定防效。每公顷用50%瑞毒铜2 250~3 000g，加水叶面喷雾，一般2~4次，对葡萄霜霉病在发病初期，可用50%瑞毒铜500倍药液喷洒，10~15d后再喷第2次。防治炭疽病，在发病初期用50%瑞毒铜500~600倍液喷雾，每隔10d喷1次，连喷2~3次。

2）防治龙血树疫病可用50%甲霜铜可湿性粉剂500倍液及时喷洒。防治香石竹疫病可于发病初期及时喷洒50%甲霜铜可湿性粉剂600倍液，并灌根。防治郁金香白色疫病可用50%甲霜铜可湿性粉剂600倍液灌根。

3）防治柑橘溃疡病，于发病初期喷50%可湿性粉剂600倍液，间隔7~15d喷1次，连喷2~3次。

4）防治瓜类霜霉病和细菌性角斑病，观赏番茄早疫病和晚疫病，马铃薯晚疫病，观赏椒疫病和疮痂病，白菜和莴苣霜霉病等，于病害初发时开始施药，每亩用50%可湿性粉剂150~200g，对水常规喷雾，间隔5~7d喷1次，共喷2~3次。

5）防治观赏烟草黑胫病，在烟株培土后发病前，用40%可湿性粉剂600倍液，向茎部及其土表喷淋。

15. 烯酰·甲霜灵

（1）有效成分：甲霜灵+烯酰吗啉。

（2）产品剂型：30%水分散粒剂（甲霜灵8%、烯酰吗啉22%）。

（3）实用技术：防治葡萄霜霉病，可用30%水分散粒剂300～450g/hm^{2}喷雾。

16. 波·甲霜

（1）有效成分：波尔多液+甲霜灵。

（2）产品剂型：80%、85%波甲霜可湿性粉剂。

（3）实用技术：防治葡萄霜霉病，用80%可湿性粉剂按400～800倍液喷雾。防治瓜类霜霉病，每亩用80%可湿性粉剂70～100g对水常规喷雾，或用85%可湿性粉剂按900～1 275g/hm^{2}喷雾。

17. 代锌·甲霜

（1）有效成分：甲霜灵+代森锌。

（2）产品剂型：47%代锌·甲霜可湿性粉剂。

（3）实用技术：防治瓜类霜霉病，用400～500倍液喷雾。

18. 敌磺·福·甲霜

（1）有效成分：甲霜灵+敌磺钠+福美双。

（2）产品剂型：40%可湿性粉剂。

（3）实用技术：用苗床消毒法防治立枯病，可于播种前用0.4～0.5g/m^{2}对水喷洒苗床。

19. 丙烯酸·噁霉·甲霜

（1）有效成分：甲霜灵+噁霉灵+丙烯酸。

（2）产品剂型：5%丙烯酸·噁霉·甲霜水剂。

（3）实用技术：防治棕榈叶斑病，每亩用制剂100～150g对水常规喷雾。

20. 福·甲霜·锰锌

（1）有效成分：甲霜灵+福美双+代森锰锌。

（2）产品剂型：40%福·甲霜·锰锌可湿性粉剂。

（3）实用技术：防治观赏椒疫病，每亩用该药 85~125g 对水常规喷雾，间隔 7~10d 喷 1 次，连喷 2~3 次；也可结合用 1 000倍液灌根，每株灌药 300mL。

21. 代锌·甲霜·乙铝

（1）有效成分：甲霜灵+代森锌+三乙膦酸铝。

（2）产品剂型：76%代锌·甲霜·乙铝可湿性粉剂。

（3）实用技术：防治瓜类霜霉病，每亩用该药 94~125g 对水常规喷雾。

22. 琥铜·甲霜·乙铝

（1）有效成分：甲霜灵+琥胶肥酸铜+三乙膦铝。

（2）产品剂型：40%、50%、60%、70%可湿性粉剂。

（3）实用技术：

1）防治月季霜霉病，可于发病初期喷洒 70%甲霜铝铜可湿性粉剂 250 倍液，每隔 5~7d 喷 1 次，共喷 3~4 次。

2）防治葡萄霜霉病，用 60%可湿性粉剂 500~600 倍液喷雾。

3）防治瓜类细菌性角斑病，每亩用 40%可湿性粉剂 40~60g 对水常规喷雾。

4）防治瓜类霜霉病，于病害发生时，每亩用 60%可湿性粉剂 125~170g 或每亩 50%可湿性粉剂 150~200g 对水 50~75kg 喷雾，间隔 7~10d 喷 1 次，连喷 3~4 次。

23. 稻瘟·福·甲霜

（1）有效成分：稻瘟净+福美双+甲霜灵。

（2）产品剂型：50%立枯净可湿性粉剂（稻瘟净 4%+福美双 32%+甲霜灵 14%）。

（3）实用技术：

1）苗期病害发作期，$1m^2$ 苗床用 1.0～1.2g，对水 1.5～3.0kg 稀释后浇灌，对多种作物的苗期病害均有特效。

2）防治立枯病结合补水，每亩秧床用 50%立枯净 50～75g 加水均匀喷洒于床面。隔 5～7d 再用药 1 次。

3）防治花卉幼苗期可喷施 50%立枯净粉剂 900 倍液。防治仙客来立枯病，发病初期可用 50%立枯净 1 000 倍液喷施或灌根。防治菊花茎腐病、鸡冠花立枯病，发病初期喷施 50%立枯净可湿性粉剂 900 倍液。防治鹤望兰根腐病发病，初期喷洒或喷灌 50%立枯净可湿性粉剂 800 倍液，也可把上述药剂配成药土，撒在茎基部。

4）防治大花君子兰烂根、兰花烂根、绿巨人苞叶芋褐腐病、天竺葵基腐病，可于发病初期喷淋 50%立枯净可湿性粉剂 800～900 倍液。防治朱顶红镰刀菌枯萎病，可用 50%立枯净可湿性粉剂 900 倍液淋浇。防治扶桑根茎腐病、茉莉花根茎腐病、栀子花丝核菌叶斑病、栀子花根腐病，可在上盆后及时喷洒 50%立枯净可湿性粉剂 900 倍液。

5）防治金边瑞香镰刀菌枯萎病，疫霉菌引起的金边瑞香基腐病，可于成苗出现蔫时浇灌 50%立枯净可湿性粉剂 900 倍液。防治含笑基腐病、九里香根腐病、夏威夷椰子丛赤壳根腐病，可在更换盆土后喷淋 50%立枯净可湿性粉剂 800 倍液。防治鳞秕泽米根颈腐病、红花幼苗猝倒病，可于发病初期淋浇 50%立枯净可湿性粉剂 800 倍液。

6）防治由镰刀菌引起的沤根，可选用 50%立枯净可湿性粉剂 800 倍液。防治百合疫病、枸杞炭疽病，可于发病初期喷 58%可湿性粉剂 500 倍液。

7）防治苹果树紫纹羽病、白绢病，可用 50%立枯净可湿性粉剂 900 倍液。防治苹果圆斑根腐病，刮除病斑后用 50%立枯净

可湿性粉剂300倍液在伤口处涂抹。防治葡萄霜霉病，从发病初期开始喷58%可湿性粉剂400~600倍液或72%可湿性粉剂600~700倍液，10~15d喷1次。

8）防治紫甘蓝，可于发病初期每亩用58%可湿性粉剂100~150g对水50~75kg喷雾，间隔7~14d喷1次，连喷2~4次。

二、含苯基酰胺类的其他混合杀菌剂

1. 噁霜锰锌

（1）有效成分：噁霜锰锌+噁霜灵。

（2）产品剂型：64%（噁霜灵8%+代森锰锌56%）、72%可湿性粉剂。

（3）实用技术：

1）防治观赏烟草黑胫病，瓜类霜霉病、疫病，观赏茄绵疫病，观赏椒疫病，马铃薯早疫病、晚疫病，葡萄霜霉病、褐斑病、黑腐病等，可用64%可湿性粉剂500倍液在发病前或发病初期喷雾，间隔10~12d喷1次，连喷2~3次。

2）防治茄褐腐病、花叶凤梨焦腐病、兰花疫病，可用64%可湿性粉剂500倍液喷雾。防治芍药褐斑病，可用64%可湿性粉剂500~600倍液。防治大花君子兰疫病，可用64%可湿性粉剂600倍液于发病初期喷洒。

3）防治术苏铁叶斑病、兰花圆斑病、龙血树圆斑病及疫病，可于发病初喷洒64%可湿性粉剂500倍液，每10d喷1次，共喷3~4次。

4）防治鹅掌柴褐斑病，可于发病初期喷洒64%可湿性粉剂400倍液，每10d喷1次，共喷2~4次。

5）防治葡萄霜霉病、黑腐病，瓜类的蔓枯病、枯萎病、疫病、霜霉病及幼苗猝倒病、根腐病、褐斑病等真菌性病害，可在

发病初期使用400~500倍液喷雾，也可用1∶50倍药液涂茎。防治疫病，则用400倍液在病发初期喷雾，隔7~10d喷1次，共喷2~3次。

6）防治瓜类霜霉病、疫病，观赏番茄晚疫病、早疫病，观赏烟草黑胫病、猝倒病，白菜霜霉病、白斑病，观赏椒疫病，观赏茄绵疫病等，每亩用64%可湿性粉剂20~25g加水60kg喷雾，连喷2~3次。

7）防治草坪草腐霉枯萎病，用64%可湿性粉剂400~1 200倍液，兼治多种叶斑病。

8）防治莲藕褐斑病，在发病初期，用64%可湿性粉剂500倍液喷雾，间隔12d喷1次，连喷2~3次。

9）防治苹果炭疽病，于发病前喷64%可湿性粉剂400倍液。

10）防治百合疫病、枸杞炭疽病和灰斑病、肉桂叶枯病、红花猝倒病等，可于发病初喷64%可湿性粉剂500~600倍液，每10d喷1次。防治向日葵霜霉病，100kg种子用64%可湿性粉剂320g拌种。

2. 噁霜·菌丹

（1）有效成分：噁霜灵+灭菌丹。

（2）产品剂型：80%可湿性粉剂。

（3）实用技术：

1）防治柑橘脚腐病，先将病疤刮除，用80%可湿性粉剂200倍液涂抹病疤。

2）防治瓜类霜霉病、马铃薯早疫病和晚疫病等，可用80%可湿性粉剂400~500倍液喷雾。

3. 噁霜嘧铜菌酯

（1）有效成分：噁霜灵+嘧铜菌酯。

（2）产品剂型：30%噁霜灵+8%嘧铜菌酯可湿性粉剂。

（3）实用技术：叶面喷施稀释1 200~1 500倍，灌根稀释

600～800倍，浸种或拌种稀释1 500倍。

4. 苯霜·锰锌

（1）有效成分：苯霜灵+代森锰锌。

（2）产品剂型：72%苯霜锰锌可湿性粉剂。

（3）实用技术：防治瓜类霜霉病，每亩用72%可湿性粉剂100～167g对水常规喷雾。

5. 福·萎

（1）有效成分：萎锈灵+福美双。

（2）产品剂型：40%悬浮剂，75%可湿性粉剂。

（3）实用技术：

1）防治禾本科黑穗病，每100kg种子用75%可湿性粉剂240～280g或40%悬浮剂280～330g拌种。

2）防治观赏棉立枯病，每100kg种子用40%悬浮剂400～500g拌种。

6. 拌种·双

（1）有效成分：拌种灵+福美双。

（2）产品剂型：40%可湿性粉剂（20%拌种灵，20%福美双）。

（3）实用技术：

1）防治立枯病与猝倒病，可用40%可湿性粉剂按干种子重量的0.1%～0.8%拌种，或用160倍液浸种。

2）防治丝兰白绢病，可用40%可湿性粉剂加细沙配成1∶200倍药土，每穴100～150g，隔10～15d喷1次。

3）防治桃炭疽病，在晚熟品种上，于7月下旬至8月上旬可用40%可湿性粉剂500倍液喷雾。

4）防治山楂苗立枯病，100kg种子用40%可湿性粉剂1kg拌种。

5）防治立枯病与猝倒病，1m^2用40%可湿性粉剂8～10g与

4~5kg 细土混拌均匀，先取 1/3 施于畦面，将剩余的 2/3 药土覆于种子上面。

7. 拌·锰锌

（1）有效成分：拌种灵+代森锰锌。

（2）产品剂型：20%拌锰锌可湿性粉剂。

（3）实用技术：防治观赏椒疮痂病、炭疽病，每亩用 20%拌锰锌可湿性粉剂 100~150g 对水常规喷雾。

第二十三章　含乙霉威、霜霉威、霜脲腈的混合杀菌剂

一、含乙霉威的混合杀菌剂

1. 福·霉威

（1）有效成分：福美双+乙霉威。

（2）产品剂型：35%、40%、50%、52%可湿性粉剂。

（3）实用技术：

1）防治观赏番茄灰霉病，每亩用35%可湿性粉剂125~150g或每亩用40%可湿性粉剂50~60g对水常规喷雾。

2）防治瓜类灰霉病，每亩用52%可湿性粉剂26~37g，对水常规喷雾。防治瓜类炭疽病，每亩用50%可湿性粉剂80~120g对水常规喷雾。

2. 百·霉威

（1）有效成分：乙霉素威+百菌清。

（2）产品剂型：20%、28%、30%可湿性粉剂。

（3）实用技术：防治观赏番茄灰霉病，在发病初期，每亩用有效成分35~55g对水50~60kg喷雾，间隔7~10d喷1次，共喷2~3次。

3. 霉威·霜脲

（1）有效成分：乙霉威+霜脲腈。

（2）产品剂型：10%霜脲·霉威乳油。

（3）实用技术：防治瓜类霜霉病，于发病初期开始，每亩用10%霜脲·霉威乳油85~120g对水常规喷雾，每7d喷1次。

4. 百·霉威·霜脲

（1）有效成分：乙霉威+百菌清+霜脲腈。

（2）产品剂型：40%百·霉威·霜脲可湿性粉剂。

（3）实用技术：防治瓜类灰霉病、霜霉素病，于发病初开始，每亩用40%百·霉威·霜脲可湿性粉剂100~135g对水常规喷雾，每7d喷1次。

5. 腐·霉威

（1）有效成分：乙霉威+腐霉利。

（2）产品剂型：10%腐·霉威可湿性粉剂。

（3）实用技术：防治灰霉病，于发病初开始，每亩用10%腐·霉威可湿性粉剂125~188g对水常规喷雾。

6. 福·腐·霉威

（1）有效成分：乙霉威+腐霉利+福美双。

（2）产品剂型：30%福·腐·霉威可湿性粉剂。

（3）实用技术：防治瓜类灰霉病，自始花期开始，每亩用30%福·腐·霉威可湿性粉剂65~75g对水常规喷雾，每7~10d喷1次，连喷2~3次。

7. 嘧胺·乙霉威

（1）有效成分：乙霉威+嘧霉胺。

（2）产品剂型：26%水分散粒剂（乙霉威16%+嘧霉胺10%）。

（3）实用技术：防治灰霉病，可用26%水分散粒剂按375~562.5g/hm^{2}喷雾。

二、含霜霉威的合成杀菌剂

1. 锰锌·霜霉

（1）有效成分：霜霉威+代森锰锌。

（2）产品剂型：50%锰锌·霜霉可湿性粉剂。

（3）实用技术：防治瓜类霜霉病，每亩用50%可湿性粉剂200~240g对水喷雾。

2. 霜霉·菌毒

（1）有效成分：霜霉威+菌毒清。

（2）产品剂型：20%霜霉·菌毒水剂，20%菌毒·霜霉水剂。

（3）实用技术：防治瓜类霜霉病，每亩用20%菌毒·霜霉水剂100~160mL对水喷雾。

3. 氟菌·霜霉威

（1）有效成分：氟吡菌胺+霜霉威。

（2）产品剂型：687. 5g/L头孢曲松水剂（氟吡菌胺62. 5g/L+霜霉威盐酸盐625g/L）。

（3）实用技术：防治瓜类霜霉病、疫病，可用687. 5g/L头孢曲松水剂800~1 000倍液叶面喷施。

4. 霜霉·络氨铜

（1）有效成分：络氨铜+霜霉威。

（2）产品剂型：48%水剂（23%络氨铜+25%霜霉威）。

（3）实用技术：防治观赏烟草黑胫病，可用48%水剂320~480mg/kg稀释液喷雾。

5. 霜霉·乙酸铜

（1）有效成分：霜霉威+乙酸铜。

（2）产品剂型：51%可溶液剂（霜霉威28%+乙酸铜23%）。

（3）实用技术：防治观赏烟草黑胫病，可用51%可溶液剂 270~300g/hm^2 喷淋。

6. 丁子·霜霉威

（1）有效成分：丁子香粉+霜霉威。

（2）产品剂型：72.5%丁子霜霉威水剂。

（3）实用技术：防治葡萄、蔬菜等霜霉病，可用72.5%水剂1 500~2 500倍液均匀喷雾。

7. 霜脲·霜霉威

（1）有效成分：霜霉威+霜脲氰。

（2）产品剂型：28%可湿性粉剂（霜霉威14%、霜脲氰14%）。

（3）实用技术：防治晚疫病，可用28%可湿性粉剂630~765g/hm^2 喷雾。

8. 氟菌·霜霉威

（1）有效成分：霜霉威盐酸盐+氟吡菌胺。

（2）产品剂型：687.5g/L悬浮剂（霜霉威盐酸盐625g/L、氟吡菌胺62.5g/L）。

（3）实用技术：防治瓜类霜霉病及茄类晚疫病，可用687.5g/L悬浮剂620~770g/hm^2 喷雾。

9. 霜霉·嘧菌酯

（1）有效成分：嘧菌酯+霜霉威盐酸盐。

（2）产品剂型：30%悬浮剂（嘧菌酯20%、霜霉威盐酸盐10%）。

（3）实用技术：防治茄类晚疫病，可用30%悬浮剂320~360g/hm^2 喷雾。

10. 霜霉·辛菌胺

（1）有效成分：霜霉威盐酸盐+辛菌胺醋酸盐。

（2）产品剂型：16.8%水剂（霜霉威盐酸盐1.8%、辛菌胺

醋酸盐 15%）。

（3）实用技术：防治瓜类霜霉病，可用 16.8%水剂 300~480g/hm^2 喷雾。

三、含霜脲氰的混合杀菌剂

1. 霜脲·锰锌

（1）有效成分：霜脲氰+代森锰锌。

（2）产品剂型：36%、72%可湿性粉剂（金霜克，凯克灵，8%霜脲氰，64%代森锰锌），36%悬浮剂，5%粉剂，20%烟剂，霜疫露 72%超微可湿性粉剂。

（3）实用技术：

1）防治红花猝倒病、百合疫病，可喷 72%可湿性粉剂 700~1 000 倍液。防治凤仙花、大花君子兰、兰花、非洲紫罗兰疫病，可于发病初期喷洒 72%可湿性粉剂 600 倍液。防治万寿菊茎腐病，可喷洒 72%可湿性粉剂 600~700 倍液，每 10d 喷 1 次，共喷 2~4 次。防治乳茄褐腐病、斑马姬凤梨疫病、大野芋疫病、醉蝶恋花霜霉病、扶桑疫腐病、杜鹃花疫病，可用 72%可湿性粉剂 600 倍液。

2）防治大岩桐疫病，可于雨季到来后或发病初期喷洒 72%可湿性粉剂 600 倍液。防治吊兰、紫叶草等根腐病，可于发生沤根或根腐后及时喷淋 72%可湿性粉剂 600 倍液。防治天竺葵黑胫病，可喷洒或浇灌 72%可湿性粉剂 700 倍液。

3）防治龙血树疫病，可于发病初期及时喷洒 72%可湿性粉剂 600 倍液。防治冬青卫矛根腐疫病，在有可能发病时喷淋 72%可湿性粉剂 600 倍液，隔 10d 喷 1 次，共喷 2~3 次。防治兰花、白鹤芋疫病，可于发病初期喷洒或浇灌喷洒 72%可湿性粉剂 600 倍液，每 10d 喷 1 次，共喷 2~3 次，可在大雨前或后及时喷洒或浇灌。

4）防治散尾葵芽腐病、冬青卫矛根腐疫病、倒挂金钟根腐病，可在可能发病时喷淋72%可湿性粉剂600倍液，隔10d喷1次，共喷2~3次。防治丽穗凤梨心腐病，可于发病初期喷洒72%可湿性粉剂500倍液，每10d喷1次，共喷2~3次。

5）防治由腐霉菌引起的虎刺梅根腐病或茎腐病可喷淋72%可湿性粉剂600倍液。防治由隐地疫霉引起的杜鹃花根腐病，可于发病初期喷洒72%可湿性粉剂600倍液。防治由腐霉菌引起的根腐病或茎腐病及沤根，可喷淋72%可湿性粉剂600倍液。

2. 噁唑菌酮·霜脲

（1）有效成分：噁唑菌酮+霜脲氰。

（2）产品剂型：52.5%噁唑菌酮·霜脲可湿性粉剂，52.5%水分散粒剂。

（3）实用技术：用52.5%水分散粒剂4 500~5 000倍液，间隔7~9d喷药1次，可有效地防治瓜类、葡萄等的霜霉病和疫病。在病害发生的初期，可缩短喷药间隔时间。当病情严重时，可使用52.5%水分散粒剂2 000倍液，间隔5d用药1次，连续用药3次以上。防治瓜类霜霉病，在瓜类定植后病斑尚未出现前或刚发生时，每亩用52.5%噁唑菌酮·霜脲可湿性粉剂24~35g对水常规喷雾，可5~9d喷1次。防治观赏椒疫病，每亩用52.5%噁唑菌酮·霜脲可湿性粉剂33~43g对水常规喷雾。

3. 百·霜脲

（1）有效成分：百菌清+霜脲清。

（2）产品剂型：25%、36%、44%可湿性粉剂，18%悬浮剂。

（3）实用技术：防治观赏番茄晚疫病，每亩用36%可湿性粉剂100~117g对水常规喷雾。防治瓜类霜霉病，用44%可湿性粉剂250~340g，或25%可湿性粉剂150~187g，或每亩用18%悬浮剂150~250g对水常规喷雾。

4. 波·霜脲

（1）有效成分：霜脲氰+波尔多液。

（2）产品剂型：85%波·霜脲可湿性粉剂。

（3）实用技术：防治瓜类霜霉病，每亩用85%可湿性粉剂107~150g对水常规喷雾。

5. 琥铜·霜脲

（1）有效成分：霜脲氰+琥胶肥酸铜。

（2）产品剂型：42%、50%琥铜·霜脲可湿性粉剂。

（3）实用技术：防治瓜类细菌性角斑病、霜霉素病，每亩用42%可湿性粉剂100~117g对水常规喷雾，或用50%可湿性粉剂500~700倍液喷雾。

6. 氢铜·霜脲

（1）有效成分：氢氧化铜+霜脲氰。

（2）产品剂型：23%氢铜·霜脲可湿性粉剂。

（3）实用技术：防治瓜类细菌性角斑病，每亩用23%可湿性粉剂110~150g对水常规喷雾。

7. 霜氰·烯酰吗啉

（1）有效成分：霜脲氰+烯酰吗啉。

（2）产品剂型：80%霜氰·烯酰吗啉可湿性粉剂（又名：金科克），40%悬浮剂（霜脲氰15%，烯酰吗啉25%），25%可湿性粉剂（霜脲氰5%，烯酰吗啉20%），35%悬浮剂（霜脲氰5%，烯酰吗啉30%），48%悬浮剂（霜脲氰8%，烯酰吗啉40%），70%水分散粒剂（霜脲氰20%，烯酰吗啉50%）。

（3）实用技术：防治葡萄霜霉病，可用40%悬浮剂按200~267mg/kg喷雾，或用48%悬浮剂按160~240mg/kg喷雾，或用70%水分散粒剂按210~315g/hm^2喷雾。防治瓜类霜霉病，可用25%可湿性粉剂按225~281g/hm^2喷雾。

8. 优法利

（1）有效成分：烯酰+霜脲氰+氟吡菌胺。

（2）产品剂型：78%可湿性粉剂（50%烯酰吗啉+20%霜脲氰+5%氟吡菌胺，优法利）。

（3）实用技术：

1）防治瓜类霜霉病可用优法利 1 500~2 500 倍液在发病之前或发病初期喷药，每隔 9~14d 喷 1 次，连续喷药 3~4 次。

2）防治十字花科霜毒病，葡萄疫病、霜毒病，甘蓝霜毒病，莴苣霜毒病，花卉霜毒病、猝倒病，草坪霜毒病、猝倒病，可用优法利 1 500~2 500 倍液在发病之前或发病初期喷药，每隔 10~15d 喷 1 次，连续喷药 2~3 次。

9. 王铜·霜脲氰

（1）有效成分：霜脲氰+王铜。

（2）产品剂型：40%可湿性粉剂（10%霜脲氰，30%王铜）。

（3）实用技术：防治霜霉病，可用 40%可湿性粉剂 720~960g/hm^2 喷雾。

10. 烯酰·霜·锰锌

（1）有效成分：代森锰锌+霜脲氰+烯酰吗啉。

（2）产品剂型：68%可湿性粉剂（代森锰锌 50%、霜脲氰 8%、烯酰吗啉 10%）。

（3）实用技术：防治瓜类霜霉病，可用 68%可湿性粉剂 612~918g/hm^2 喷雾。

11. 霜脲·嘧菌酯

（1）有效成分：嘧菌酯+霜脲氰。

（2）产品剂型：60%水分散粒剂（嘧菌酯 10%、霜脲氰 50%）。

（3）实用技术：防治葡萄霜霉病，可用 60%水分散粒剂 400~500mg/kg 喷雾。

12. 烯肟·霜脲氰

(1) 有效成分：霜脲氰+烯肟菌酯。

(2) 产品剂型：25%可湿性粉剂（霜脲氰 12.5%、烯肟菌酯 12.5%）。

(3) 实用技术：防治葡萄霜霉病，可用25%可湿性粉剂 100~200g/hm² 喷雾。

13. 丙森·霜脲氰

(1) 有效成分：丙森锌+霜脲氰。

(2) 产品剂型：50%可湿性粉剂（丙森锌 38%、霜脲氰 12%），60%可湿性粉剂（丙森锌 50%、霜脲氰 10%），76%可湿性粉剂（丙森锌 70%、霜脲氰 6%），75%水分散粒剂（丙森锌 60%、霜脲氰 15%）。

(3) 实用技术：防治瓜类霜霉病，可用 76%可湿性粉剂 1 800~2 200g/hm² 喷雾，或用 75%水分散粒剂 450~675g/hm² 喷雾。防治茄类晚疫病，可用 50%可湿性粉剂按 1 300~1 750g/hm² 喷雾。

14. 氟啶·霜脲氰

(1) 有效成分：氟啶胺+霜脲氰。

(2) 产品剂型：50%水分散粒剂（氟啶胺 30%、霜脲氰 20%）。

(3) 实用技术：防治茄类晚疫病，可用 50%水分散粒剂 300~375g/hm² 喷雾。

第二十四章　含二甲酰亚胺类及吗啉类的混合杀菌剂

一、含异菌脲的混合杀菌剂

1. 百·异菌

（1）有效成分：百菌清+异菌脲。

（2）产品剂型：15%百·异菌烟剂（灰霉清二号），71%百·异菌可湿性粉剂（爱力杀），20%悬浮剂。

（3）实用技术：防治观赏番茄灰霉病，在保护地每亩用15%百·异菌烟剂200~300g点燃放烟，也可用20%悬浮剂450~750g/hm^{2}喷雾。防治观赏番茄枯萎病，每亩用71%可湿性粉剂70~90g，对水60~70kg灌根。

2. 福·异菌

（1）有效成分：异菌脲+福美双。

（2）产品剂型：50%、60%可湿性粉剂。

（3）实用技术：防治水仙褐斑灰霉病、四季秋海棠及球根秋海棠灰霉病、仙客来、吊兰、凤梨、吊竹梅灰霉病，可用50%可湿性粉剂800倍液喷洒。防治天竺葵灰霉病，可于发病初期喷洒50%可湿性粉剂800倍液。防治香石竹灰霉病可喷洒50%可湿性粉剂800倍液。防治观赏番茄灰霉病、早疫病，于发病初期开

始，每亩用60%可湿性粉剂95~125g或每亩用50%可湿性粉剂98~125g对水常规喷雾。

3. 锰锌·异菌

（1）有效成分：异菌脲+代森锰锌。

（2）产品剂型：50%锰锌异脲可湿性粉剂（代森锰锌37.5%、异菌脲12.5%）。

（3）实用技术：防治苹果斑点落叶病，用50%锰锌异脲可湿性粉剂600~800倍液喷雾。

4. 环己锌·异菌

（1）有效成分：异菌脲+环己基甲酸锌。

（2）产品剂型：30%环己锌·异菌乳油。

（3）实用技术：防治瓜类灰霉病，用30%环己锌·异菌乳油90~100mL，对水常规喷雾，自始花开始，每7~10d喷1次，连喷3~4次。

5. 嘧环·异菌脲

（1）有效成分：异菌脲+嘧菌环胺。

（2）产品剂型：50%水分散粒剂（异菌脲20%+嘧菌环胺30%）。

（3）实用技术：防治观赏百合灰霉病，可用50%水分散粒剂168~225g/hm^{2}喷雾。

6. 肟菌·异菌脲

（1）有效成分：异菌脲+肟菌酯。

（2）产品剂型：25%悬浮剂（异菌脲23.6%+肟菌酯1.4%）。

（3）实用技术：防治草坪褐斑病、枯萎病、叶斑病，可用25%悬浮剂按3 125~6 250g/hm^{2}喷雾。

7. 异菌·氟啶胺

（1）有效成分：氟啶胺+异菌脲。

（2）产品剂型：40%悬浮剂（氟啶胺20%+异菌脲20%）。

（3）实用技术：防治菌核病，可用40%悬浮剂240~300g/hm^2喷雾。

8. 阿维·异菌脲

（1）有效成分：阿维菌素+异菌脲。

（2）产品剂型：2.5%颗粒剂（阿维菌素0.5%+异菌脲2%）。

（3）实用技术：防治瓜类根结线虫，可用2.5%颗粒剂1 125~1 312g/hm^2沟施。

9. 咪鲜·异菌脲

（1）有效成分：咪鲜胺+异菌脲。

（2）产品剂型：16%悬浮剂（咪鲜胺8%+异菌脲8%），20%悬浮剂（咪鲜胺10%+异菌脲10%），32%悬浮剂（咪鲜胺16%、异菌脲16%）。

（3）实用技术：防治香蕉冠腐病，可用16%悬浮剂300~400倍液喷雾，也可用20%悬浮剂286~400mg/kg喷雾。

10. 异菌·福美双

（1）有效成分：福美双+异菌脲。

（2）产品剂型：50%可湿性粉剂（福美双40%+异菌脲10%）。

（3）实用技术：防治灰霉病可用50%可湿性粉剂按705~937.5g/hm^2喷雾。

11. 异菌·腐霉利

（1）有效成分：腐霉利+异菌脲。

（2）产品剂型：35%悬浮剂（腐霉利25%+异菌脲10%）。

（3）实用技术：防治灰霉病，可用35%悬浮剂315~525g/hm^2喷雾。

12. 烯酰·异菌脲

（1）有效成分：烯酰吗啉+异菌脲。

（2）产品剂型：40%悬浮剂（烯酰吗啉20%+异菌脲20%）。

（3）实用技术：防治葡萄霜霉病可用40%悬浮剂按267～400mg/kg喷雾。

13. 丙森·异菌脲

（1）有效成分：丙森锌+异菌脲。

（2）产品剂型：80%可湿性粉剂（丙森锌70%+异菌脲10%）。

（3）实用技术：防治苹果树斑点落叶病，可用80%可湿性粉剂800～1 000mg/kg喷雾。

二、含菌核净的混合杀菌剂

1. 百·菌核

（1）有效成分：百菌清+菌核净。

（2）产品剂型：20%、50%可湿性粉剂，10%、11%烟剂。

（3）实用技术：防治瓜类灰霉病，每亩用20%可湿性粉剂200～300g，或每亩用50%可湿性粉剂100～120g，对水常规喷雾；在保护地每亩可用10%烟剂350～400g，点燃放烟。防治瓜类疫病，每亩用20%可湿性粉剂75～100g，对水常规喷雾。其他如观赏椒、观赏番茄的灰霉病、疫腐病、早疫病、叶霉病等，以及葡萄、草莓、瓜类的灰霉病、炭疽病、白腐病、黑痘病等可参照上述方法使用。

2. 福·菌核

（1）有效成分：菌核净+福美双。

（2）产品剂型：35%、48%、50%可湿性粉剂。

（3）实用技术：防治观赏番茄灰霉病，每亩用35%可湿性粉剂140～270g，或每亩用48%可湿性粉剂94～125g，对水常规

喷雾，每7d施1次，共施3~4次。防治观赏番茄早疫病，每亩用50%可湿性粉剂134~167g，对水常规喷雾，每7~8d施1次。防治瓜类灰霉病，用48%可湿性粉剂95~125g，对水常规喷雾，自始花始，每7~8d施1次，共施3~5次。防治油菜菌核病，每亩用50%可湿性粉剂80~120g，对水常规喷雾。

3. 敌灵·菌核

（1）有效成分：菌核净+敌菌灵。

（2）产品剂型：45%敌灵·菌核可湿性粉剂。

（3）实用技术：防治观赏烟草赤星病，每亩用140~175g，对水常规喷雾，一般在病害初发生时喷药，每10~15d喷1次，共喷2~3次。

4. 菌核·王铜

（1）有效成分：菌核净+王铜。

（2）产品剂型：40%、45%、47%可湿性粉剂。

（3）实用技术：防治观赏烟草赤星病，每亩用40%可湿性粉剂100~150g，或每亩用45%可湿性粉剂84~125g，或每亩用47%可湿性粉剂84~125g，对水常规喷雾。

5. 菌核·琥铜

（1）有效成分：菌核净+琥胶肥酸铜。

（2）产品剂型：45%菌核·琥铜可湿性粉剂。

（3）实用技术：防治观赏烟草赤星病，用45%菌核·琥铜可湿性粉剂500~600倍液喷雾。

6. 菌核·锰锌

（1）有效成分：菌核净+代森锰锌。

（2）产品剂型：65%可湿性粉剂（菌核清），55%可湿性粉剂（菌斑净）。

（3）实用技术：防治油菜菌核病，每亩用65%可湿性粉剂100~150g，对水常规喷雾。防治苹果斑点落叶病，用55%可湿

性粉剂 600~800 倍液喷雾。

三、含腐霉利的混合杀菌剂

1. 百·腐

(1) 有效成分：腐霉利+百菌清。

(2) 产品剂型：50%可湿性粉剂，5%、10%、15%、20%、25%烟剂。

(3) 实用技术：

1) 防治保护地瓜类霜霉病，用 20%烟剂 200~300g，点燃放烟，每 7~10d 施 1 次，共施 3~4 次。

2) 观赏番茄灰霉病，每亩用 50%可湿性粉剂 75~100g，对水常规喷雾。在保护地，每亩可用 20%烟剂 200~300g 点燃放烟，每 7~10d 喷 1 次，共施 3~4 次。

2. 福·腐

(1) 有效成分：腐霉利+福美双。

(2) 产品剂型：28%、50%可湿性粉剂。

(3) 实用技术：防治四季秋海棠及球根秋海棠灰霉病，可用 28%可湿性粉剂 600~700 倍液。防治扶桑灰霉病，可于发病初期喷洒 28%可湿性粉剂 800 倍液。防治风信子灰霉病，可喷洒 28%可湿性粉剂 700 倍液。防治吊兰、凤梨、吊竹梅灰霉病，可喷洒 28%可湿性粉剂 800 倍液。防治马利安万年青灰霉病，可于灰霉病发生季节喷洒 28%可湿性粉剂 600~700 倍液。防治天竺葵灰霉病，可于发病初期喷洒 28%可湿性粉剂 700~800 倍液。防治扶桑灰霉病，可于发病初期喷洒 28%可湿性粉剂 800 倍液。防治观赏番茄灰霉病，每亩用 50%可湿性粉剂 80~120g 或 25%可湿性粉剂 60~100g 对水常规喷雾，每 7~10d 喷 1 次，共喷 3~4 次。防治油菜菌核病，用 50%可湿性粉剂 130~180g 对水常规

喷雾。

3. 嘧菌·腐霉利

（1）有效成分：腐霉利+嘧菌酯。

（2）产品剂型：30%悬浮剂（腐霉利23.7%、嘧菌酯6.3%）。

（3）实用技术：防治灰霉病，可用30%悬浮剂450~495g/hm^2喷雾。

四、含吗啉类的混合杀菌剂

1. 氟吗·锰锌

（1）有效成分：氟吗啉+代森锰锌。

（2）产品剂型：60%氟吗·锰锌可湿性粉剂，50%可湿性粉剂。

（3）实用技术：防治大岩桐、非洲紫罗兰疫病，可用60%可湿性粉剂1 000倍液于雨季到来后或发病初期喷洒，间隔10d喷1次，共喷2~3次。防治天竺葵黑胫病，可喷洒或浇灌60%可湿性粉剂1 000倍液。防治斑马姬凤梨疫病、丽穗姬凤梨心腐病、倒挂金钟根腐病，可于发病初期喷淋60%可湿性粉剂900倍液。防治扶桑疫腐病、龙血树疫病，可于发病后立即喷洒60%可湿性粉剂1 000倍液。防治冬青卫矛根腐疫病，可于可能发病时喷淋60%可湿性粉剂1 000倍液，隔10d左右喷1次，共喷2~3次。防治由隐地疫霉引起的杜鹃花根腐病，可于发病初期喷洒60%可湿性粉剂600倍液。防治杜鹃花疫病，可于发病后及时喷洒60%可湿性粉剂800倍液，每10d左右喷1次，共喷2~3次。防治由腐霉菌引起的沤根可喷淋60%可湿性粉剂600倍液。防治散尾葵芽腐病，可于雨季来临时喷洒60%可湿性粉剂800倍液。防治变叶木根腐病，可于发病时及时喷淋60%可湿性粉剂800倍液。

2. 氟吗·唑菌酯

（1）有效成分：氟吗啉+唑菌酯。

（2）产品剂型：25%悬浮剂（氟吗啉20%、唑菌酯5%）。

（3）实用技术：防治瓜类霜霉病，可用25%悬浮剂按100~200g/hm^{2}喷雾。

3. 锰锌·氟吗啉

（1）有效成分：氟吗啉+代森锰锌。

（2）产品剂型：60%可湿性粉剂（氟吗啉10%、代森锰锌50%）。

（3）实用技术：防治瓜类霜霉病，可用60%可湿性粉剂720~1 080g/hm^{2}喷雾。

4. 氟吗·乙铝

（1）有效成分：氟吗啉+三乙膦酸铝。

（2）产品剂型：锐扑50%可湿性粉剂（氟吗啉5%+三乙膦酸铝45%），50%水分散粒剂（氟吗啉5%+三乙膦酸铝45%）。

（3）实用技术：防治葡萄霜霉病、瓜类霜霉病、十字花科温室花卉霜霉病、观赏椒疫病、烟草黑胫病，可用50%可湿性粉剂600~900g/hm^{2}灌根或喷雾。防治荔枝霜疫病，可用50%水分散粒剂600~800mg/kg喷雾。

5. 福·烯酰

（1）有效成分：烯酰吗啉+福美双。

（2）产品剂型：35%福·烯酰可湿性粉剂（烯克霜），55%福·烯酰可湿性粉剂（盖克）。

（3）实用技术：防治瓜类霜霉病，每亩用35%可湿性粉剂200~280g对水常规喷雾；或每亩用55%可湿性粉剂100~160g对水常规喷雾。

6. 烯酰·王铜

（1）有效成分：王铜+烯酰吗啉。

（2）产品剂型：73%可湿性粉剂（67%王铜，6%烯酰吗啉）。

（3）实用技术：防治霜霉病，可用73%可湿性粉剂766～876g/hm^{2}喷雾。

7. 烯酰·嘧菌酯

（1）有效成分：烯酰吗啉+嘧菌酯。

（2）产品剂型：70%水分散粒剂（嘧菌酯20%、烯酰吗啉50%），50%水分散粒剂（嘧菌酯20%、烯酰吗啉30%），30%水分散粒剂（嘧菌酯20%、烯酰吗啉10%），40%水分散粒剂（嘧菌酯30%、烯酰吗啉10%），80%水分散粒剂（嘧菌酯22.8%、烯酰吗啉57.2%），60%水分散粒剂，40%悬浮剂（嘧菌酯20%、烯酰吗啉20%），50%悬浮剂（嘧菌酯20%、烯酰吗啉30%）。

（3）实用技术：防治葡萄霜霉病、观赏椒疫病、马铃薯晚疫病、观赏番茄早疫病、荔枝霜疫霉病，可用70%水分散粒剂1 500～2 000倍喷雾，也可用50%悬浮剂200～300mg/kg喷雾。防治蔷薇科观赏花卉霜霉病，可用70%水分散粒剂233.33～350mg/kg喷雾。防治观赏菊花霜霉病，可用50%水分散粒剂按200～333mg/kg喷雾。防治瓜类霜霉病，可用80%水分散粒剂按240～360g/hm^{2}喷雾。

8. 烯酰吗啉·三乙膦铝

（1）有效成分：烯酰吗啉+三乙膦铝。

（2）产品剂型：40%可湿性粉剂，50%可湿性粉剂。

（3）实用技术：防治瓜类霜霉病、疫病、灰霉病、绵疫病、炭疽病、蔓枯病、白粉病等，在发病初期用50%可湿性粉剂800～1 000倍药液，每隔7～10d喷1次，连续喷药3～4次。防治丝核菌引起的草坪褐斑病，可在发病早期对整个草坪（特别是果领）喷50%可湿性粉剂800～1 000倍液。防治月季霜霉病、丁香疫病、多种花卉炭疽病等，可用50%可湿性粉剂800倍液喷雾。

9. 烯酰·丙森锌

（1）有效成分：丙森锌+烯酰吗啉。

（2）产品剂型：70%水分散粒剂（丙森锌55%、烯酰吗啉15%），72%可湿性粉剂（丙森锌60%、烯酰吗啉12%），75%水分散粒剂（丙森锌60%、烯酰吗啉15%），78%可湿性粉剂（丙森锌65%、烯酰吗啉13%）。

（3）实用技术：防治瓜类霜霉病，可用72%可湿性粉剂1 296~1 620g/hm^2 喷雾，或用75%水分散粒剂675~1 125g/hm^2 喷雾。

10. 烯酰·醚菌酯

（1）有效成分：醚菌酯+烯酰吗啉。

（2）产品剂型：80%水分散粒剂（醚菌酯30%、烯酰吗啉50%）。

（3）实用技术：防治瓜类霜霉病，可用80%水分散粒剂180~300g/hm^2 喷雾。

11. 烯酰·氟啶胺

（1）有效成分：氟啶胺+烯酰吗啉。

（2）产品剂型：40%悬浮剂（氟啶胺15%、烯酰吗啉25%）。

（3）实用技术：防治作物晚疫病，可用40%悬浮剂198~240g/hm^2 喷雾。

12. 烯酰·吡唑酯

（1）有效成分：吡唑醚菌酯+烯酰吗啉。

（2）产品剂型：45%悬浮剂（吡唑醚菌酯15%、烯酰吗啉30%），18.7%水分散粒剂（吡唑醚菌酯6.7%、烯酰吗啉12%）。

（3）实用技术：防治葡萄霜霉病，可用45%悬浮剂187.5~375mg/kg 喷雾。防治各种霜霉病及疫病，可用18.7%水分散粒剂210~350g/hm^2 喷雾。

13. 烯酰·氰霜唑

（1）有效成分：氰霜唑+烯酰吗啉。

（2）产品剂型：40%悬浮剂（氰霜唑 10%、烯酰吗啉 30%）。

（3）实用技术：防治葡萄霜霉病，可用 40%悬浮剂 100～133.33mg/kg 喷雾。

14. 氨基·烯酰

（1）有效成分：氨基寡糖素+烯酰吗啉。

（2）产品剂型：23%悬浮剂（氨基寡糖素 3%+烯酰吗啉 20%）。

（3）实用技术：防治瓜类霜霉病，可用 23%悬浮剂 115～230g/hm^2 喷雾。

15. 烯酰·咪鲜胺

（1）有效成分：咪鲜胺+烯酰吗啉。

（2）产品剂型：30%悬浮剂（咪鲜胺 15%+烯酰吗啉 15%）。

（3）实用技术：防治荔枝树霜疫霉病，可用 30%悬浮剂 375～500mg/kg 喷雾。

16. 烯酰·中生

（1）有效成分：烯酰吗啉+中生菌素。

（2）产品剂型：25%可湿性粉剂（烯酰吗啉 22%+中生菌素 3%）。

（3）实用技术：防治瓜类霜霉病，可用 25%可湿性粉剂 110～150g/hm^2 喷雾。

17. 烯酰·百菌清

（1）有效成分：百菌清+烯酰吗啉。

（2）产品剂型：47%悬浮剂（百菌清 39%+烯酰吗啉 8%）。

（3）实用技术：防治瓜类霜霉病，可用 47%悬浮剂 900～1 080g/hm^2 喷雾。

18. 烯酰·唑嘧菌

（1）有效成分：烯酰吗啉+唑嘧菌胺。

（2）产品剂型：47%悬浮剂（烯酰吗啉20%、唑嘧菌胺27%）。

（3）实用技术：防治葡萄霜霉病，可用47%悬浮剂260～525mg/kg喷雾。

第二十五章　含三乙膦铝及铜的混合杀菌剂

一、含三乙膦铝的混合杀菌剂

1. 锐扑

（1）有效成分：三乙膦酸铝+氟吗啉。

（2）产品剂型：50%可湿性粉剂（45%三乙膦酸铝+5%氟吗啉）。

（3）实用技术：防治观赏烟草黑胫病，可用50%可湿性粉剂600~800g/hm^2灌根。防治葡萄霜霉病，可用50%可湿性粉剂500~900g/hm^2喷雾。

2. 福·乙铝

（1）有效成分：三乙膦铝+福美。

（2）产品剂型：64%可湿性粉剂（苗菌净），80%可湿性粉剂（嘉年）。

（3）实用技术：防治苹果炭疽病，于发病初开始用80%可湿性粉剂600~800倍液喷雾。防治观赏番茄苗期猝倒病、立枯病，于发病初开始，每亩用64%可湿性粉剂75~150g，对足量水浇淋。防治瓜类霜霉，于发病初开始，每亩用64%可湿性粉剂75~150g，对水常规喷雾。

3. 百·乙铝

（1）有效成分：三乙膦铝+百菌清。

（2）产品剂型：70%、75%、80%可湿性粉剂。

（3）实用技术：防治瓜类霜霉病，每亩用75%可湿性粉剂125~188g，或每亩用80%可湿性粉剂120~175g，或每亩用70%可湿性粉剂140~200g，对水后常规喷雾。

4. 锰锌·乙铝

（1）有效成分：三乙膦铝+代森锰锌。

（2）产品剂型：42%、50%、61%、64%、70%、75%、81%可湿性粉剂，20%烟剂。

（3）实用技术：

1）防治大岩桐、非洲紫罗兰疫病，可用61%乙膦铝·锰锌可湿性粉剂500倍液于发病初期或雨季到来后喷洒。防治西瓜皮椒草根颈腐病，可用70%乙膦铝·锰锌可湿性粉剂500倍液于发病初期喷洒。

2）防治斑马姬凤梨疫病，可喷洒61%可湿性粉剂400倍液。防治丽穗凤梨心腐病、大野芋疫病，可于发病初期喷洒61%可湿性粉剂500倍液。防治白鹤芋疫病，可在大雨前或后及时喷洒61%可湿性粉剂400~500倍液。

3）防治倒挂金钟根腐病，可于发病初期喷淋70%可湿性粉剂500倍液。若发现地上部分萎蔫，可把病根剪除后，置入70%可湿性粉剂500倍液中浸30min消毒，然后重栽。

4）防治扶桑疫腐病、根腐病，可于有可能发病时喷洒70%可湿性粉剂500倍液。

5）防治杜鹃花疫病，可于发病后及时喷洒70%可湿性粉剂500倍液，每10d喷1次，共喷2~3次。

6）防治苹果树斑点落叶病，于发病初开始喷64%可湿性粉剂300~600倍液，每7~10d喷1次。防治苹果、梨的轮纹病，

喷61%可湿发生粉剂400~600倍液。

7）防治梨黑星病、葡萄霜霉病，喷61%可湿性粉剂300~500倍液，每7~10d喷1次。

8）防治瓜类霜霉病，羽叶甘蓝霜霉病、白斑病，每亩用70%可湿性粉剂135~400g对水60~75kg喷雾，每7~10d喷1次，连喷3~4次。保护地每亩用20%烟剂250~350g，点燃放烟。

9）防治观赏椒疫病，每亩用70%可湿性粉剂75~100g对水常规喷雾。

5. 锌霉膦

（1）有效成分：代森锌+乙膦铝。

（2）产品剂型：40%锌霉膦可湿性粉剂。

（3）实用技术：防治葡萄霜霉病，可用于发病初期喷洒40%锌霉膦可湿性粉剂400~500倍液，隔10~15d防治1次，全期共防治3~5次。

6. 琥铜·乙铝

（1）有效成分：三乙膦铝+琥胶肥酸铜。

（2）产品剂型：23%、46%、48%、50%、60%可湿性粉剂。

（3）实用技术：

1）防治山茶花、茶花灰斑病，兰花叶斑病，可于发病初期喷洒50%琥铜·乙铝可湿性粉剂500倍液。每10~15d喷1次，共喷2~3次。

2）防治金铃花茎枯病、天竺葵细菌性叶斑病、仙客来细菌性软腐病，可于发病初期喷洒60%琥铜·乙铝可湿性粉剂500倍液。

3）防治郁金香白色疫病、香石竹疫病，可用60%琥乙磷铝可湿性粉剂400倍液灌根。

4）防治瓜类霜霉病、细菌性角斑病，在发病初期开始施药，

每亩用60%可湿性粉剂125～180g对水常规喷雾，每7d喷1次，连喷3～4次；或在发病初期用48%可湿性粉剂1 875～2 800g/hm² 叶面喷雾。

7. 琥铜·锰锌·乙铝

（1）有效成分：三乙膦铝+琥胶肥酸铜+代森锰锌。

（2）产品剂型：50%琥铜·锰锌·乙铝可湿性粉剂。

（3）实用技术：防治观赏椒根腐病，于发现中心病株时，立即用50%可湿性粉剂800～1 000倍液灌根。

8. 琥铜·锌·乙铝

（1）有效成分：三乙膦铝+琥胶肥酸铜+硫酸锌。

（2）产品剂型：60%琥铜·锌·乙铝可湿性粉剂。

（3）实用技术：

1）防治苹果树、梨树腐烂病，用60%可湿性粉剂30～60倍液涂抹刮治后的病疤。

2）防治葡萄霜霉病、猕猴桃溃疡病、观赏番茄疫病、观赏椒疫病，喷60%可湿性粉剂的500～600倍液。

3）防治柑橘溃疡病，在发病前或发病初喷60%可湿性粉剂600～800倍液。

4）防治瓜类枯萎病，观赏茄黄萎病，用60%可湿性粉剂500～600倍液灌根。

5）防治瓜类细菌性角斑病和霜霉病，在发病初期每亩可用60%可湿性粉剂125～185g对水常规喷雾，每7d喷1次，连喷3～4次。

9. 疫·羧·敌

（1）有效成分：三乙膦铝+琥胶肥酸铜+敌磺钠。

（2）产品剂型：65%可湿性粉剂。

（3）实用技术：

1）防治瓜类霜霉病，每亩用65%可湿性粉剂125～200g对

水常规喷雾，每7~10d喷1次，连喷3~4次。

2）防治冬瓜枯萎病，用65%可湿性粉剂600~800倍液灌根，每7~10d灌1次，连灌3次。

10. 乙铝·乙铜

（1）有效成分：三乙膦酸铝+乙酸铜。

（2）产品剂型：30%、60%可溶性粉剂。

（3）实用技术：防治瓜类细菌性角斑病和霜霉素病，可在发病初期，每亩用30%可溶性粉剂100~150g对水常规喷雾，每7~8d喷1次。防治瓜类炭疽病，于发病初，每亩用60%可溶性粉剂100~120g对水常规喷雾，每7~8d喷1次。

11. 丙森·膦酸铝

（1）有效成分：丙森锌+三乙膦酸铝。

（2）产品剂型：72%可湿性粉剂（丙森锌60%+三乙膦酸铝12%）。

（3）实用技术：防治瓜类霜霉病，可用72%可湿性粉剂按1 800~2 100g/hm^2喷雾。

二、含无机铜的混合杀菌剂

1. 波·锰

（1）有效成分：波尔多液+代森锰锌。

（2）产品剂型：78%波·锰锌可湿性粉剂。

（3）实用技术：

1）防治苹果树轮纹烂果病、斑点落叶病、炭疽病，葡萄霜霉病、白腐病、炭疽病、黑痘病、褐斑病、灰霉病等，柑橘溃疡病、疮痂病、炭疽病等，可用78%可湿性粉剂500~600倍液喷雾。

2）防治瓜类霜霉病，每亩用78%可湿性粉剂170~230g对

水常规喷雾，兼治瓜类炭疽病、细菌性角斑病、圆斑病等。

3）防治观赏番茄早疫病、晚疫病、溃疡病、褐斑病在发病前或发病初，每亩用78%可湿性粉剂140~170g对水常规喷雾。防治观赏烟草赤星病、炭疽病、蛙眼病、野火病、角斑病、黑胫病，每亩用78%可湿性粉剂200g对水喷雾。

2. 锰锌·氢铜

（1）有效成分：代森锰锌+氢氧化铜。

（2）产品剂型：61.1%可湿性粉剂（猛尽），45%可湿性粉剂（克万霜）。

（3）实用技术：防治瓜类霜霉病，每亩可用61.1%可湿性粉剂107~150g，或每亩用45%可湿性粉剂150~200g对水常规喷雾。

3. 代锌·王铜

（1）有效成分：代森锌+王铜。

（2）产品剂型：52%、72%、30%代锌·王铜可湿性粉剂。

（3）实用技术：

1）防治柑橘疮痂病、月季黑斑病、香石竹锈病、茶轮斑病、万寿菊灰霉病、秋海棠细菌性叶斑病、万年青细菌性叶腐病、桑细菌病、茉莉白绢病、枸杞灰斑病和葡萄穗枯病等，可用52%可湿性粉剂500~800倍液每10~15d喷1次，连喷2~3次。

2）防治葡萄黑痘病、霜霉病、白腐病、穗轴褐枯病，梨细菌性花腐病，苹果白粉病、锈病、斑点落叶病，桃和樱桃缩叶病、细菌性穿孔病，茄科蔬菜的疫病、溃疡病、疮痂病，瓜类霜霉病、炭疽病、细菌性角斑病，十字花科蔬菜软腐病、炭疽病，草莓细菌性叶斑病、白粉病、青枯病等，可用52%可湿性粉剂500~600倍液在发病前或发病初期进行喷雾，每隔7~10d喷1次。

3）防治合欢枯萎病，可于发病初期喷洒52%克菌宝可湿性粉剂 600 倍液。

4）防治柑橘树溃疡病，可用 52%可湿性粉 1 733~2 600mg/kg（500~600 倍）于春芽长 2~3mm 时喷雾。防治柑橘疮痂病，于春梢修剪后，溃疡病发病前，喷 52%可湿性粉 600 倍液；谢花后进行第 2 次喷雾，10~14d 后再喷 1 次。防治柑橘炭疽病，于 7 月上中旬及 8 月上中旬，喷 52%可湿性粉剂 600 倍液。

5）防治霜霉病、细菌性角斑病，可用 52%可湿性粉剂 500~800 倍液，每 10~15d 喷 1 次，连喷 2~3 次。防治观赏番茄、观赏茄、瓜类青枯病，在发病初期用 52%可湿性粉剂 600 倍灌根，连续 3 次。

4. 福锌·氢铜

（1）有效成分：福美锌+氢氧化铜。

（2）产品剂型：64%福锌·氢铜可湿性粉剂。

（3）实用技术：防治柑橘溃疡病，用 64%可湿性粉剂 400~500 倍液喷雾。防治观赏番茄早疫病，每亩用 64%可湿性粉剂 90~117g 对水常规喷雾。

5. 腐殖（钠）·铜

（1）有效成分：腐殖酸+腐殖酸钠+硫酸铜。

（2）产品剂型：2. 12%腐殖酸·铜水剂（腐殖酸 2%、硫酸铜 0. 12%，即 843 康复剂），2. 4%水剂（腐殖酸 2. 07%、硫酸铜 0. 33%），4%水剂，4. 5%腐殖酸铜水剂（腐殖酸 4. 4%、硫酸铜 0. 1%），3. 3%腐殖酸铜水剂（腐殖酸 2. 7%、硫酸铜 0. 6%），2%乳油。

（3）实用技术：防治苹果树腐烂病，可用 2. 12%水剂、2. 4%水剂、3. 3%水剂、4%水剂、4. 5%水剂原液，在刮除病斑后涂抹。

6. 苯扎溴铵·铜

（1）有效成分：苯扎溴铵+硫酸铜。

（2）产品剂型：12%苯铜水剂、12%苯扎溴铵·铜水剂。

（3）实用技术：防治苹果腐烂病，可用12%水剂800~1 000倍液喷雾，每5~7d喷1次，连续2~3次。防治果树根部病害，可用12%水剂1 500~3 000倍液灌根。防治腐烂病、溃疡病、流胶病，可用12%水剂30~50倍液涂抹。防治苹果斑点落叶病，自发病初期开始，用12%水剂200~400倍液喷雾，隔7~10d喷1次。

7. 春雷·王铜

（1）有效成分：春雷霉素+王铜。

（2）产品剂型：47%可湿性粉剂，50%可湿性粉剂（春雷霉素5%+王铜45%）。

（3）实用技术：

1）防治炭疽病、白粉病、霜霉病及柑橘溃疡病、白菜软腐病、瓜细菌性角斑病等细菌性病害，可喷洒50%可湿性粉剂500~800倍液。

2）防治乳茄褐腐病、假龙头花叶斑病、瓜类皮椒草叶斑病、秋海棠类细菌性叶斑病、蜀葵炭疽病、水仙欧氏菌软腐病、仙客来芽腐病及芽腐病，可喷洒47%可湿性粉剂700~800倍液喷雾。

3）防治大花君子兰根茎腐烂病、文殊兰叶斑病、万年青细菌性叶枯病、兰花叶枯病，可于发病初喷洒47%可湿性粉剂800倍液。

4）防治大王万年青细菌性叶枯病、白鹤芋细菌性叶腐病、绿巨人苞叶芋褐腐病、凤眼莲云纹病，可于发病初期喷洒47%可湿性粉剂700倍液，每10d喷1次，连续2~3次。

5）防治马利安万年青细菌性茎腐病、兰花蘖腐病、喜林芋类软腐病、凤眼莲云纹病、红背竹芋拟盘多毛褐斑病，可喷洒或涂抹47%可湿性粉剂700倍液。

6）防治冬珊瑚叶霉病、冬青卫矛根腐疫病，可于发病初期喷洒47%可湿性粉剂800倍液，每10d喷1次，共喷2~3次。防治竹节蓼茎枯病，可于发病初期喷洒47%可湿性粉剂700倍液。

7）防治扶桑细菌性叶斑病、龙血树疫病、杜鹃花炭疽病，可于发病初期喷洒47%可湿性粉剂700倍液。

8）防治酒瓶兰灰斑病、茶花胴枯病，可用47%可湿性粉剂700~800倍液。防治茶花煤污病，可于生长季节喷洒47%可湿性粉剂700倍液。

9）防治棕榈叶斑病，梅花褐斑病、缩叶病，可于发病初期喷洒47%可湿性粉剂700倍液。

10）防治葡萄霜霉病、白粉病、灰霉病，棕竹葡柄霉叶斑病，柑橘溃疡病，百合细菌性软腐病和叶尖枯病，可用50%可湿性粉剂500~800倍液喷雾。

8. 井·氧化亚铜

（1）有效成分：井冈霉素+氧化亚铜。

（2）产品剂型：20%、42%可湿性粉剂。

（3）实用技术：防治纹枯病，每亩用20%可湿性粉剂100~120g，或每亩用42%可湿性粉剂60~80g对水60~75kg喷雾。

9. 井·铜

（1）有效成分：井冈霉素+硫酸铜（或碱式硫酸铜）。

（2）产品剂型：4.5%井·铜水剂。

（3）实用技术：防治纹枯病，用4.5%井·铜水剂417~625倍液喷雾。

10. 氢氧化铜·氯化钙重盐

（1）有效成分：氢氧化铜+氯化钙重盐。

（2）产品剂型：35%氢氧化铜·氯化钙重盐可湿性粉剂。

（3）实用技术：防治葡萄霜霉病可用35%可湿性粉剂按500倍液喷雾，每10d喷1次，共喷3次。

11. 氯尿·硫酸铜

(1) 有效成分：氯溴异氰尿酸+硫酸铜。

(2) 产品剂型：52%可溶粉剂（氯溴异氰尿酸 50%+硫酸铜 2%）。

(3) 实用技术：防治作物青枯病，可用 52%可溶粉剂 520~693. 3mg/kg 灌根。

三、含有机铜的混合杀菌剂

1. 咪鲜·松脂酸铜

(1) 有效成分：咪鲜胺+松脂酸铜。

(2) 产品剂型：18%咪鲜·松脂铜乳油。

(3) 实用技术：防治瓜类炭疽病，于发病初期用 18%乳油 1 000~1 200 倍液喷雾。

2. 百·琥铜

(1) 有效成分：百菌清+琥胶肥酸铜。

(2) 产品剂型：75%百·琥铜可湿性粉剂。

(3) 实用技术瓜类霜霉病，每亩用 75%可湿性粉剂 125~150g 对水喷雾，每 7~8d 喷 1 次。

3. 敌磺·琥铜

(1) 有效成分：敌磺钠+琥胶肥酸铜。

(2) 产品剂型：45%敌磺琥铜可湿性粉剂。

(3) 实用技术：防治冬瓜枯萎病，每亩用 45%敌磺琥铜可湿性粉剂 167~200g 对水充分灌根，每株灌药 250~500mL。

4. 敌磺·琥铜·乙铝

(1) 有效成分：敌磺钠+琥胶肥酸铜+三乙膦铝。

(2) 产品剂型：65%敌磺琥铜乙铝可湿性粉剂。

（3）实用技术：

1）防治冬瓜枯萎病，用65%乙铝可湿性粉剂600~800倍液灌根，每株灌药液250~500mL。

2）防治瓜类霜霉病，每亩用65%乙铝可湿性粉剂125~188g对水常规喷雾。

5. 络氨·络锌·柠铜

（1）有效成分：硫酸四氨络合铜+硫酸四氨络合锌+柠檬酸铜。

（2）产品剂型：25.9%锌·柠·络氨铜水剂。

（3）实用技术：防治瓜类枯萎病，可用25.9%水剂388.5g/hm² 灌根或喷雾。防治细菌性病害，可用25.9%水剂320~480g/hm² 喷雾。

6. 烯酰吗啉·松脂酸铜

（1）有效成分：烯酰吗啉+松脂酸铜。

（2）产品剂型；30%烯酰吗啉·松脂酸铜乳油（霜冻）。

（3）实用技术：防治霜霉病，用30%烯酰吗啉·松脂酸铜乳油30mL对水15kg喷雾。

7. 多抗·喹啉铜

（1）有效成分：多抗霉素+喹啉铜。

（2）产品剂型：50%可湿性粉剂（多抗霉素5%、喹啉铜45%）。

（3）实用技术：防治梨树黑斑病，可用50%可湿性粉剂按500~625mg/kg喷雾。

8. 柠铜·络氨铜

（1）有效成分：络氨铜+柠檬酸铜。

（2）产品剂型：21.4%水剂（15%络氨铜、6.4%柠檬酸铜）。

（3）实用技术：防治瓜类枯萎病，可用21.4%水剂500~600倍液灌根，或用21.4%水剂400g/hm² 喷雾。防治禾本科细菌性病害，可用21.4%水剂350~500g/hm² 喷雾。

第二十六章　其他混合杀菌剂

一、含嘧啶胺类的混合杀菌剂

1. 嘧霉·百菌清

（1）有效成分：嘧霉胺+百菌清。

（2）产品剂型：40%悬浮剂（嘧霉胺15%、百菌清25%），40%可湿性粉剂（嘧霉胺13%，百菌清27%）。

（3）实用技术：防治灰霉病，可用40%悬浮剂800~1 500倍液喷施，或用40%可湿性粉剂600~800g/hm^2 喷雾。

2. 嘧霉·福美双

（1）有效成分：福美双+嘧霉胺。

（2）产品剂型：30%可湿性粉剂（福美双15%、嘧霉胺15%或福美双25%、嘧霉胺5%），30%悬浮剂（福美双24%、嘧霉胺6%），50%可湿性粉剂（福美双40%、嘧霉胺10%）。

（3）实用技术：防治灰霉病，可用30%可湿性粉剂315~450g/hm^2 喷雾。

3. 嘧霉·异菌脲

（1）有效成分：异菌脲+嘧霉胺。

（2）产品剂型：60%嘧霉·异菌脲水分散粒剂（30%异菌脲+30%嘧霉胺），80%可湿性粉剂（40%异菌脲+40%嘧霉胺），40%悬浮剂（20%异菌脲+20%嘧霉胺）。

（3）实用技术：防治观赏菊花灰霉病，可用60%嘧霉·异菌脲水分散粒剂360~540g/hm² 喷雾。防治观赏番茄灰霉病，可用80%嘧霉·异菌脲可湿性粉剂360~540g/hm² 喷雾。防治葡萄灰霉病，可用40%悬浮剂200~400mg/kg 喷雾。

4. 中生·嘧霉胺

（1）有效成分：中生菌素+嘧霉胺。

（2）产品剂型：25%可湿性粉剂（中生菌素3%、嘧霉胺22%）。

（3）实用技术：防治灰霉病，可用25%可湿性粉剂375~450g/hm² 喷雾。

5. 嘧胺·乙霉威

（1）有效成分：乙霉威+嘧霉胺。

（2）产品剂型：26%水分散粒剂（乙霉威16%、嘧霉胺10%）。

（3）实用技术：防治瓜类灰霉病，可用26%水分散粒剂375~562.5g/hm² 喷雾。

6. 氨基·嘧霉胺

（1）有效成分：氨基寡糖素+嘧霉胺。

（2）产品剂型：25%悬浮剂（氨基寡糖素5%、嘧霉胺20%）。

（3）实用技术：防治灰霉病，可用25%悬浮剂375~563g/hm² 喷雾。

二、含井冈霉素的混合杀菌剂

1. 井冈·嘧苷素

（1）有效成分：井冈霉素+嘧啶核苷素。

（2）产品剂型：3%井冈嘧苷素水剂（井冈霉素2%、嘧啶核苷素1%）。

（3）实用技术：防治棕榈纹枯病，每亩可用3%井冈嘧苷素水剂200g 对水喷雾。

2. 井冈·噻嗪酮

（1）有效成分：井冈霉素+噻嗪酮。

（2）产品剂型：20%可湿性粉剂（井冈霉素 4.3%+噻嗪酮 15.7%）。

（3）实用技术：防治纹枯病，可用20%可湿性粉剂按 157.5~189g/hm^2 喷雾。

3. 井冈·羟烯腺

（1）有效成分：井冈霉素+羟烯腺嘌呤。

（2）产品剂型：16%可溶性粉剂（井冈霉素 16%+羟烯腺嘌呤 0.000 4%）。

（3）实用技术：纹枯病，可用 16%可溶粉剂按 60~112.5g/hm^2 喷雾。

4. 井冈·枯芽菌

（1）有效成分：井冈霉素+枯草芽孢杆菌。

（2）产品剂型：2.5%水剂（井冈霉素 2.5%+枯草芽孢杆菌 100 亿 CFU/mL），5%水剂（井冈霉素 5%、枯草芽孢杆菌 200 亿 CFU/mL）。

（3）实用技术：防治棕榈及禾本科作物纹枯病，可用 2.5%水剂 3 000~4 500 倍液喷雾。

5. 井冈·嘧苷素

（1）有效成分：井冈霉素+嘧啶核苷类抗生素。

（2）产品剂型：3%水剂（井冈霉素 2%+嘧啶核苷类抗生素 1%），6%水剂（井冈霉素 5%+嘧啶核苷类抗生素 1%）。

（3）实用技术：防治棕榈及禾本科作物纹枯病，可用 3%水剂或 6%水剂按 90~112.5g/hm^2 喷雾。

6. 井冈·香菇糖

（1）有效成分：菇类蛋白多糖+井冈霉素。

（2）产品剂型：2.75%水剂（菇类蛋白多糖 0.25%、井冈霉素2.5%)。

(3)实用技术:防治棕榈及禾本科作物纹枯病,可用2.75%水剂10~21g/hm^{2}喷雾。

三、含噁霉灵、叶枯唑的混合杀菌剂

1. 噁霉灵·福美双

(1)有效成分:噁霉灵+福美双。

(2)产品剂型:80%可湿性粉剂(噁霉灵10%+福美双70%),68%可湿性粉剂(噁霉灵8%+福美双60%),36%可湿性粉剂(噁霉灵10%+福美双70%),54.5%可湿性粉剂。

(3)实用技术:防治观赏棉枯萎病,可用80%可湿性粉剂1 000~2 000mg/kg灌根。防治瓜类枯萎病,可用68%可湿性粉剂680~850mg/kg灌根。防治苗床立枯病,可用36%可湿性粉剂0.36~0.54g/m^{2}苗床喷洒,或用54.5%可湿性粉剂2~2.5g/m^{2}苗床浇灌。

2. 噁霉·稻瘟灵

(1)有效成分:稻瘟灵+噁霉灵。

(2)产品剂型:20%乳油(稻瘟灵10%+噁霉灵10%),21%乳油(稻瘟灵11%+噁霉灵10%),20%微乳剂(稻瘟灵10%+噁霉灵10%)。

(3)实用技术:

1)防治草本花卉立枯病,可用20%乳油或21%乳油2~3mL/m^{2}苗床喷洒,或用20%乳油1 000~1 500倍液喷洒苗床。

2)防治作物枯萎病,可用20%微乳剂120~180g/hm^{2}灌根。

3. 噁霉·络氨铜

(1)有效成分:噁霉灵+络氨铜。

(2)产品剂型:19%水剂(噁霉灵13%+络氨铜6%)。

（3）实用技术：防治观赏烟草赤星病，可用19%水剂95~142g/hm^2喷雾。

4. 噁霉·乙蒜素

（1）有效成分：噁霉灵+乙蒜素。

（2）产品剂型：20%可湿性粉剂（噁霉灵5%、乙蒜素15%）。

（3）实用技术：防治观赏辣椒炭疽病，可用20%可湿性粉剂180~225g/hm^2喷雾。

四、含福美双（或胂）的混合杀菌剂

1. 福·锰锌

（1）有效成分：福美双+代森锰锌。

（2）产品剂型：48%可湿性粉剂（一浸灵），60%可湿性粉剂（安康），70%可湿性粉剂（希望）。

（3）实用技术：防治观赏番茄早疫病，每亩用60%可湿性粉剂150~250g对水常规喷雾。防治苹果轮纹烂果病，用70%可湿性粉剂600~800倍液喷雾。

2. 福·福锌

（1）有效成分：福美双+福美锌。

（2）产品剂型：80%可湿性粉剂，40%、60%、68%、72%可湿性粉剂。

（3）实用技术：

1）防治玉簪炭疽病，可于发病初期喷80%可湿性粉剂600倍液，间隔10d喷1次，共喷3~4次。防治四季秋海棠炭疽病、凤梨炭疽病、花叶万年青类炭疽病、睡莲炭疽病、火鹤花炭疽病，可用80%可湿性粉剂800倍液喷雾。

2）防治万年青类炭疽病，可在发病季节喷80%可湿性粉剂600倍液，每10d喷1次，共喷3~4次。防治八仙花炭疽病，可于发病初期喷洒60%可湿性粉剂800倍液。每10d喷1次，秋后结束。防治含笑炭疽病、鸡冠花炭疽病，可于发病前喷洒70%可湿性粉剂500倍液。

3）防治山茶花、茶花、茶梅、金花茶炭疽病，可于早春新梢生长后喷洒80%可湿性粉剂800倍液，隔7~10d喷1次，共喷3~4次。防治鹅掌柴、白兰花炭疽病，可于发病初期喷洒70%可湿性粉剂600~700倍液。防治米兰、棕榈炭疽病，可于发病初期喷洒80%可湿性粉剂800倍液。

4）防治苹果炭疽病，从幼果期开始喷洒80%可湿性粉剂500~600倍液或68%可湿性粉剂400~500倍液，视降雨情况，每10~20d喷1次。防治梨黑斑病，于发病前喷80%可湿性粉剂600~700倍液，每15d喷1次。防治葡萄炭疽病、黑痘病，可喷洒80%可湿性粉剂500倍液，每10~15d喷1次。防治桃炭疽病，谢花至5月下旬，可用80%可湿性粉剂800倍液，每12~15d喷1次，连喷3~4次。

5）防治鸡冠花、君子兰、白兰花炭疽病，可于初发病时开始喷80%可湿性粉剂600~800倍液，每10~15d喷1次。防治茶树云纹叶枯病、炭疽病、白星病可于发病初期，每亩用80%可湿性粉剂63~100g对水50~75kg喷雾，每7~10d喷1次，共喷2~3次。防治杉树、橡皮树炭疽病，可于发病初期用80%可湿性粉剂500~600倍液喷雾或用40%可湿性粉剂200~300倍液喷雾。

6）防治十字花科蔬菜、瓜类、观赏椒等炭疽病，可于发病初开始，每亩用80%可湿性粉剂125~150g，或每亩用72%可湿性粉剂134~167g对水50~75kg喷雾，每7~10d喷1次，连喷3~4次。防治瓜类炭疽病，茄果类立枯病和猝倒病等病害，每10kg种子用80%可湿性粉剂30~40g拌种。防治观赏烟草炭疽病，于发病初期开始喷80%可湿性粉剂500倍液，每7~10d喷1次，共喷2~3次。

3. 福·嘧霉

(1) 有效成分：福美双+嘧霉胺。

(2) 产品剂型：30%福·嘧霉悬浮剂。

(3) 实用技术：防治观赏番茄灰霉病，可于发病初期开始，每亩用30%福·嘧霉悬浮剂107~150g对水常规喷雾。

4. 福·戊隆

(1) 有效成分：福美双+戊菌隆。

(2) 产品剂型：47%福·戊隆拌种剂。

(3) 实用技术：防治观赏棉苗期立枯病、炭疽病，每100kg种子用该药400~500g拌种。

5. 福·福甲胂·福锌

(1) 有效成分：福美双+福美锌+福美甲胂。

(2) 产品剂型：50%可湿性粉剂（福美双25%，福美锌12.5%，福美甲胂12.5%）。

(3) 实用技术：

1) 防治仙客来枯萎病，可喷洒或浇灌50%可湿性粉剂600倍液，每株100~200mL，每7~10d喷1次，共喷2~3次。防治凤梨弯孢霉叶斑病，可喷洒50%可湿性粉剂1 000倍液。防治发财树枝枯病，可于发病初期喷淋50%可湿性粉剂800倍液。防治松苗立枯病、松苗和杉苗叶枯病、柳杉苗枯病、油茶软腐病等，可用50%可湿性粉剂500~800倍液喷雾。

2) 防治瓜叶菊白粉病、大丽花白粉病、月季枝枯病、龟背竹灰斑病、金橘炭疽病等，于发病初期喷50%可湿性粉剂600~1 000倍液，每10d左右喷1次。

3) 防治苹果炭疽病，在发病初期喷50%可湿性粉剂600~800倍液，每10~15d喷1次，兼治轮纹烂果病、褐斑病。防治葡萄炭疽病、黑痘病、白腐病，在初见发病时开始喷50%可湿性粉剂800~1 000倍液，每10~15d喷1次。防治梨轮纹病、黑星病、纹烂果病，可于病菌大量侵染期，喷50%可湿性粉剂600~800倍液。

4）防治柑橘溃疡病、疮痂病、炭疽病、黄斑病，可在发病初期或发病前喷50%可湿性粉剂500~800倍液，每10~15d喷1次。

6. 百·福

（1）有效成分：福美双+百菌清。

（2）产品剂型：70%百·福可湿性粉剂。

（3）实用技术：防治瓜类霜霉病，可用70%百·福可湿性粉剂600~800倍液喷雾。

7. 百·福·锌

（1）有效成分：福美双+福美锌+百菌清。

（2）产品剂型：75%百·福·福锌可湿性粉剂。

（3）实用技术：防治瓜类霜霉病，于发病初期，每亩用107~150g对水常规喷雾。

8. 敌磺·福

（1）有效成分：福美双+敌磺钠。

（2）产品剂型：10%可湿性粉剂（敌地克），46%可湿性粉剂（瓜枯清），48%可湿性粉剂（铁梨清）。

（3）实用技术：防治瓜类猝倒病，每亩可用10%可湿性粉剂1 670~2 000g配制毒土，撒施（苗床或田间）消毒。防治瓜类枯萎病，可用46%可湿性粉剂600~800倍液灌根2次。

9. 噁霉·福

（1）有效成分：福美双+噁霉灵。

（2）产品剂型：36%可湿性粉剂（顽枯消），54.5%可湿性粉剂。

（3）实用技术：防治瓜类枯病，于发病初期，用54.5%可湿性粉剂3.67~4.6g/m^2，对水喷洒苗床。

10. 代锌·福

（1）有效成分：代森锌+福美双。

（2）产品剂型：65%代锌·福可湿性粉剂。

（3）实用技术：防治瓜类霜霉病，于发病前或病害初期每亩用本剂 150~250g 对水常规喷雾，每 7~10d 喷 1 次。

五、专用混合杀菌剂

1. 百菌清复合粉剂

（1）有效成分：百菌清+敌霜灵。

（2）产品剂型：10%复合粉剂（含百菌清 5%、敌霜灵 5%）专供保护地喷粉用。

（3）实用技术：对瓜类霜霉病、白粉病、炭疽病及观赏番茄早疫病、晚疫病，用 10%复合粉剂 15kg/hm^2。防治灰霉病，用药量适当增加 15%~20%。

2. 百·锰锌

（1）有效成分：百菌清+代森锰锌。

（2）产品剂型：64%、70%可湿性粉剂。

（3）实用技术：

1）防治观赏番茄早疫病，于发病初期，每亩用 64%可湿性粉剂 107~150g，或每亩用 70%可湿性粉剂 100~150g，对水 50~60kg 喷雾，若在苗期喷药效果更好。

2）防治园林植物真菌类病害，在发病初期用 70%可湿性粉剂 600~800 倍液，进行叶面喷施，每 7~10d 喷 1 次，连续喷药 2~3 次。

3）防治观赏番茄炭疽病，于初发病时，每亩用 70%可湿性粉剂 150~250g 对水 50~60kg 喷雾，每 7d 喷 1 次。

3. 硫·锰锌

(1) 有效成分：硫黄+代森锰锌。

(2) 产品剂型：50%、70%可湿性粉剂。

(3) 实用技术：防治苹果白粉病，喷70%可湿性粉剂500~700倍液。防治梨黑星病，喷70%可湿性粉剂400~600倍液。防治瓜类霜霉病，用70%可湿性粉剂400~500倍液喷雾。防治叶斑病，可于发病前或发病初期每亩用70%可湿性粉剂140~175g对水50~60kg喷雾，每7~10d喷1次。

4. 敌磺·锰锌

(1) 有效成分：敌磺钠+代森锰锌。

(2) 产品剂型：70%敌磺·锰锌可湿性粉剂。

(3) 实用技术：防治观赏烟草黑胫病，当田间发现病菌时，用70%敌磺·锰锌可湿性粉剂500~700倍液喷淋茎基部。

5. 丙森·缬霉

(1) 有效成分：丙森锌+缬霉威。

(2) 产品剂型：66.5%丙森·缬霉可湿性粉剂。

(3) 实用技术：防治瓜类霜霉病，于发病初期每亩用100~133g对水常规喷雾，每7~8d喷1次。防治葡萄霜霉病，用700~1 000倍液，每10d左右喷1次。

6. 百·硫

(1) 有效成分：百菌清+硫黄。

(2) 产品剂型：50%悬浮剂（顺天星二号、达贝斯），40%悬浮剂（益百乐）。

(3) 实用技术：

1) 防治樱桃、观赏番茄早疫病，春羽灰斑病、叶斑病，合果芋茎腐病、溃疡病，桑、李、栗、枫、槭等溃疡病，喜林芋类轮斑病、黑斑病，可用50%悬浮剂或80%喷克可湿性粉剂600倍液喷洒。

2）防治杜鹃花叶枯病、铃兰叶枯病、天竺葵黑斑病、石楠叶斑病及红斑病、肉桂叶枯病、米兰叶枯病、大花美人蕉黑斑病、大王万年青茎枯病，可喷洒50%悬浮剂500倍液，间隔7~10d喷1次，共喷2~3次。

3）防治维奇露兜树叶斑病，可于发病初喷洒40%悬浮剂500倍液。防治棕榈叶斑病、鹅掌柴叶斑病、发财树叶枯病，可于发病初期喷洒50%悬浮剂600倍液，每15d喷1次，共喷2~3次。

7. 敌磺·硫

（1）有效成分：敌磺钠+硫黄。

（2）产品剂型：40%可湿性粉剂，60%可湿性粉剂（地旺）。

（3）实用技术：

1）防治红叶甜菜根腐病，每100kg种子用40%可湿性粉剂667~770g拌种。

2）防治观赏番茄猝倒病、立枯病，用60%可湿性粉剂6~10g/m^2与适量细土混拌均匀后撒施于苗床土表，播种后覆土。

8. 多抗·克丹

（1）有效成分：多抗霉素+克菌丹。

（2）产品剂型：65%可湿性粉剂。

（3）实用技术：防治苹果斑点落叶病和褐斑病，在春梢生长期间，用65%可湿性粉剂800~1 000倍液喷雾，间隔7~10d喷1次，共喷5~6次。

9. 溃腐康

（1）有效成分：乙蒜素+鸡血藤乙醇+吲哚丁酸。

（2）产品剂型：80%乳油。

（3）实用技术：防治腐烂病，采用划涂法治疗，树木表皮伤口愈合迅速。首先将发生腐烂病块刮破表皮，找到边缘界线，再用尖刀在病斑部位纵向划刻数道，深达木质部、划道间隔距离

1cm，然后用毛刷蘸取原液或两倍稀释液在病部位充分涂药，至全部浸湿为止。

10. 高锰·链

（1）有效成分：链霉素+高锰酸钾。

（2）产品剂型：91%高锰链可溶性粉剂（克菱星）。

（3）实用技术：防治观赏棉枯萎病，每亩用91%高锰链可溶性粉剂63~100g对水50~60kg喷雾。

11. 硅唑·咪鲜胺

（1）有效成分：噻氟硅唑+咪鲜胺。

（2）产品剂型：20%水乳剂（4%噻氟硅唑+16%咪鲜胺）。

（3）实用技术：防治桃树黑星病，于开花前，喷施20%硅唑咪鲜胺800倍液+0.3%三氯酸钠或45%晶体石硫合剂30倍液，隔10~15d喷1次，连续3~4次，可铲除枝梢上的越冬菌源。

12. 唑醚·氟酰胺

（1）有效成分：吡唑醚菌酯+氟唑菌酰胺。

（2）产品剂型：42.4%悬浮剂（吡唑醚菌酯21.2%+氟唑菌酰胺21.2%）。

（3）实用技术：防治杧果炭疽病，可用42.4%悬浮剂143~200mg/kg喷雾。防治葡萄灰霉病，可用42.4%悬浮剂125~200mg/kg喷雾。防治葡萄白粉病，可用42.4%悬浮剂100~200mg/kg喷雾。

13. 噻呋·吡唑酯

（1）有效成分：吡唑醚菌酯+噻呋酰胺。

（2）产品剂型：20%悬浮剂（吡唑醚菌酯10%+噻呋酰胺10%）。

（3）实用技术：防治术草坪褐斑病，可用20%悬浮剂187.5~200mg/kg喷雾。

14. 嘧环·咯菌腈

（1）有效成分：咯菌腈+嘧菌环胺。

（2）产品剂型：62%水分散粒剂（咯菌腈 25%、嘧菌环胺 37%），63%水分散粒剂（咯菌腈 25%+嘧菌环胺 38%）。

（3）实用技术：

1）防治观赏百合灰霉病，可用 62%水分散粒剂 186～558g/hm^2 喷雾。

2）防治杧果树炭疽病，可用 63%水分散粒剂 521～781.25mg/kg 喷雾。

15. 唑醚·代森联

（1）有效成分：唑醚菌酯+代森联。

（2）产品剂型：60%水分散粒剂（唑醚菌酯 5%、代森联 55%）。

（3）实用技术：

1）防治苹果树炭疽病、轮纹病、斑点落叶病，桃树褐斑穿孔病，葡萄白腐病、霜霉病、霜疫霉病，柑橘树疮痂病，可用 60%水分散粒剂 300～600mg/kg 喷雾。

2）防治柑橘树炭疽病，可用 60%水分散粒剂 400～800g/hm^2 喷雾。

16. 醚菌·啶酰菌

（1）有效成分：醚菌酯+啶酰菌胺。

（2）产品剂型：300g/L 悬浮剂（醚菌酯 100g/L、啶酰菌胺 200g/L）。

（3）实用技术：防治苹果白粉病，可用 300g/L 悬浮剂 75～150mg/kg 喷雾。

17. 嘧菌·百菌清

（1）有效成分：百菌清+嘧菌酯。

（2）产品剂型：480g/L 悬浮剂（百菌清 400g/L+嘧菌酯

80g/L)，560g/L 悬浮剂（百菌清 500g/L+嘧菌酯 60g/L)。

（3）实用技术：防治草坪褐斑病，可用 560g/L 悬浮剂按 840～1 680g/hm² 喷雾，或 480g/L 悬浮剂按 1 080～1 728g/hm² 喷雾。

18. 咪鲜·嘧菌酯

（1）有效成分：咪鲜胺+嘧菌酯。

（2）产品剂型：30%微乳剂（咪鲜胺 28%、嘧菌酯 2%)。

（3）实用技术：防治观赏玫瑰褐斑病，可用 30%微乳剂 150～180mg/kg 喷雾。

19. 丙森·醚菌酯

（1）有效成分：丙森锌+醚菌酯。

（2）产品剂型：70%水分散粒剂（丙森锌 57.3%、醚菌酯 12.7%)。

（3）实用技术：防治苹果树褐斑病，可用 70%水分散粒剂 450～700mg/kg 喷雾。

20. 苦参·蛇床素

（1）有效成分：苦参碱+蛇床子素。

（2）产品剂型：1.5%水剂（苦参碱 0.5%、蛇床子素 1.0%)。

（3）实用技术：防治花卉白粉病、辣椒炭疽病，可用 1.5%水剂 7～8g/hm² 喷雾。防治葡萄霜霉病，可用 1.5%水剂 15～19mg/kg 喷雾。

附　录

附录一　石硫合剂的配制方法和应用

石硫合剂可防治多种害螨和介壳虫幼、若虫，也可防治炭疽病、白粉病、锈病、黑斑病等病害。石硫合剂对树木主要起保护作用，因此，在发病前或发病初期施用效果才好。但桃、梨、李、梅、葡萄等果树生长期施用易发生药害，所以只能在冬季休眠期和早春施用。它是一种高效低毒的农药，对人、畜较安全，其熬制方法简单，成本低、效果好、实用性强，建议熬制石硫合剂时掌握以下几点。

1. 选料

石硫合剂原液质量的好坏，取决于所用原料生石灰和硫黄粉的质量。应选质轻、白色、块状生石灰（含杂质多、已风化的消石灰不能用），硫黄粉越细越好；不能用含铁锈的水来溶解或配制。

2. 熬制方法

比例为生石灰：硫黄粉：水＝1：2：10，先把足量水放入铁锅中加热，放入生石灰化开，煮沸，然后把事先用少量水调成浆糊状硫黄粉慢慢倒入石灰乳中，同时迅速搅拌，记下水位线。大火煮沸45~60min的同时不断搅拌，在此期间，应随时用开水补足因加热煮沸而蒸发的水量。等药液变成红褐色，锅底的渣滓变成黄绿色时即停火冷却。冷却后用棕片或纱布滤去渣滓，就得到红褐色透明的石硫合剂原液。为了避免在熬制过程不断加水的麻烦，可按生石灰：硫黄粉：水=1：2：15或1：2：13的比例进行熬制。

3. 使用方法

使用浓度要根据植物种类、病虫害对象、气候条件、使用时期不同而定，浓度过大或温度过高易产生药害。

(1) 稀释：根据所需使用的浓度，计算出加水量加水稀释。1kg石硫合剂原液稀释到目的浓度需加水量的公式为：加水量(kg) =原液浓度÷（目的浓度-1）。多数情况下为喷雾使用。

(2) 其他使用方法：除喷雾使用法外，石硫合剂也可用于树木枝干涂干、伤口处理或作为涂白剂，上述用途的施用浓度一般是把原液稀释2~3倍。如在树木修剪后（休眠期），枝干涂刷稀释3倍的石硫合剂原液可有效防治多种介壳虫的为害；用石硫合剂原液涂刷消毒刮治的伤口，可防止有害病菌的侵染，减少腐烂病、溃疡病的发生；熬制石硫合剂剩余的残渣可以配制为保护树干的白涂剂，能防止日灼和冻害，兼有杀菌、治虫等作用，配置比例为：生石灰：石硫合剂（残渣）：水=5：0.5：20，或生石灰：石硫合剂（残渣）：食盐：动物油：水=5：0.5：0.5：1：20。

4. 注意事项

(1) 熬制时用铁锅或陶器，不能用铜锅或铝锅；火力要均匀，使药液保持沸腾而不外溢。石硫合剂易与空气和水反应而失效，最好随配随用，短期暂时存放必须用小口容器陶器或塑料桶进行密封储存。不能用铜、铝器具盛装，如果在液面滴加少许煤油，使之与空气隔绝，可延长贮藏期药液表面结硬壳。底部有沉淀，说明贮藏不当。

(2) 石硫合剂呈强碱性，不可与有机磷、波尔多液及其他忌碱农药混用，使用两类农药相隔时间要在10~15d；否则，酸

碱中和，会使药效降低或失效。

（3）有的树木对硫黄及硫化物比较敏感，盲目使用易产生药害，如桃、李、梅、梨、葡萄等在夏季不宜使用。

（4）使用浓度要根据气候条件及防治对象来确定，并要根据天气情况灵活掌握使用。阳光强烈、温度高、天气严重干旱时使用浓度要低，气温高于 32℃ 或低于 4℃ 时，不得在果树上喷施。在喷洒石硫合剂后，出现高温干旱天气，应浇灌 1 次水，以避免药害，防止出现黄叶、落叶、烧叶现象。

（5）因该品对人的眼睛、鼻黏膜、皮肤有刺激和腐蚀性，因此，在熬制和施用时注意，皮肤或衣服沾染原液，喷雾器用完后都要及时用水清洗。

附录二　波尔多液的配制方法和应用

波尔多液是一种保护性杀菌剂，是防治果树叶、果病害常用药剂，成品为天蓝色、微碱性悬浮液，其有效成分为碱式硫酸铜。一般在果树病害发生前喷雾，起预防保护作用。药液喷施在植物体上后，生成一层白色的药膜，可有效地阻止孢子萌发，防止病菌侵染，提高树体抗病能力，且黏着力强，较耐雨水冲刷，具有杀菌谱广、持效期长、病菌不会产生抗性、对人和畜低毒等特点，广泛用于防治作物的多种病害，是农业生产上优良的保护剂和杀菌剂。

1. 波尔多液配制方法

波尔多液主要配制原料为硫酸铜、生石灰及水，其混合比例要根据树种对硫酸铜和石灰的敏感程度和用药季节而定。生产上常用的波尔多液比例有：硫酸铜石灰等量式（硫酸铜：生石灰=1：1）、倍量式（1：2）、半量式（1：0.5）和多量式［1：（3~5）］，用水一般为160~240倍。所谓半量式、等量式和多量式波尔多液，是指石灰与硫酸铜的比例。而配制浓度1%、0.8%、0.5%，0.4%等，是指硫酸铜的用量。如施用0.5%浓度的半量式波尔多液，即用硫酸铜1份、石灰0.5份、水200份配制，也就是1：0.5：200倍波尔多液。

在配制过程中，可按用水量一半溶解硫酸铜，另一半溶化生石灰，待完全溶化后，再将两者同时缓慢倒入备用的容器中，不断搅拌；也可用10%~20%的水溶化生石灰，80%~90%的水溶解硫酸铜，待其充分溶化后，将硫酸铜溶液缓慢倒入石灰乳中，边倒边搅拌使两液混合均匀即可，此法配成的波尔多液质量好，胶体性能强，不易沉淀。要注意切不可将石灰乳倒入硫酸铜溶液中，否则会发生沉淀，影响药效。

面积较大的圃地或果园一般要建配药池，配药池由 1 个大池、2 个小池组成，2 个小池设在大池的上方，底部留有出水口与大池相通。配药时，塞住 2 个小池的出水口，用一小池稀释硫酸铜，另一小池稀释石灰，分别盛入需对水数的 1/2（硫酸铜和石灰都需要先用少量水化开，并滤去石灰渣子）。然后，拔开塞孔，2 小池齐汇注于大池内，搅拌均匀即成。如果药剂配制量少，可用 1 个大缸，2 个瓷盆或桶。先用 2 个小容器化开硫酸铜和石灰。然后两人各持一容器，缓缓倒入盛水的大缸，边倒边搅拌，即可配成。

2. 波尔多液在果树病害防治中的使用

（1）在葡萄树上的使用：葡萄霜霉病在病菌初侵染前喷雾第 1 次，以后每半月喷 1 次 1∶0.7∶200 倍波尔多液，连续喷 2~3 次，对该病有效；葡萄锈病在发病初期喷 1∶0.7∶200 倍波尔多液；葡萄灰霉病在发病初期及时剪除发病花穗，并喷半量式 300 倍波尔多液；葡萄黑痘病在发病初期喷 1∶0.5∶250 倍波尔多液；葡萄黑腐病在开花前、谢花后和果实生长期喷 1∶0.7∶200 倍波尔多液，保护果实，并兼防叶片及新梢发病。葡萄褐斑病在发病初期结合防治黑痘病、炭疽病，每半个月喷 1 次 1∶0.7∶200 倍波尔多液，连续喷 2~3 次。

（2）在苹果树上的使用：对苹果早期落叶病，在发病前半个月（6 月底至 7 月初）喷等量式 200 倍波尔多液，以后每隔 15~20d 再喷 1 次，效果很好。但金帅、红玉的果实在生长期间，抗铜力弱，不宜使用；苹果干腐病在 5~6 月喷 2 次 1∶2∶（200~240）倍波尔多液；苹果炭疽病从幼果期（5 月下旬左右）喷 1∶2∶200 倍波尔多液，以后每隔 10~15d 喷 1 次，连续喷 3~4 次；苹果锈病在发芽后至幼果期喷倍量式 200 倍波尔多液；苹果黑星病在 6~7 月喷 1∶（1.5~2）∶（160~200）倍波尔多液；苹果褐腐病在发病期（9~10 月）喷 2~3 次 1∶1∶（160~200）倍波尔多液；苹果

疫腐病在6~7月喷2~3次倍量式200倍波尔多液。

(3) 在梨树上的应用：梨黑星病、叶炭疽病、火疫病在开花前和落花后各喷1次1∶2∶200倍波尔多液，以后每隔15~20d再喷1次，以保护花序、嫩梢和叶片；梨锈病、褐斑病在萌芽期喷1∶2∶(160~200)倍波尔多液，以后每隔10d左右喷1次，连续喷2~3次；梨黑斑病在4月下旬至7月上旬，喷雾1∶2∶(160~200)倍波尔多液，以后每隔10d左右喷1次，连续喷7~8次；梨干枯病在苗木生长期，喷倍量式200倍波尔多液。

(4) 在桃、李树上的运用：桃缩叶病防治的关键期在芽苞开始膨大时，喷1次半量式150~200倍波尔多液，效果较好，如果在冬季喷施，则把浓度提高为半量式100倍液；桃细菌性穿孔病，在早春芽萌动时喷等量式200倍波尔多液，发病盛期喷1次等量式200倍波尔多液；李子红点病在开花末期叶芽萌发期，喷雾倍量式200倍波尔多液进行预防。

(5) 在核桃树上的运用：核桃黑斑病在发病前，喷等量式200倍波尔多液，以后每隔15~20d喷1次。

(6) 在柑橘树上的运用：柑橘溃疡病在开花前和落花后各喷1次倍量式250倍波尔多液；柑橘树脂病、疮痂病在春季萌芽前喷1次等量式150倍波尔多液。

(7) 在香蕉树上的运用：香蕉黑星病在苞片未落的果穗上喷等量式200倍波尔多液后并对果穗进行套袋。

3. 配制及使用波尔多液的注意事项

(1) 配制用的生石灰必须质量好，不要用风化的石灰。块状石灰可放在大缸或塑料袋内封闭贮藏。如果没有块状石灰，也可用过滤在石灰池内的建筑用石灰，但应除掉表层，用量要加1倍。

(2) 硫酸铜在冷水中溶解缓慢，为了提高工作效率，可先用少量热水使硫酸铜完全溶解后再按配量将水加足。波尔多液需

随配随用，不可放置时间太长，24h 后会发生质变，不宜使用。

（3）不能用金属容器盛放波尔多液，喷雾器使用后，要及时清洗，以免腐蚀而损坏。

（4）波尔多液是一种以预防保护为主的杀菌剂，喷药必须均匀细致。

（5）阴天、有露水时喷药易产生药害，故不宜在阴天或有露水时喷药。

（6）波尔多液配成后，将磨光的芽接刀放在药液里浸泡 1~2min，取出刀后，如刀上有暗褐色铜离子，则需在药液中再加一些石灰水，否则易发生药害。

（7）喷施过石硫合剂、石油乳剂或松脂合剂的果树，需隔 20~30d，才能使用波尔多液，否则会发生药害。

（8）易发生药害的果树在施用时要慎重。施用时可参考主要果树对农药的敏感情况。如桃、李、杏、樱桃等核果类果树，生长期使用波尔多液易发生药害而导致落叶，使用时间和浓度，应通过小面积试验后，再大面积推广使用。

附录三　杀菌剂单剂通用名与俗名对照表

中文通用名	英文通用名	俗名
三唑酮	tridimefon	粉锈宁、百理通、bayleton、Amiral（Bayer）、百菌酮、百里通、立菌克、植保宁、剑清、后保、扑宁、麦翠、万坦、国光必治、菌克灵、代世高、去锈、春收、农盾、勇将、麦医、麦病宝、粉锈通、粉菌特、去粉佳、科西粉、利菌克、优特克、润喜、普星等
三唑醇	triadimenol	羟锈宁、BAYKWG0519、剑牌斑锈灵 TM
丙环唑	Propiconazole	敌力脱（Tilt）、必脱尔（Bumper）、必扑尔（Bumper）、脱力特、赛纳松、康露、施力科、叶显秀、叶冠秀、斑无敌、夏斑消Ⅱ、科惠、金力士、Tilt、Desaol、Banner、Orbit、Alamo、扮绿 Banner-MAXX、蕉斑净、澳美加、扑粉灭霜、博坎普等
氟硅唑	flusilazole	三嘧唑、福星、新星、星润、农星、杜邦新星、克菌星、云除、护列得、护矽得、恒润之星、润利、加纳金、dpx－h6573、SANCTION、Nustar、olymp、Punch、punchI 等
腈苯唑	fenbuconazole	唑菌腈、苯腈唑、应得、Indar
灭菌唑	triticonazole	Alios、Concept、Charter、Flite、Legat、Premis、Real、扑力猛、Caramba、RPA400727
环丙唑醇	cyproconazole	环唑醇、环丙唑、Alto、Atemi［山德士］、Shandon、Biallor、Bialor
酰胺唑	imibenconazole	亚胺唑、霉能灵、Manage、HF-6305、HF-8505
三环唑	tricyclazole	三环唑、比艳、克瘟唑、棕榈科植物叶艳、Beam、Bim

续表

中文通用名	英文通用名	俗名
腈菌唑	myclobutanil	仙生、特菌灵、信生、灭菌强、禾粉挫、果垒、富朗、世俊、世斑、世清、诺田、冠信、势冠、诺信、剔病、黑泰、纯通、翠福、菌枯、瑞毒脱、倾止、倾城、俊秀、夺目、春晴、富泉、浩歌、巨挫、黑泰、富朗、专艳、叶斑清、迈克尼、果桑、Systhane、Syseant、Eagle、Nova、Rally、RH-3866
双苯三唑醇	bitertanol	灭菌醇、联苯三唑醇、双苯唑菌醇、百科、BayKWG0599、Baycor、Biloxazol、Baymant - spray、Sibutol、克菌特、九〇五
苯醚甲环唑	difenoconazole	双苯环唑、噁醚唑、世高、敌萎丹、思科、显粹、千绿、一点金、待克利、克星、炭克、赛世（10%苯醚甲环唑水分散粒剂）、超世等
烯唑醇	diniconazole	特谱唑、速保利、志信星、禾果利、病除净、杀黑星、杀菌宝、索菌、穗迪安、禁黑、金打、沃克、普易、力克菌、力克波、力波星、灭黑灵、施力脱、特普吐、特效灵、特普立、特普灵特鲁唑、12.5%利园可湿粉、达克利、特普唑、施立脱、特灭唑、消斑灵、壮麦灵、农知音、黑白清、禁黑、沁园、国光黑杀、Spotless、Sumi - 8、SumiEight、SumieightS - 3308L 等
R-烯唑醇	diniconazole - M	高效烯唑醇、速保利
己唑醇	hexaconazole	安福、叶秀、同喜、绿云罗克、珍绿、翠丽、翠禾、洋生、菲克利等
戊唑醇	tebrconazole	立克秀、富力库、菌力克、好力克、金力克、戊康、黑老包、爱诺铁克、科胜、普果、奥宁、剑力通、欧利思、亮穗、秀丰、益秀、盛秀、得惠、翠好、翠喜、金海、金库、爱普、戊净、欧瑞优、醇美（25%戊唑醇水乳剂）、得克利、双颖、Raxil、Horizon、Lynx

续表

中文通用名	英文通用名	俗名
粉唑醇	flutriafol	
丙硫菌唑	prothioconazole	Proline、Input
丙硫咪唑		施宝灵、阿草达唑、阿苯达唑、阿苯唑、扑尔虫、丙硫咪唑、丙硫苯咪唑、丙硫哒唑、丙巯咪唑、丙硫丙咪唑、阿丙条、丙硫苯咪胺酯、肠虫清、抗蠕敏
青菌灵	cypendazole	DAM18654、氰茂苯咪、果病清
抑霉唑	imazalil	triazole、117682、Fungalero。商品名称：抑霉力、仙亮、戴挫霉、万利得、维鲜、美艳
乙环唑	etaconazole	CGA64251。商品名称：Vangard、Sonax、Benit
氟环唑	epoxiconazole	环氧菌唑、欧霸、依普座 Epoxiconazole、世禾、酷风、BAS480F、欧博
四氟醚唑	Tetraconazole	氟醚唑、意莎可、Tecto、Toba2、Storite、MK-360、朵麦克
硅氟唑	simeconazole	Mongazit、Patchikoron、Sanlit。试验代号：SF-9607，F-155，SF-9701
戊菌唑	Penconazole	黑白一绝、多米乐美、二氯戊三唑、配那唑、果壮、笔菌唑、赚实
咪鲜胺	prochloraz	扑霉唑、咪唑霉、扑菌唑、施保可、施宝克、扑霉灵（Mirage）、施先克、菌百克、使百克、施先丰、果鲜宝、百使特、保禾利、金雨、坦阻克、丙灭菌、丙氯灵、滴翠、扑克拉、菌威（25%）、Spartak、Mirage 等
氟菌唑	triflumizole	特富灵（Trifmine）、三氟咪唑、利佛米
恶咪唑	oxopoconazole	UBF-910、UR-50302、All-shine
抑霉唑		抑霉力、万利得、imazolil、Fungaler

续表

中文通用名	英文通用名	俗名
氰霜唑	cyazofamid	赛座灭、氰唑磺菌胺、ANMAN、MILDICUT、IKF-916、DOCIOUS、Fenamidone、Pestanal、cyazofamid
咪唑菌酮	Fenamidone	Reason、Fenomen、Sereno、Sagaie
十三吗啉	tridemorph	克啉菌、克啉菌（Calexin）。商品名为：克力星（巴斯夫）、三得芬（台）、来灵（十三吗啉）、奥美塞克、BASF220F、tridecyldimethylmorpholine
丁苯吗啉	fenpropimor-phe	Funbas、Mildofix、MisTRal. T、Corbel、BAS42100F、RO-14-3169、ACR-3320
螺环菌胺	Spiroxamine	螺噁茂胺、螺噁茂胺、KWG4168、Aquarelle、ProsperVirtuose
嗪胺灵		Saprol、Denarin（CelaMerk）、Funginex
乙嘧酚	ethirimol	乙嘧醇、灭霉定、乙菌定、乙氨哒酮、胺嘧啶、粉克、Milstem、Milgo、BASF-2572、B-ethylphenol、Bethylalcohol、Milcurb、notmoldset、Bammoniadaketone、PP149 等
乙嘧酚磺酸酯	bupirimate	磺嘧菌灵、乙嘧酚磺胺酯、白特粉、Nimrod
甲菌定	dimethirimol	二甲嘧酚、甲嘧醇、灭霉灵、Milcurb、Midinol、R31665、Mathyrimol、PP-675
氯苯嘧啶醇	fenarimol	乐必耕、芬瑞莫（台）、乐必耕（陶氏益农）、异嘧菌醇、芬纳里摩、分菌二嗪、Bloc、EL222、Rimidin、Rubigan（陶氏益农）
氟苯嘧啶醇		nuarimol、Trimidal、Trimiol
嘧菌胺	Mepanipyrim	KIF-3535、Frupica
啶菌噁唑		菌思奇、灰霉净、SYP-Z048
啶斑肟	(E) -pyrifenox	（E）-啶斑肟、Corado、Dorado、RO-15-1297、NRK-297

续表

中文通用名	英文通用名	俗名
硫黄		胶体硫、成标、欧标、园标、进成、红远、先灭、汰泯、高洁、百愁、千清、早清、清亮、品舒、粉卡、赢利、洁秀、峰击、双吉胜、保叶灵、芽速倍、普园喜、螨园净、园如丰、瑞德丰、高彪等
石硫合剂	limesulfate	多硫化钙、宇农、基得、菌根、果镖、达克快宁、果园清、速战、粮果康、园百土、奔流、奇茂、园福、园适、克盾、宇农、达克快宁、井田冬巴等
多硫化钡	bariumpoly-sulfide	索利巴尔、硫钡粉
代森锰锌	mancozeb	速克净、喷克、大生、山德生、大生富、安生宝、新万生、大生 M-45、必得利、大丰、百乐、锌锰乃浦、猛杀生（络合态代森锰锌干悬浮剂)、太盛、喷克、必得利、新锰生、山德生、猛飞灵、百利安、力克清、立克清、菌达清、菲德拉、韦尔奇、霜疫露、施保生、兴农生、美生、丰生、冠生、凯生、共生、倚生、创生、云生、天生、邦生、诺生、贝生、宏生、久生、奇生、护生、水生、巧生、悦生、标生、巨生、韩生、欢生、翻生、靓生、本生、胜生、先胜、世胜、胜收、贺收、金络、进富、络克、乐克、比克、真克、好意、顽打、奥丹、柿康、易宁、禁疫、剪疫、疫诺、疫飞、疫截、疫美、疫卡、蓝卡、蓝景、蓝丽、蓝诺、百诺、亿诺、普诺、诺胜、百润、施旺、迅康、瓜康、久违、化霜、霜隔、颗棒、欢歌、佳奇、奇能、安盾、兰韵、美伦、美赞、登科、欣然、将挡、八保、双吉、都保、惠福、博福、斑掉、盛典、太盛、村喜、田茵、世质、那思、统禄、助绿、润休、俊秀、好秀、迪安、猛艺、园晶、多得、固安、惊天、棚宁、拔翠、翠滴、宇靓、冠美、冠凯、叶康、美爽、美兴、奥科、锰宝、皮保、易宁、剪疫、疫杀、疫黑舒、疫快朗、菲普

续表

中文通用名	英文通用名	俗名
代森锰锌	mancozeb	森、长青绿、绿宝森、爱富森、椒利得、普得丰、丹菌克、果富达、安生保、代尔乐、索富托、港美合除、国光克静、国光甲刻、斑克利果、菌克清、得生
代森铵	amobam	阿巴姆、铵乃浦、施纳宁、康顺奇、禾思安、猛司达、奥蕾 45%水剂、爱宝、康俊、森茂、绿医、菌坦、菌贝、搏宁、纹封、好旺、加卡、卓越、劲棒、没病
代森锌	zineb	国光乙刻、蓝克、兰博、新蓝粉、夺菌命、惠乃滋、蓝保、蓝克、蓝标、蓝贝、蓝风、蓝焰、蓝福、蓝代、蓝生、蓝凯、蓝奇、蓝亚、蓝沁、兰欣、兰宝、兰奥、邦蓝、纯蓝、亮蓝、康蓝、卓蓝、品蓝、吉宝、统福、统禧、锐生、幸好、艾润、润得、畅享、奥泰、奥诺、傲斑、依靠、信而浦、新而浦、福达星、施普乐、鑫申灵、春秋灵、好生灵、好森灵、好望蓝、好邦达、达克生、劳伦斯、夺菌命、惠乃滋、洽益兴、标正天选、国光银泰
丙森锌	propineb	甲基代森锌、安泰生（Antracol）、攻疫、施蓝得、法纳拉、替若增、战疫、惠盛、真好、赛通、爽星、连冠、益林
代森联	metiram	代森联、品润
代森环	Milneb	Saniper、杜邦 328
福美双	thiram	多宝、诺克、美康、希克、轮炭消、赛霜得、银硕、正霜、欣美、世能、红康、美佳、美滋、美誉、都美、罗斯、贵果、平菌、双刺、思源、根病灵、欣美、卡福、双思农、更高、普保、好帅、腐佳、环发、共好、尹卡申、桂冠、刀绞兵、星彩、安喜、剔霉、金纳海、炭腐菌清、amson、Tersam
福美胂	asomate	阿苏妙

续表

中文通用名	英文通用名	俗名
福美锌	ziram	锌来特、什来特、硫化促进剂 ZDMC，硫化促进剂 PZ
福美铁		福美特、FERBAM、Fermate、Ferricdimethyldithiocarbamate
克菌丹		美派安、captan（开普顿）
灭菌丹	folpet	费尔顿
敌克松	fenaminosolf	地可松、敌磺钠、Dexon
乙蒜素	ethylicin	抗菌剂 401、抗菌剂 402、枯黄必治、现代菌杀、菌无菌、正萎舒、康稼、断菌、群科、木春三号、杀菌先锋等
二硫氰基甲烷	Methylene Bi-thiocyan-ate	三硫氰基甲烷、浸种灵、的确灵、浸丰、扑生畏、菌线威、TH88、MBT
苯噻硫氰	TCMTB	苯噻氰、倍生（Busan）、苯噻清
波尔多液	coppercalcium-sulphate	bordeauxmixture、bouilliebordelaise、硫酸铜钙，商品名：多宁、必备、多病宁
碱式硫酸铜	coppersulfate-basic	三碱基硫酸铜、三元硫酸铜、高铜、绿保得、保果灵、杀菌特、铜高尚、波尔多粉、杀菌特、中诺、绿信、运达、蓝胜、得宝、梨参宝、科迪、多病宁、天波、丁锐可等
氢氧化铜	copperhydrox-ide	可杀得 101、可杀得 2000、K0Cide、丰护安、克杀得、可乐得 2000、冠军铜、蓝盾铜、根灵、果菜多、冠菌清、冠菌乐、瑞扑、瑞扑 2000、巴克丁、克杀多、菌标、欧力喜、绿登溃、菌服输、杀菌得、绿澳铜、润博胜、蓝润、橘灿、真细菌克、妙刺菌、库珀宝、猛杀得、细星、细高、禾腾、菌盾、泉程、杜邦可杀得叁千（3000）等

续表

中文通用名	英文通用名	俗名
王铜	copper oxychloride	氧氯化铜、碱式氯化铜。商品名：伊福、好宝多、宝力高、菌物克、靓秀、喜硕、禾益万克、禾益帅康、果靓亮、富村、扎势、兰席等
氧化亚铜	cuprousoxide	赤色氧化铜、铜大师、大帮助（86.2%氧化亚铜WG）、靠山、氧化低铜、神铜等
松脂酸铜	copperabietatecasnumber	去氢枞酸铜，嘧铜菌酯，商品名为：绿乳铜、绿菌灵、绿桂灵、得铜安、佳达宁、海宇博尔多、铜帅、扑菌狼、天地铜、得铜安、佳达宁、铜喜、霜斯、冠绿、惠植、盖波、百康、战溃、溃救、柔通、笑颜、copperabietate 等
氨基酸铜		双效灵、万枯灵、绿丰园
琥胶肥酸铜	DT	丁、戊、己二酸铜，DT，二元酸铜，琥珀肥酸铜，琥珀酸铜，田丰，角斑灵，猎菌斑，奥卡，滴涕、地涕，椒丰，DT 杀菌剂，蓝金等
科博	bordeauxmixture-ms	波尔多锰锌、精科博、polticglin
硫酸四氨络合铜	Cuaminosulfate	胶氨铜、瑞枯霉、增效抗枯霉、消病灵、多效灵、疮溃灵、菌特杀、抗枯宁、克病增产素、即克、博克、灭病丰
噻菌铜	thiceiazole	龙克菌
乙醋铜	CupricAcetate	地菌毙、土菌灵、地菌灵、多采、CT 杀菌剂、细菌灵
硝基腐殖酸铜	nitrohumicacid + coppersulfate	菌必克
壬基苯酚磺酸铜	Coppernonylphenolsulfonate	壬菌铜、壬基羟基苯磺酸铜、优能芬、金莱克、亚纳铜、fungicide
噻森铜		东风侠剑、施暴菌

续表

中文通用名	英文通用名	俗名
喹啉铜		千绿、必绿、千菌、净果精、美果铜、快得宁
草酸铜	Cupricoxalate	乙二酸铜
混合氨基酸铜·锌·锰·镁	(Copper、zinc、manganese、magnesium) -aminoacidscomplexmixtu-reaqueous-solution	庄园乐、农夫菌星、双美
多菌灵	carbendazim	
多菌灵磺酸盐	carbendazim-sulfonicsalf	菌核光、溶菌灵
苯菌灵	benomyl	苯来特、Benlate (DUPont)、允福、拔喜、势泰、免赖得等
噻菌灵	thiabendazole	硫苯唑、特克多、涕必灵、噻苯达唑、噻苯咪唑、特克多、霉得克、保唑霉、Tecto、Toba2、Storite、MK-360、Mertect、Tecto
甲基硫菌灵	thiophanate -methyl	纳米欣、丽致 (70%甲基硫菌灵可湿性粉剂)、丰瑞、菌真清、龙灯 (甲基托布津 70%可湿性粉)(日本曹达)、美邦甲托、白托、甲托、瑞托、康托、曹托、一托、禾托、艾托、依托、兰托、天托、好托、稳托、亮托、盖托、宇托、信托、利病欣、套袋保赛明珠、杀灭尔、易壮、奥迈、载丰、百宁、托派、爱慕、翠艳、捕救、翠晶、树康等
甲霜灵	metalaxyl	瑞毒霉、雷多米尔、阿普隆、甲霜安、韩乐农、瑞毒霜、灭达乐、保种灵、氨丙灵、Ridomil、metalaxyl、Ridomil、ApronZE、Subdu15SP、Metaxamin、Acylon (Ciba-Geigy) 等

续表

中文通用名	英文通用名	俗名
精甲霜灵	Metalaxy-M	金雷
噁霜灵	oxadixyl	杀毒矾、Sandofan
苯霜灵	benalaxyl	Galben、Tairel、TF-367S、M-9834
烯酰吗啉	dimethomorph	Acrobat、WL127294、CME151、安克、品克、佳激、科克、金科克、优润、宝标
安克·锰锌		旺克、安克·锰锌、烯酰吗啉·锰锌、甘霜、爱诺易得施、比俏、安涛、园星、质高、翠冠、高佳、恒倩、安森、霉特克、霉优 I 等
噻氟菌胺	trifluzamide	巧农闲、噻呋酰胺、噻氟酰胺、宝穗、噻呋、Pulsor、GreatamGranuai、Beton、满穗
氟酰胺	flutolanil	望佳多、氟纹胺、纹枯胺、氟担菌宁、福多宁(台)、担菌胺、Moncut、Flutolanil、NNF-136
吡噻菌胺	Penthiopyrad	Gaia 和 Affet
氟啶胺	boscalid	啶酰菌胺、Merald、福帅得、凯泽、Cantus、Emerald、Endura、Signum、Collis 、fluazinam、fluaziname、Shirlan
霜脲氰	cymoxanil	氰基乙酰胺肟、克绝、Curzate、Dupout、DPX3217
双炔酰菌胺	mandipropamid	瑞凡 NOA446510、Mandipropamid、noa446510
苯酰菌胺	zoxamide	Zoxium
硅噻菌胺	silthiopham	Sihhiofam、Latitude、全蚀净
噻酰菌胺	tradinil	NNF9850
氟啶酰菌胺	Fluopicolide	AEC638206、Infinito
环丙酰菌胺	Cyclopropanesulfonamide	氯环丙酰胺、加普胺、Win、Winadmire、Solazas、Arcado、Protega
烯肟菌胺		高扑、SYP-1620

续表

中文通用名	英文通用名	俗名
水扬菌胺		好友
邻碘酰苯胺	benodanil	BASF3170、麦锈灵、敌锈灵、碘锈灵、Calirus
霜霉威	propamocarb	宝力克、普力克、胺丙威、丙酰胺、普生、年霉特、霜疫克星、再生、菜霉双达、免劳露、霜敏、霜灵、扑霉特、PrevicurN、Prevex、BanolTurfFungicide、Tuco、Dynone、Filen；SN66752、NOR - AM、AEB066752、ZK66752、SN39744
乙霉威	diethofencarb	万霉灵、抑霉灵、保灭灵、抑菌威、抑霉素、克得灵、灰霉菌克、S - 165、S - 1605、S - 32165、Powmyl 等
异丙菌胺	iprovalicarb	缬霉威、Melody、Positon、lnvento
菌毒清		利刃、菌必清、菌必净、灭菌灵、杀菌灵、灭菌清、环中菌毒清等
辛菌胺醋酸盐		卡毒醚丁、百灵、辛菌胺
抑霉威	prothiocarb	LAB149202F
腐霉利	procymidone	速克灵、二甲菌核利、杀菌利、sumilex、sumisclex、扑灭宁、菌核酮、杀霉利、速克利、灰核一熏净、棚达、黑灰净、必克灵、消霉灵、棚丰、福烟、禾益一号、扫霉特、熏克、胜德灵、熏得利、克霉宁、灰霉灭、灰核灵、灰霉星、黑灰净（50%速克灵可湿性粉剂）等
乙烯菌核利	vinclozolin	农利灵、烯菌酮、免克宁、Ronilan、BASF352 等
菌核利	dichlozoline	菌核灭霉利

续表

中文通用名	英文通用名	俗名
异菌脲咪唑霉	iprodione	异丙定、扑海因、扑海英、扑疫佳、桑迪恩、依扑同、异菌咪、抑菌星、抑菌鲜、爱因思、疫加米、依普同、秀安、统秀、统俊、海欣、施疫安、普康、普因、大扑因、灰泰、妙锐、响彻、草病灵4号、胜扑、Rovral、Chipco26019、Kidan、26019RP、ROP500F、NRC910、FA2071、LFA2043等
菌核净	dimetachlone	纹枯利
氟菌胺	fluoroimide	氟菌丹、氟菌胺、氟酰亚胺、氟氯菌核利、唑呋草 Fluoroimide、Sparticide
敌菌丹	captafo	大富丹、四氯丹，福尔西一登
百菌清	chlorothalonil	Daconil2787。商品名：达科宁、桑瓦特、克劳优、打克尼尔、多清、圣克、克达、百慧、大治、泰顺、大克灵、霉必清、霉达宁、珍达宁、百可宁、霜可宁、桑瓦特、百旺生、顺天星1号、达霜宁、四氯异苯睛、菌乃安、哈罗尼、康正品、康必乐、云清丹、达再欣、一把清、殷实、朗洁、多清、好夫、百庆、冬收、猛奥、霜霉清、益力、棚霜一熏清、掘金、谱菌特、耐尔百惠、绿震、熏杀净等
敌磺钠	fenaminosulf	敌克松、地克松、敌可松、地可松、根腐宁、地爽、的可松、根腐灵、Dexon、Lesan、Diazoben、Bay22555、Bayer5072、DAPA
五氯硝基苯	quintozene	土壤散、Teeraclor、Brassicol
三乙膦铝	phosethy-Al	乙磷铝、疫霜灵、霉疫净、疫霉灵、疫霉净、霉菌灵、克菌灵、霜霉灵、磷酸乙酯铝、三乙磷酸铝、乙膦铝、霜疫灵、克霉灵、霜疫净、藻菌磷、三乙基磷酸铝、霜霉净、福赛特、霜尔欣、霜安、财富、达克佳、绿杰、蓝博、创丰、斩菌手、百菌消、果施泰、Aliette等

续表

中文通用名	英文通用名	俗名
甲基立枯磷	tolclofos-methyl	甲基立枯灵、利克菌、一支清、立枯灭、妙手、利克磷、利枯磷、立枯磷、Rizolex 等
敌瘟磷	edifenphos	克瘟散（Hinosan）、EDDP、Bayer78418、SRA7847、稻瘟光、仙环亡
克菌壮	AmmoniumO	NF-133
吡嘧磷	pyrazophos	定菌磷、吡菌磷、克菌磷、完菌磷、Afugan、Curamil、Missile、Siganex、Hoe-2873、W11099
三唑磷胺		威菌磷、triamiphos、Wepsynis
稻瘟净	EBP	Kitazin
异稻瘟净	iprobenfos	Kitazin-P、IBP
毒菌锡	fentinhydroxide	brestanid、Farmatin、Trinicide、Tinspray、Vitospot、三苯基氢氧化锡、Triphenyltinhydroxide
嘧菌酯或腈嘧菌酯	azoxystrobin	阿米西达（Amistar）、安灭达、abound、绘绿（heritage）、quadris、amistaradmire，纹康（40%WP），亚托敏，金嘧，ICIA5504
烯肟菌酯	enestroburin	佳斯奇、SYP-Z071
啶氧菌酯	picoxystrobin	ZA-1963、Acanto
吡唑醚菌酯	pyraclostrobin	唑菌胺酯、百克敏、凯润、Headline、Insignia、CabrioAttitude、BASF500、Comet、CABRIO、OPERA、PYRACLOSTROBIN、PESTANAL、PYRACLOSTROBIN
醚菌酯	Kresoxim-methyl	苯氧菌酯、品劲、百美、翠贝（Stroby）、康泽
肟菌酯	trifloxystrobin	肟草酯、三氟敏、肟草酯、肟菌脂、Flint、Swift、zest、CASRN141517-21-7
肟醚菌胺	orysastrobin	Arashi
烯肟菌胺		高扑

续表

中文通用名	英文通用名	俗名
咯菌腈或氟咯菌腈	fludioxonil	咯菌酯、勿落菌恶、Saphire、Celest、卉友、适乐时、灰霉必杀
噻霉酮	benziothiazolinone	菌立灭、立杀菌
噻唑菌胺	Ethaboxam	韩乐宁、guardian
拌种灵	amicarthiazol	Seedvax、Sidvax、F-849、G-849
叶枯唑	Bismerthlazol	叶青双、噻枯唑、川化-018、叶枯宁、猛克菌、细美
氯唑灵	Etridiazole	土菌灵、氨唑灵、克土菌（依得利）、土菌灭、Etridiazol、Echlomezol、Ethazol、Ethazole、Etcmid、OM2424、Terrazole
苯噻氰		倍生、TCMTB
噻菌茂	Saijunmao	青枯灵
噻唑锌	Zincthiazole	捍绿、碧生、新农、Vancide30-W
噁霉灵	hymexaxol	土菌消、立枯灵、治枯灵、明奎灵、绿亨1号、苗菌灵、土菌克、绿佳宝、百禾源恶毒灵、枯黄急救（30%噁霉灵水剂）、死苗烂根净等
噁唑菌酮	famoxadone	噁唑酮菌、易保、Famoxate、Charisma、Equation、Equationcontact、EquationPro、Horizon、Tanos
氰霜唑	cyazofamid	赛座灭、氰唑磺菌胺、科佳、Ranman、Docious、Mildicut
二氰蒽醌	Dithianon	二噻农、博青、丰利诺
霜脲氰	Cymoxanil	清菌脲、菌疫清
戊菌隆	pencycuron	禾穗宁、万菌灵、戊环隆、万菌宁、宾克隆、防霉灵
甲基嘧菌胺	pyrimethanil	Scala、Mytho、施佳乐

续表

中文通用名	英文通用名	俗名
嘧菌环胺	Cyprodinil	Chorus、Stereo、Switch、Unix、CGA-219417、和瑞、环丙嘧菌胺
嘧霉胺	Pyrimethanil	施佳乐、施灰乐、施美特、灭霉清、灰霉农丰、稼乐、瓜宝、瓜乐、隆利、丹荣、断灰、灰雄、美灿、灰闲、博荣、灰动、美无痕、菌萨、灰喜利等
甲羟鎓		强力杀菌剂、灭菌星
十二烷基二甲基苄基氯化铵	BenzalkoniumChloride	洁尔灭、苯扎氯铵、杀藻胺 DDBAC、1227 表面活性剂、奥斯宾 TAN
二氯异氰尿酸钠	SodiumDichloroisocyanurate	NaDCC、优氯特、优氯克霉灵、菌立灭、喷克菌、菜菌清、霜唑、霉狼、必菌鲨（坪安 10 号）、菌灭克、优氯净、优乐净、NaDCC、消杀威、农思得
三氯异氰尿酸	TrichlorosTriazineTrione	强氯精、菌毒双杀、地菌消、观赏椒灵、土壤消毒剂、克菌净、菌立停、百树氯克、烟枯净、棉枯净、禾枯净、瘟枯速克、三氰酸、六必治、红箭 28
氯溴异氰脲酸	chlorobromoisocyanuricacid	绿亨 6 号、绿亨杀菌王、天威 3 号、灭菌成（消菌灵）、奥菲特、菌毒清、乐无病、绿山子、菌毒双杀、天威新 3 号
儿茶素	d-catechin	儿茶酸
丙烯酸	acrylicacid	真菌净
邻烯丙基苯酚	2-allylphenol	银果
丁子香酚	eugenol	丁香油酚、丁子香酚、丁香酚、丁子香酸、4-烯丙基-2-甲氧基苯酚、除霜灭疫
井冈霉素	jinggangmycin	有效霉素、维利霉素、Validacin、Valimon、草病灵 1 号

续表

中文通用名	英文通用名	俗名
多抗霉素	polyoxin	多氧霉素、多效霉素、宝丽安、保利霉素、多克菌、科生霉素、兴农 660、多氧清、宝康、多抗灵、灭腐灵、科生、巧丹、宝叶散、禾康等
链霉素	streotomycin	农用链霉素、硫酸链霉素、农用硫酸链霉素、农缘、菌斯福、细菌特克、博盛、细菌清、良方、溃枯宁、唯它灵、爱诺链宝、链微素等
抗霉菌素 120		抗霉菌素、农抗 120、TF-120、抗霉菌素 120、120 农用抗生素、农抗 120、嘧啶核苷类抗生素、双杭、益植灵、绿盾丰、粉锈清、霜去灵等
嘧啶核苷	pyrimidinenu-cleoside	百意菌清
春雷霉素	kasugamycin	春日霉素、加收米、嘉赐霉素、靓星、施达康、kasumin、kasurabcide、KSM 等
灭瘟素	blasticidin-S	稻瘟、Bla-S（灭瘟素）
土霉素	Oxytetracy-cline	水合霉素
农用青霉素钠	Benzylpenicil-linsodium	农用青霉素（农抗-2 000）
宁南霉素	NINGNANMI-CIN	菌克毒克
武夷菌素	wuyiencin	农抗 B0-10，农抗 2-16
梧宁霉素	tetramycin	四霉素、11371 抗生素、双功密定
庆大霉素	gentamicin	艮他霉素、艮他米星、正泰霉素
中生菌素	zhongsheng-mycin	中生霉素、克菌康、农抗 751、好普生
公主岭霉素		农抗 109
华光霉素	Huaguangmy-cin	日光霉素、尼柯霉素、nikkomycin

续表

中文通用名	英文通用名	俗名
胞嘧啶核苷肽	Cytosinpeptide-mycin	苦糖素、新嘧肽霉素、博联生物菌素、天柱菌素
地衣芽孢杆菌	Bacilluslicheni-formis.（Weig.）Chester	201（或202）微生物杀菌剂、双效宝
蜡质芽孢杆菌	bacillus cereus	蜡状芽孢菌、叶扶力、叶扶力2号、BC752菌株
木霉菌	Trichodermasp	快杀菌、特立克、灭菌灵、生菌散、康吉
氨基寡糖素	oligosaccharin	OS-施特灵、低聚D-氨基葡萄糖、几丁寡糖、净土灵、"中科3号"凯得、"中科6号"（好普）、双界NOPATH（进口）等
葡聚烯糖		引力素
溴菌清	bromothalonil	休菌清、炭特灵、细菌必克、toktamer38、Tektamer、DBDCB、托牌DM-01等
氰氨化钙	Calciumcyana-mide	石灰氮、碳氮化钙、氰氨基化钙、正肥丹
氯化苦	chloropicrin	硝基氯仿、氯化苦味酸、三氯硝基甲烷
棉隆	dazomet	必速灭
威百亩	metham	维巴姆、爱地益、斯美地、保丰收、硫威钠、线克、威博姆、metham-sodium、sodium（methyldisulfanyl）carbamate
双胍辛胺	iminoctadine	百可和、派克定、双胍辛醋酸盐、培福朗、别腐烂、谷种定、GTA、Beldute、Pantine、Befran、PanolilMC25、EM379、DF-125
双胍辛烷苯基磺酸盐	iminotadinetris	百可得
稻瘟灵	isoprothiolane	富士一号、IPT、Fuii-one

续表

中文通用名	英文通用名	俗名
甲醛	formaldehyde	福尔马林
哒菌酮	Diclomezine	达灭净、哒菌清、敌菌米嗪、达菌清
敌枯双	phenazineoxide	叶枯净、杀枯净、惠农精
四氯苯酞	tetrachloroph-thalide	fthalide、phthalide、rabcide、稻瘟酞
哌丙灵	piperalin	病花灵、PIPRON、粉病灵、白粉灵、哌啶宁、胡椒灵
唑嘧菌胺	ametoctradin	Enervin、Zampro
多果定	dodine	越夏宝、多果宝、Syllit、CuritanCarpenet-Efuzin、Dodina、Venturol、Sulgen、Melprex、AC5223、Syl-lit、Cyprex、Apadodine、Vondodine、CL7521
弱毒疫苗N14		弱病毒、弱株系
卫星核酸生防制剂S52		弱病毒 S52
嘧肽霉素	cytosinpeptide-mycin	博联生物菌素、胞嘧啶核苷肽
菇类蛋白多糖		抗病毒1号、抗毒丰、菌毒宁、真菌多糖、抗毒剂1号
混合脂肪酸	mixedaliphati-cacid	83 增抗剂、NS-83 增抗剂、抑病灵
过氧乙酸	peracetic acid	克菌星

附录四　常用混合杀菌剂俗名对照表

常用名	俗名
多·腐	山达菌克、菌快退
多·五	五·多，五氯·多、苗病净、根腐宁、根康宝、枯萎净、瓜枯宁、猝倒丹、枯健、扶萎、菌克星等
多·核净	多·菌核、菌脱、灰核宁、艾立克、速杀菌等
多·异菌	灰疫克、扑菌灵
多·异菌·锰锌	好速净
多·福锌	施康、双保
多·溴菌	泰得
多·福砷	利腐沙
多·三环	瘟柯宁、菌瘟格新、稻瘟柯、瘟立克、瘟立清、瘟灭净、瘟菌格星、稻无瘟、锐丰、叶净等
多·乙铝	轮纹净、轮多克、烂果必治、轮纹杀星、京博轮腐灵、福乐宝、杀菌多、霉尔欣、贝尔生等
多·水杨	治霉灵
多·烯唑	果民乐、果病灵、灭黑灵、灭黑1号、多定、同福、洁斑、华生、麦丙克等
多·硅唑	诺星、多星、博坎普、升世
多·混氨铜	混铜·多菌灵、枯萎必克、萎病康、瓜旺、金吉尔灭威
多·霉威·锰锌	瑞得佳
多·福·酮	抗菌灵、粮果丰、霜粉清、康泰灵
多·硫·酮	克百菌、果复灵、普菌特、通海等
多·福·锰锌	拓福、轮纹快克、轮炭必克、果病净、果病杀、果丰、果叶托安、菌洁灵、敌菌消等

续表

常用名	俗名
多·福·福锌	多·福·锌、菜友乐、全靠它、炭轮克、果安生、冠龙-21、世宝、双生、绿亨2号等
多·福·溴菌	多溴福、炭息、多丰农、吐枯双、抑枯双
多·福·硫	施菌克、一帆菌克、巨收、西必登
多·硫·锰锌	斑病速克、噁苗克星
多·井·三环	稻菌清、稻乐正大、稻保乐、瘟克净、多除等
多·邻酰·五	保苗灵
戊唑·多菌灵	福多收
丙唑·多菌灵	春满春、大户润通
百·多	溶杀宝、喷枯、苗菌灵、世纪绿
百·多·福	达美高
甲硫·烯唑	光乐
甲硫·腈菌	斯克
甲硫·菌核	霉怕、烟魁、灰核净、无霉园、万霉净
甲硫·硫	消亮、炭轮菌克、轮落清、甲托力、普菌克、擒菌、莎药剑、菌仙优、乐施福、乐生、清平乐等
甲硫·锰锌	盖菌锰、农施乐、保丰得、诺康、去病特、灭菌净
甲硫·霉威	万霉灵、硫菌·霉威、克得灵、抑霉泰、叶霉舒、灰霉菌克、菌止定、亿家宝、倍能、美消、叶霉舒等
腐殖·甲硫	植友腐敌
百·甲硫	克菌宁
甲硫·烯唑	光乐
苯菌·福	朗菌康
福酮	稻恶清、去恶宝、稻齐壮、金保克、菌太克、百菌净、裕农、锈立安、粉笑等

续表

常用名	俗名
硫·酮	硫·三唑酮、三唑酮·硫、锈粉灵、粉锈灵、铲锈除粉、粉扑清、粉锐克、百粉净、粉诺、稻丰宁、菌杀特、菌力杀、田菌宝等
锰锌·酮	硕果、秃锈园、福尔果、黑星净、快清、国光格尔（粉锈必治）等
腈菌·酮	粉尽、粉逝、叶宁、博康、麦菌敌、毙菌特
酮·乙蒜	病无灾、克菌
福·烯唑	力青、黑立清
锰锌·烯唑	果菌净、梨黄金、果健、黑星必克、蕉美、斑福、农特安、世金、金卫它、大力农、坐收等
苯甲·丙环唑	康泽、正邦妙品、喜苗、世苗、喜多成、病毒清、爱苗、世爱、富泽
戊唑·丙森锌	褐斑清
福·戊唑	福立黑穗停
烯肟菌胺·戊唑醇	爱可
腈菌·锰锌	仙生、仙星、仙丰、惠生、丽果、黑镖、保粒大、安泰宝、泰高、斑除、凯迪、富星、敌露、比高、金蕉宝、决奇、叶福、特消克、菌敌克等
福·腈菌	黑白灵、星宁、逐菌、粉锈星、扫黑、黑星灭克、果无菌、菌毒克星、菌丝消、斑立脱、菌克清、菌科清、高胜、宇龙生宝等
噁·甲	妙回田、育苗灵、灭枯灵、土菌杀、蛙眼净Ⅰ、霉优Ⅱ、天威5号、瑞苗清等
百·甲霜	霜治、力克霜、卡病灵、除清、菲格
代锌·甲霜·乙铝	霜霉净
稻瘟·福·甲霜	立枯净

续表

常用名	俗名
噁霜锰锌	杀毒矾、杀菌矾、霜疫清、噁唑烷铜、杀毒矾（SandofanM8）、草病灵2号
福·霉威	棚瓜灵、万福、霉完、明生盖菌
霉威·霜脲	霜脲克、乐霜富
锰锌·霜霉	霜霉力克、力克
霜脲·锰锌	克露、克抗灵、金霜克、霜疫霉克、霜霉疫净、霜露、赛露、散露、农露、霉通、霜惊、霜病清、克霜清、克霜氰、霜溜溜、蔬奈克、惠翠、战霜、疫菌净、霜霉敌、奔路、霜洗、托那多、霜愁、走红、铲霉、振农、盈丰、威克、霜克等
噁唑菌酮锰锌	精E保、杜邦易保、万兴
噁唑菌酮·霜脲	抑快净、杜邦抑快净、Fa-moxate
百·霜脲	平霜灵、霜速净、霜冠、凯瑞、乐陶陶等
波·霜脲	克普定
琥·霜脲	万竞生、同乐
百·异菌	灰霉清2号，爱力杀
福·异菌	农师傅、利得、灰霉灵、灰霉速克、特爱、抑菌福、灭霉灵、草病灵4号
百·菌核	灰霉宁、灰除、菜病康、多霉克、蔬宝等
福·菌核	霉克星、立杀霉、施基功、福田、福辉、农伴侣、莱菌福、豪爽、诺核宁
菌核·王铜	菌克、赤斑特
菌核·锰锌	菌核清、菌斑净
百·腐	霉特灵、棚菌速克、烟霉灵、灰霉清、灰霉速清、病迪熏、实满丰等
福·腐	灰枯宁、灭菌特、灰霉克、灰变绿、灰霉净、灰克、灰霉杀星、施露、阿速通、复泰扑、立佳欣、打灰丹等

续表

常用名	俗名
氟吗·锰锌	菌清风、灭克、施得益
福·烯酰	烯克霜、盖克
福·乙铝	苗菌净、嘉年、天诺苗菌杀
乙膦铝·锰锌	乙·锰、锰锌·乙铝、霉奇洁、菜霉清、植霉歼、双星疫宝、菌净清、果施安、荔欢、绿普安、果新康、农得乐、霜疫一喷、净乙铝·锰锌、斩霉、乙生、有生、66秀、确保、名露、稼祥、霜远、锐、霜掉、霜动、霜停、劲宝、巧得、大爽、瓜玉、农歌、隆歌、快愈、帅艳、纯净、千诺、奇森、智慧、世尊、世欢、欢喜、众泰、宇丰、邦果、瑞克、菌走、菌杀宝、菌克净、唯克清、霜利克、霜疫克、大越克、肃清灵、冠霉灵、新农灵、一剪霉、奥霜奇、淘渍斑、绿含笑、扑瑞卓、桂荔安、葡菌净、金泰生、施保康、科莱了、菜儿倍丰、外尔大保、野田一清、霜霉疫净灵、碳轮烂果宁等
络氨铜·锌	杭枯宁、杭枯灵、植保灵、植壮素
琥铜·乙铝	绿露、霜霉洁、克百菌、羧酸磷铜，DTM
乙铝·乙铜	乙铝·乙酸铜、角霜灵、百菌杀
代锌·王铜	克菌宝、大良
福锌·氢铜	清腐、菌医、普杀得
腐殖酸·铜	腐殖·硫酸铜、腐酸·硫酸铜
春雷·王铜	加瑞农
井·铜	井冈·硫酸铜、义鹰、稻枯停
咪鲜胺锰盐	咪鲜胺锰络合物、施保功、Sporgon、火把、克菌杰、包利赞
咪鲜·松脂酸铜	保治达、铜医天下
福·福锌	炭疽福美、炭必灵、农宝、炭斑轮克
五氯·福	瓜丰、地菌净、根必治、博来乐
百·福·锌	菌杀净、乐克霜

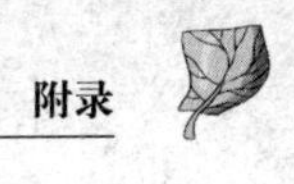

续表

常用名	俗名
百·锰锌	植疫丰、广菌灵、富米多、菜富康、外尔等
硫·锰锌	园清、菌源清、菌多克、菌普杀、霜锈净、霜疽净、安生、保泰生、乐普生、诺佳等
吗啉胍·乙铜	毒克星、病毒A、毒安克、病毒净、病毒速净、病毒克星、病毒特杀、病毒特、病毒毙、病毒清、病毒败、病毒速克、克治毒、拔毒宝、败毒丹、灭毒灵、克毒宁、毒逸、毒尽、毒圣、小叶灵、小叶敌灵等
菌毒·烷醇	菌毒克、病毒克、毒一清
利巴韦林·铜·锌	病毒必克、病毒立清、喜门
菌毒·吗啉胍	病毒宁、克毒灵、毒溜净、斗毒、博毒、水生等
吗啉胍·锌	病毒灵
烷醇·硫酸铜	植病灵、快同生、三十烷醇·十二烷·硫铜、硫铜·十二烷·三十烷或硫铜·烷基·烷醇
利巴韦林·铜·锌	病毒必克、病毒立清、喜门
混脂酸·铜	皂铜、毒消、脂铜、扫病康、东旺毒杀等
链霉素·土	新植、新植霉素